TRAITÉ D'AGRICULTURE

Les formalités exigées par les lois ayant été remplies, tout exemplaire qui ne sera pas revêtu de la griffe de Cʜ. ᴅᴇ Mᴇɪxᴍᴏʀᴏɴ ᴅᴇ Dᴏᴍʙᴀsʟᴇ sera réputé contrefait.

Ch. de Meixmoron de Dombasle

Nancy, imprimerie de veuve Raybois, rue du faub. Stanislas, 3.

TRAITÉ

D'AGRICULTURE

PUBLIÉ

Sur le manuscrit de l'auteur

PAR CH. DE MEIXMORON DE DOMBASLE

SON PETIT-FILS

DEUXIÈME PARTIE

PRATIQUE AGRICOLE

II

PARIS

Mᵐᵉ Vᶜ BOUCHARD-HUZARD | LIBRAIRIE AGRICOLE
rue de l'Eperon, 7 | rue Jacob, 26

MDCCCLXII

PREMIÈRE PARTIE

PREMIÈRE PARTIE

PRATIQUE AGRICOLE

CHAPITRE I

DES CULTURES PRÉPARATOIRES

PREMIÈRE SECTION

Des labours

Le labour est la principale des opérations par lesquelles on amène la surface du sol à cet état d'ameublissement qui convient à la germination des graines et à la végétation des plantes, en même temps qu'on détruit les végétaux naturels au terrain, et qu'on expose aux influences de l'atmosphère les molécules de la terre qui y puisent des éléments de fertilisation. Les labours sont l'opération capitale de la culture des terres; car rien n'exerce une plus puissante influence sur la quantité des produits, que les diverses circonstances qui se rapportent à cette opération.

Les cultivateurs expérimentés disent souvent que bien labourer et bien fumer sont les bases d'une bonne culture : il y a ici cependant cette distinction à faire, que pour appliquer aux terres une grande quantité de fumier, on est souvent arrêté, du moins pendant fort longtemps, par des obstacles très-difficiles à vaincre; et de quelque manière qu'on s'y prenne, bien fumer est toujours une chose fort coûteuse quoique très-profitable. Mais pour exécuter de bons labours, il ne faut ordinairement que le vouloir, c'est-à-dire employer de bonnes charrues et apprendre à bien s'en servir. Dans une multitude de cas, il n'en coûtera pas plus cher à un cultivateur pour labourer ses terres avec perfection, que pour leur donner les misérables cultures auxquelles il les soumet aujourd'hui. Le plus parfait de tous les labours est celui qui s'exécute à la bêche; mais cette opération est du domaine de l'horticulture, et il ne sera question ici que des labours à la charrue.

Les labours peuvent être exécutés à plat, ou en planches ou billons. Les premiers s'exécutent ordinairement à l'aide d'une *charrue à tourne-oreille*, c'est-à-dire dont le versoir se change de côté à l'extrémité de chaque raie, en sorte que la charrue, revenant constamment dans la même raie, jette toujours la terre du même côté de l'horizon, en la versant alternativement à droite et à gauche du laboureur. Lorsque la pièce est achevée, il ne reste aucune raie ouverte, si ce n'est la dernière par laquelle la charrue a terminé son travail. Il est quelques cantons, d'ailleurs bien cultivés, où l'on ne connaît guère d'autres labours que ceux-là, et où les cultivateurs montrent pour eux cette prédilection que l'on éprouve généralement pour les usages auxquels on est habitué. Les labours plats conviennent mieux aux terrains en pente, dans lesquels la bande de terre n'est jamais retournée avec perfection lorsqu'on la jette du côté du haut : aussi ces labours sont-ils fréquemment usités dans les pays de montagnes ; mais dans les terrains plats ou qui n'ont qu'une pente douce, cette forme de labour ne présente aucun avantage réel.

Le principal défaut des labours plats résulte de la construction même de la charrue à l'aide de laquelle on les exécute : les charrues à tourne-oreille ne peuvent jamais, à cause des vices inhérents à leur genre de construction, trancher la bande de terre et la retourner avec autant de netteté et de perfection que les bonnes charrues à versoir fixe. En traitant des *instruments,* j'ai parlé, à l'article de la *charrue à tourne-oreille,* des vices qui s'attachent nécessairement aux instruments de ce genre. Pour remédier à ces inconvénients , on exécute quelquefois les labours plats à l'aide de charrues à versoir fixe, mais disposées de manière que le même instrument porte deux corps de charrue, l'un versant à droite et l'autre à gauche, et que l'on fait fonctionner alternativement en allant et en revenant sur la même raie, afin de jeter la terre toujours du même côté. Telles sont les *charrues dos-à-dos,* les *charrues jumelles,* etc. On peut exécuter de très-bons labours à l'aide de ces instruments; mais ils sont compliqués et coûteux, et il n'y a véritablement aucun motif de les adopter, si ce n'est dans les terrains en pente; car, dans les sols à plat ou à peu près, l'usage des planches ou billons mérite sous tous les rapports la préférence sur les labours plats. Aussi la disposition du sol en billons s'est généralement répandue avec les perfectionnements de l'agriculture, et, à un petit nombre d'exception près, cette pratique est celle de tous les cantons où les procédés de culture ont acquis un haut degré de perfection.

Dans tout ce que j'ai à dire sur les labours en planches ou billons, j'emploierai ces deux mots comme à peu près synonymes, quoiqu'on les emploie souvent dans un sens un peu différent. Dans les labours de cette espèce, le terrain se divise en planches qui ont toute la longueur de la pièce, et dont la largeur peut varier depuis 1 mètre 60 centimètres ou 2 mètres (5 ou 6 pieds) jusqu'à 8 ou 10 mètres (25 ou 30 pieds). Chaque planche se laboure à part par un labour *fendu* ou *endossé*. On dit qu'on fend le billon, lorsque le laboureur ouvre d'abord les deux *raies* ou *sillons* extérieurs, en se tournant de manière à jeter la terre en dehors du billon. Il continue ainsi à labourer sur ces deux raies en allant et en revenant, jusqu'à ce qu'il arrive au milieu de la largeur du billon, ligne sur laquelle il reste nécessairement par ce procédé une raie ouverte, en sorte que le billon se trouve fendu en deux parties égales sur toute sa longueur. Pour endosser, au contraire, on commence le labour par la ligne du milieu du billon, c'est-à-dire en jetant la terre en allant et en revenant dans la raie qu'on avait laissée ouverte en fendant, et qui se trouve comblée de cette façon. On continue de labourer ainsi en jetant toujours la bande de terre du côté du milieu du billon, jusqu'à ce qu'on soit arrivé aux deux côtés où se trouvent alors les raies qui restent ouvertes.

Lorsqu'on veut labourer en planches un terrain qui ne l'a pas été jusque-là, ou lorsqu'on veut changer la direction des billons, on divise le terrain en planches ou bandes d'égale largeur, à l'aide de jalons qu'on place aux deux extrémités de la pièce et sur lesquels se dirige le laboureur qui trace le premier sillon de chaque planche. Il importe de mesurer exactement la distance entre les jalons à chaque extrémité, afin que chaque planche ait une largeur uniforme partout et qu'elle puisse se labourer en un même nombre de raies dans toute sa longueur. Si la pièce est irrégulière, on s'arrange de manière à rejeter d'un seul côté toutes les fausses planches, c'est-à-dire celles qui sont d'inégale longueur et qui ordinairement sont coupées de biais à l'une de leurs extrémités, mais qui doivent toujours avoir une largeur uniforme dans tout le reste de leur longueur.

On comprend qu'à l'aide de ces dispositions des billons, si on les laboure plusieurs fois de suite en endossant, on accumule la terre sur le milieu du billon, en approfondissant d'autant les bas côtés. Dans beaucoup de cantons, le sommet des billons se trouve exhaussé de 1 mètre 30 centimètres à 1 mètre 60 centimètres (4 ou 5 pieds) ou même davantage, par l'effet de ces endossements successifs. Deux motifs principaux ont déterminé les cultivateurs à donner aux terres cette disposition : d'abord, lorsque les billons contigus appartiennent à différents propriétaires, chacun craint en labourant de jeter la terre de son champ sur la limite même qui sépare les deux héritages, de peur que le voisin ne s'approprie cette terre en la jetant sur sa propriété par le premier labour qu'il exécutera. Lorsque plusieurs champs fortement endossés sont ainsi contigus, il serait vraiment impossible au propriétaire de l'un d'eux de le niveler, en le fendant à cet effet dans plusieurs labours successifs, sans mettre à la disposition de ses voisins une partie de la terre de son champ.

On a cru aussi, presque toujours, en exhaussant les billons, se débarrasser plus facilement des eaux stagnantes qui nuisent aux succès des récoltes; mais partout on a aggravé le mal par cette opération, au lieu d'y remédier. Il est facile de comprendre en effet qu'on ne peut exhausser le milieu des billons qu'à l'aide de la terre que l'on prend sur les côtés, et que l'on creuse ainsi ces derniers d'autant plus profondément qu'on exhausse davantage l'ados. Il serait bien plus difficile de faire écouler l'eau de ces creux, qui se trouvent alors au-dessous du niveau des bordures qui forment la tournière des billons. Lorsqu'il existe une pente uniforme d'une extrémité des billons à l'autre, il est très-facile d'en faire écouler complétement l'eau par les raies qui séparent les billons, quelque peu relevés que soient les derniers, car il suffit de donner une issue libre à l'extrémité la plus basse de la raie : on conçoit qu'il est d'autant plus difficile de trouver une pente suffisante pour cette issue, que la raie a été plus approfondie, résultat nécessaire de l'exhaussement des billons. Si, au contraire, la pente n'est pas uniforme dans la longueur du billon, c'est-à-dire s'il s'y trouve quelques parties plus basses où l'eau séjourne, on ne pourra y remédier en aucune façon en approfondissant les raies par les labours :

car si l'on approfondit les parties les plus élevées de la raie, on approfondit d'autant les parties les plus basses; en sorte que le défaut d'uniformité de la pente est le même après l'opération qu'avant. Dans ce cas, qui est le plus fréquent dans l'état naturel des pièces de terre arable, c'est-à-dire lorsque, outre la pente générale dans le sens de la longueur des billons, il existe d'autres pentes transversales dans des directions souvent fort diverses, l'exhaussement des billons accroît considérablement la difficulté de l'écoulement des eaux; car ces dernières se réunissent dans les parties les plus basses des raies, et ne peuvent s'en écouler que par des rigoles transversales placées dans la direction des pentes du terrain. Dans le système des planches presque plates, on ouvre facilement ces rigoles transversales à l'aide de la charrue, lorsque le labour d'une pièce est terminé; mais avec des billons très-exhaussés, l'exécution de ces rigoles est impraticable : chaque billon forme une digue qui s'oppose à l'écoulement de l'eau dans la seule direction que lui permettait la pente du terrain.

On peut observer dans une multitude de localités l'inconvénient que je viens de signaler, mais je l'ai rencontré de la manière la plus grave dans toutes les pièces de terre de la plaine de Roville. J'en ai trouvé les billons très-exhaussés, de 1 mètre à 1 mètre 30 centimètres (3 à 4 pieds), parce que les cultivateurs qui m'avaient devancé avaient espéré par ce moyen se débarrasser des eaux qui couvrent souvent plusieurs parties de ce terrain, assez accidenté par ses pentes diverses, quoiqu'en apparence fort plat. Malgré tous leurs efforts, l'eau séjournait pendant l'hiver dans plusieurs parties de toutes les pièces de terre entre les billons, et souvent jusqu'au tiers ou à la moitié de la hauteur de ces derniers. Une partie considérable des semailles d'automne était détruite chaque année par cette cause, et les labours de printemps s'exécutaient dans la boue sur le bas des billons, souvent jusque dans le mois de mai. Il m'a fallu cinq ou six années pour débillonner complétement ces champs, car c'est une opération qu'il serait imprudent d'exécuter avec précipitation. Mais lorsqu'elle a été terminée, et lorsque j'ai pu faire ouvrir à la charrue des rigoles transversales dans les directions qu'indiquait la pente du terrain, les eaux se sont écoulées partout avec facilité : il ne restait pas une seule place où les récoltes eussent à souffrir de la stagnation des eaux, et où l'on pût observer une flaque après la plus forte averse. Les cas analogues à celui-ci se rencontrent très-fréquemment, et partout on obtiendra les mêmes résultats en employant les mêmes moyens.

L'élévation des billons se lie à la largeur qu'on leur donne, dans ce sens que l'on ne peut donner beaucoup de hauteur aux billons étroits; en supposant des pentes égales des deux côtés de l'ados, celui-ci sera d'autant plus élevé que le billon sera plus large; mais on peut exécuter les billons plats ou presque plats, quelle que soit la largeur qu'on leur donne. Lorsqu'on adopte ce système, qui mérite certainement la préférence dans presque tous les cas, la largeur des billons a beaucoup moins d'importance que ne l'ont prétendu quelques personnes, et c'est d'après des considérations accessoires qu'il faut se diriger pour régler cette largeur. Il ne convient presque jamais de donner aux billons moins de largeur que celle qu'embrasse le semeur, selon la pratique usitée dans le pays qu'on habite; et l'on peut presque toujours sans inconvénient leur donner une largeur double, en sorte que le semeur termine un billon en allant et en revenant. Sur cette largeur, l'eau ne séjournera jamais à la surface, même dans les sols argileux, quoique ces derniers soient presque plats, pourvu que les raies qui les séparent soient bien curées, que la terre qu'on en tire soit étendue sur la surface et non disposée sur le bord de la raie en une arête qui forme une digue contre l'écoulement de l'eau dans la raie, et surtout pourvu qu'on donne un écoulement à l'eau par des rigoles transversales partout où elle est arrêtée dans la longueur de la raie par des contre-pentes. Les rigoles transversales sont, dans un très-grand nombre de cas, la condition la plus indispensable du desséchement du sol, et ce n'est que dans le système des billons qu'on peut les exécuter. En général, on trouvera toujours que ce qui importe le plus pour l'égouttement complet du sol, ce n'est pas la multiplicité de la profondeur des raies ou des rigoles, mais bien leur bonne direction et le soin avec lequel on les exécute et on les entretient.

Les billons très-élevés présentent encore d'autres inconvénients. Les ados des billons se dessèchent au printemps beaucoup plus tôt que les flancs et les bas côtés, en sorte qu'on ne sait quel moment prendre pour les labourer : la charrue fonctionne encore dans la boue sur le bas des bil—

lons, tandis que le sommet serait depuis longtemps en état de recevoir une bonne culture. En accumulant la terre sur l'ados, on a donné à cette partie beaucoup plus de fertilité qu'aux flancs et surtout qu'aux bas côtés; et il est ordinaire que la récolte de froment est fort belle et souvent versée sur les ados des billons, tandis qu'elle est misérable sur la moitié de la pièce qui est composée des autres parties. Le vent balayant généralement la neige sur le sommet des ados pour l'accumuler dans les bas côtés, il n'est pas rare aussi que les récoltes hivernales souffrent beaucoup des intempéries de l'hiver, précisément dans les parties où l'on aurait pu espérer la plus riche récolte. Au contraire, dans les pièces de terre disposées en billons plats, on ne remarque aucune différence pour la fertilité et pour la beauté des récoltes dans les diverses parties des billons; et comme les raies qui séparent ces derniers ont peu de largeur et peu de profondeur, on ne remarque pas même leur existence dès que le froment a une couple de pieds de hauteur : toute la pièce présente une surface uniforme et une végétation égale dans toutes ses parties, de même que si elle n'eût pas été disposée en billons. C'est certainement là le seul moyen par lequel on puisse espérer de porter le produit des céréales, en particulier, au plus haut point possible, sans courir le risque de les faire verser dans quelques parties tandis qu'elles seront chétives dans d'autres.

On ne peut songer, comme je l'ai dit, à aplanir les billons très-exhaussés, que dans les pièces qui sont composées d'un assez grand nombre de billons appartenant au même propriétaire. Dans ce cas il faut procéder par gradation, en fendant par exemple deux fois successivement les billons pour les endosser ensuite une fois, et continuant ainsi pendant le cours de plusieurs années, jusqu'à ce qu'on arrive au nivellement complet des billons. Lorsque les billons ont été exhaussés très-récemment, on pourrait agir avec beaucoup moins de ménagement et opérer le débillonnage complet en une année ou deux, par plusieurs labours poussés successivement en fendant. Mais lorsque des billons bombés sont d'une formation très-ancienne, il arrive souvent que la terre accumulée dans le milieu du billon à une certaine profondeur, a perdu, du moins pour un certain temps, la propriété de produire de bonnes récoltes; et ce n'est qu'en l'exposant graduellement aux influences de l'atmosphère qu'on lui rendra sa première fertilité. En accumulant précipitamment la meilleure terre du champ dans les anciennes raies, on donnerait à toute la surface une inégalité de fertilité très-préjudiciable. D'ailleurs, en agissant ainsi, on doit s'attendre à ce que la terre se tassera beaucoup; et ce n'est qu'après que ce tassement sera opéré, que l'on pourra détruire complétement toutes les traces de l'ancien billonnage.

C'est seulement alors que l'on pourra s'occuper de la largeur et de la direction des billons. Si l'on se hâtait trop d'opérer un de ces changements, on perdrait tout moyen d'achever d'aplanir les anciens billons, puisqu'on ne peut le faire qu'en les fendant dans les labours, selon la force qu'ils avaient précédemment, et l'on aurait pour longtemps dans le terrain des contre-pentes auxquelles il ne serait pas possible de remédier. Pour les terrains neufs que l'on aura à disposer en billons, le soin le plus important sera d'en fixer la direction dans le sens de la pente générale de la pièce, de telle sorte qu'on ait besoin du moins grand nombre possible de rigoles transversales pour l'écoulement des eaux. On sent bien, au reste, que cette règle ne s'applique qu'aux terrains qui n'ont qu'une pente légère : au contraire, pour ceux dont la pente est rapide, il convient souvent de diriger les billons transversalement, afin d'éviter que les eaux ravinent le sol, en s'écoulant sur un plan trop incliné. On peut alors diriger les eaux dans des rigoles obliques disposées à cet effet, selon l'intelligence du cultivateur.

DEUXIÈME SECTION

Culture à sillons

En parlant des diverses manières de disposer le sol par les labours, j'ai omis de parler de celle que l'on appelle *labourer à sillons* dans plusieurs de nos départements du Centre et de l'Ouest, parce que c'est une opération à laquelle on ne peut proprement appliquer le nom de labour. Il ne faut pas, du reste, confondre cette signification du mot sillon avec celle que je lui donne dans tout ce que je dis sur les labours, où je désigne par sillon chaque raie ouverte par la charrue. Pour procéder à ce mode de culture, on dispose la surface du terrain en une série d'arêtes au moyen d'un instrument que l'on devrait nommer binot plutôt que charrue. Cet instrument, muni d'un soc pointu et dépourvu d'aile tranchante, ouvre une raie étroite en rejetant la terre qu'il en tire sur les côtés qui n'ont pas été entamés par l'instrument. C'est un travail qui ressemble beaucoup à celui que l'on exécute pour les pommes de terre ou le maïs, lorsqu'on fait fonctionner entre les lignes le buttoir tiré par un cheval. Par une opération postérieure, on refend à l'aide du même instrument l'arète que l'on avait tracée, en rejetant la terre qui la composait dans les deux raies voisines. De nouvelles arètes sont ainsi formées à la place où étaient les raies. Cependant toute la surface du terrain n'a pas été entamée par ces deux opérations, ni par toutes les autres cultures semblables dont on pourrait les faire suivre, en changeant ainsi à chaque fois l'emplacement des arètes et des raies; le fond du sol arable est seulement cannelé par des raies longitudinales parallèles entre elles, dans lesquelles le soc pointu de l'instrument retombe inévitablement à chaque opération.

Ce n'est qu'en croisant les cultures, c'est-à-dire en changeant alternativement la direction des sillons, que l'on peut remédier au mal, et encore très-imparfaitement; car en traçant de nouvelles cannelures dans une autre direction, on laisse toujours subsister une partie des <u>chevets</u> qui séparaient les anciennes. Je dirai ici, en passant, qu'en général les avantages que l'on a cru trouver aux labours croisés tiennent essentiellement aux inconvénients qui se font remarquer dans le travail des charrues à soc étroit; mais toutes les fois que le soc est assez large pour trancher en dessous toute la largeur de la bande de terre, et lorsque toute la surface du terrain labouré a été ainsi tranchée à une profondeur uniforme, le labour croisé ne peut présenter aucune espèce d'utilité.

Le défaut radical des cultures à sillons tient non-seulement à ce que toute la surface du sol ne peut être cultivée à une profondeur uniforme, comme je viens de le dire, mais aussi à ce que toutes les parties du terrain ne sont pas cultivées en même temps. Ainsi, lorsqu'on fend les arêtes de la dernière culture pour en donner une autre, une partie seulement de la terre qui formait les anciennes est rejetée des deux côtés pour en former de nouvelles, mais une autre partie de cette terre reste en place sans être remuée. Le chiendent et les racines des autres plantes traçantes qui se trouvent dans cette dernière partie ne reçoivent aucune atteinte par cette culture, et végètent de nouveau avec vigueur, en poussant de nouvelles racines dans la terre dont on vient de les couvrir. Le même effet se produira à la culture suivante, et chaque culture laissera donc dans le sol autant de plantes vivaces qu'il en faut pour qu'elles se perpétuent indéfiniment. Ainsi la destruction du chiendent, de l'avoine à chapelet, etc., est chose impossible dans le système de culture à sillons. Il exige, d'ailleurs, un temps considérable pour la préparation du terrain, puisqu'il faut trois ou quatre cultures successives pour former très-imparfaitement l'équivalent d'un seul labour exécuté par une bonne charrue.

Dans des cantons très-bien cultivés, par exemple en Flandre, on exécute à l'aide du binot une opération semblable à celle-ci, mais c'est dans un but particulier, et afin d'exposer aux influences de l'atmosphère une plus grande surface d'un sol argileux. On aplanit ensuite les arêtes, et l'on soumet toute la surface du terrain à de bons labours et à des hersages successifs pour la destruction des mauvaises herbes. Quant à la pratique des sillons employée comme seul moyen de culture, et exécutée comme elle l'est dans plusieurs parties du Centre et de l'Ouest de la France, c'est un procédé extrêmement imparfait, qui présente encore d'autres inconvénients dont je parlerai ailleurs, et qui n'est soutenu que par cet état de misère dans lequel les cultivateurs regardent comme un grand avantage de pouvoir donner à leurs terres toutes les cultures à l'aide d'un seul instrument dont le prix d'achat est extrêmement modique. Mais les produits du sol sont misérables dans cette combinaison, de même que le cultivateur et son instrument. La première amélioration que devra introduire un cultivateur intelligent sera l'adoption des labours en planches à l'aide d'une bonne charrue; et l'accroissement annuel des produits, qui sera le résultat de ce seul changement, dépassera souvent la dépense que le cultivateur fera dans dix ans pour l'achat et l'entretien des meilleurs instruments.

Le préjugé en faveur de la culture à sillons est fort enraciné dans beaucoup de cantons : on entend dire à une multitude de cultivateurs, et même à des propriétaires peu éclairés, que la nature particulière de leur terre y rend ce genre de culture plus profitable que tout autre. Il est certain, au contraire, qu'il n'existe dans la nature du sol des cantons où règne la pratique des sillons aucune circonstance parti-

culière qui puisse justifier cette pratique; et partout où l'on
a tenté d'y substituer la culture en planches, le succès a été
complet et immédiat, toutes les fois que les opérations ont
été conduites avec intelligence et avec les ménagements
convenables. Ce n'est pas dans la nature du sol que l'on
doit s'attendre à rencontrer, quelque part que ce soit, des
obstacles ou des inconvénients à cette substitution; mais on
trouvera presque partout des difficultés réelles dans les habitudes des laboureurs, qui sont entièrement contrariées
par cette nouvelle culture. Dans les cantons où l'on cultive
généralement en planches, les valets, même de l'intelligence la plus bornée, ne comprennent pas que l'on trouve
aucune difficulté dans l'exécution du billonage : tant les
opérations de fendre et d'endosser un billon leur sont fami-
lières. Mais il est certain que là où les cultivateurs n'ont
jamais pratiqué cette culture, on rencontre pour les premières fois des difficultés d'exécution par lesquelles on
s'est souvent laissé détourner du but. C'est à la ferme
volonté du chef à surmonter cet obstacle; et si une amélioration quelconque mérite jamais qu'on se donne quelque
peine pour l'introduire chez soi, c'est incontestablemen
celle-ci; car elle suffit à elle seule pour modifier complète-
ment les résultats de la culture, par un accroissement
considérable des produits.

TROISIÈME SECTION

De la tranche de terre enlevée par la charrue

La profondeur des labours est une des circonstances qui exercent la plus puissante influence sur le succès des récoltes qui les suivent. Tout le monde sait combien les labours à la bêche sont supérieurs à ceux que l'on exécute à l'aide de la charrue. Cette supériorité dépend uniquement de deux circonstances : la première est que le sol y est remué à une plus grande profondeur ; et la seconde qu'il est mieux divisé, parce que la bêche ne prend à chaque coup qu'une tranche de terre de peu de largeur. C'est à se rapprocher le plus possible de ces deux conditions que l'on doit tendre dans l'exécution des labours à la charrue ; et ces derniers seront d'autant plus parfaits qu'ils ressembleront davantage au travail de la bêche. Les bons labours à la bêche n'ont jamais moins de 20 à 25 centimètres (8 à 9 pouces) de profondeur, mesurés du côté où la terre n'est pas encore remuée ; car c'est ainsi que l'on doit toujours mesurer la profondeur d'un labour, soit à la charrue, soit à la bêche. Les jardiniers actifs et laborieux donnent souvent 30 à 33 centimètres (11 à 12 pouces) de profondeur à leur labour, et l'excédant de travail qui résulte de cet approfondissement est amplement payé par l'accroissement des produits. Dans beaucoup de cantons, les labours à la charrue n'ont que 8 ou 10 centimètres (3 ou 4 pouces) de profondeur : c'est ce qu'on doit nommer *labours*

superficiels. Les *labours moyens* ont de 16 à 20 centimètres (6 à 7 pouces) de profondeur; et l'on nomme *labours
profonds* ceux dont la profondeur est de 20 à 27 centimètres (8 à 10 pouces). Les cultures plus profondes
prennent le nom de *défoncement*.

On voit que, sous le rapport de la profondeur, les labours à la charrue peuvent égaler le travail de la bêche;
mais il n'en est pas de même relativement à l'autre condition, qui consiste dans la grande division de la terre dans le
sens de la largeur des tranches. En effet, il est bien vrai
que les labours profonds s'exécutent généralement à tranches moins larges que les labours superficiels. On ne peut
diminuer cette largeur que jusqu'à un certain point, relativement à la hauteur des tranches ou à la profondeur des
labours; car la bande tranchée par la charrue ne peut se retourner convenablement qu'autant qu'elle a un peu plus de
largeur que de hauteur, et une bande haute et très-étroite
serait renversée dans la raie sans pouvoir être convenablement retournée par le versoir, de quelque forme que fût
ce dernier. Les labours superficiels s'exécutent souvent à
tranches de 38 à 40 centimètres (14 à 15 pouces) de largeur; mais, dans la plupart des cas, la résistance serait
beaucoup trop considérable, si l'on voulait donner une
telle largeur aux bandes de terre dans les labours profonds. On soulèverait d'ailleurs alors des blocs de terre
énormes, ce qui ferait une mauvaise culture. Pour un labour de 16 à 20 centimètres (6 à 7 pouces) de profondeur, on prend généralement des tranches de 24 ou 25
centimètres (9 pouces) de largeur; et on ne dépasse guère

cette largeur que de 5 ou 6 centimètres au plus (1 pouce ou 2) pour les labours de 20 à 27 centimètres (8 à 10 pouces). C'est dans cette largeur des tranches de terre que consiste réellement l'infériorité du travail de la charrue relativement à celui de la bêche : c'est une circonstance qui résulte nécessairement de la nature de l'instrument, et les moyens par lesquels on a cherché à remédier à cet inconvénient dans le travail de la charrue ont été jusqu'ici sans succès ; ou plutôt on n'a d'autre moyen d'y remédier que de multiplier les labours à la charrue. Par deux ou trois labours successifs, selon les circonstances, à l'aide d'une charrue qui cultive à 20 ou 25 centimètres (8 ou 9 pouces) de profondeur, on donne une culture qui équivaut sous tous les rapports à un bon labour à la bêche.

La manière dont la tranche de terre est retournée dépend essentiellement de la largeur et de la hauteur de cette tranche. La forme de la charrue et surtout celle du versoir y ont aussi une certaine influence, mais cette influence est fort différente de celle qu'on leur a souvent attribuée : la largeur de la raie ouverte dans laquelle la bande de terre peut être renversée est toujours égale à la largeur de la raie que prend la charrue, quel que soit d'ailleurs l'écartement du versoir à sa partie postérieure. Supposons, en effet, une charrue dont le versoir a 40 centimètres (15 pouces) d'écartement à cette partie : elle laissera toujours une raie ouverte de 40 centimètres (15 pouces) derrière elle, quelle que soit la largeur de la tranche qu'elle prend, parce que, si cette tranche est étroite, le versoir la pousse

de côté en même temps qu'il la retourne; mais c'est précisément parce qu'il la pousse de côté qu'il ne laissera,
pour y loger la tranche que la charrue détache actuellement, qu'une largeur égale à cette tranche. Il suffit
d'examiner avec attention la marche d'une charrue pour
reconnaître cette vérité, et pour s'assurer que, quelle que
soit la largeur de la raie qu'elle ouvre, chaque tranche de
terre a pour se loger dans cette raie une largeur précisément égale à elle-même, en supposant toutefois que la
largeur de la tranche ne dépasse pas la largeur de la raie
ouverte, ce qui est une condition essentielle de tout bon
labour.

Cela bien compris, on sent facilement qu'une bande de
terre qui a beaucoup plus de largeur que de hauteur ou
d'épaisseur, par exemple une bande de 32 centimètres
(12 pouces) de largeur sur 8 centimètres (3 pouces) d'é-
paisseur, se retournera nécessairement à plat dans la partie de la raie ouverte qui doit la recevoir, et qui aura
toujours une largeur précisément suffisante pour que la
bande s'y loge, soit que la charrue, par sa construction,
ouvre une raie de 30 ou 40 centimètres (12 ou 15 pouces) de largeur. Dans le premier cas, la bande détachée
tournera sur deux de ses angles et sera retournée sans
autre déplacement; tandis que, si la raie ouverte a 40 centimètres (15 pouces) de largeur, il faudra que la bande
soit poussée de 8 centimètres (3 pouces) vers la droite,
en même temps qu'elle reçoit le mouvement de rotation,
pour aller trouver la largeur de 32 centimètres (12 pouces) qui lui est réservée, et où elle se logera. Pour que

cet effet s'accomplisse avec ces conditions, il suffit que la charrue fonctionne régulièrement, quelle que soit d'ailleurs sa construction, c'est-à-dire qu'elle détache une bande de terre de dimensions uniformes, qu'elle la soulève et la place avec régularité dans la position où cette bande, en partie par son propre poids et en partie par la dernière impulsion qu'elle reçoit du versoir, se loge dans la raie ouverte. Une bande large et peu épaisse ne peut se soutenir dans aucune autre position que renversée à plat; et comme la tranche précédente a elle-même très-peu d'épaisseur, elle ne peut soutenir la tranche qui se renverse actuellement, dans le léger contact qui s'opère entre elles, que lorsque cette dernière tranche est presque entièrement renversée, et lorsque son propre poids suffit pour vaincre ce frottement et la faire tomber à plat dans la raie ouverte. Ainsi, dans tous les labours qui s'exécutent à tranches larges et minces, les tranches sont nécessairement retournées à plat et juxtaposées entre elles, à peu près comme les planches qui forment un plancher.

Dans les labours profonds, c'est-à-dire lorsque la tranche a presque autant de largeur que de hauteur, on pourrait aussi disposer les charrues de manière à retourner les bandes complétement à plat; mais on préfère avec raison les placer sous un certain angle, en évitant de les retourner complétement. Les tranches épaisses se prêtent bien mieux que les tranches minces à prendre cette position, et il suffit que la première ait été renversée ainsi sans être complétement retournée, pour que la seconde se soutienne dans la même position, en s'appuyant contre la première. Cette disposition des tranches présente plusieurs avantages : d'abord on évite le frottement considérable qui serait nécessaire pour que la partie postérieure du versoir forçât la bande de terre à se loger à plat dans la raie ouverte, et ce frottement tasserait la terre au lieu de la laisser ameublie. Ensuite, la herse a beaucoup plus d'action sur les tranches, lorsqu'elles présentent ainsi à son action un de leurs angles. Enfin, chaque tranche laissant ainsi en dessous d'elle un certain espace vide, les influences atmosphériques pénètrent mieux dans toute la couche labourée ; et ces vides se remplissant peu à peu par l'action des pluies, il s'en forme de nouveaux qui sont remplis à leur tour, ce qui entretient pendant longtemps dans toute la couche labourée une perméabilité très-favorable à l'aération du sol.

Quand il s'agit de labours profonds, il est certainement fort souvent utile de ne pas ramener à la surface toute la terre du fond, mais de la mélanger sur toute la profondeur de la couche labourée : c'est ce qui a lieu pour la disposition inclinée des tranches, de même que pour le labour à la bêche. Le seul inconvénient de cette disposition des tranches se rapporte aux terrains couverts de gazon ; il est certain aussi, qu'alors on peut préférer retourner les tranches à plat, parce que, dans l'autre genre de labour, il repousse toujours un peu d'herbes de l'ancien gazon, sur la ligne qui sépare les deux tranches ; mais on remédie facilement à cet inconvénient, en donnant immédiatement après le labour un hersage qui remplit entièrement de la terre des arêtes les creux qui étaient restés entre elles ; ce qui suffit pour faire périr, en les étouffant, le petit nombre de plantes de l'ancien gazon qui se trouvaient au fond de ces creux.

Pour une bonne exécution des labours de ce genre, il faut que la tranche de terre, sans être retournée complétement, soit cependant assez renversée pour ne pas retomber dans la raie ouverte, lorsque la charrue a passé; mais il faut qu'elle soit soutenue par la bande précédente, en s'appuyant sur elle par son propre poids. Si la charrue, par sa construction, ne renverse pas assez la bande, ou si le laboureur met de la négligence à tenir l'instrument et le laisse s'incliner sur la gauche, alors la bande, au lieu d'être renversée, se tient souvent dressée sur sa face latérale; position que prend facilement une bande de terre tranchée profondément, parce que cette face est alors fort large. Le labour est fort mauvais lorsque les tranches sont ainsi disposées; et si la terre est meuble, en sorte que la bande ne se tienne pas en une masse compacte, il retombe dans la raie beaucoup de terre de la tranche, lorsque le laboureur tient ainsi la charrue la mieux construite inclinée vers la gauche. Le labour présente encore dans ce cas un autre défaut très-grave : c'est que la lame du soc ne marchant plus horizontalement, la raie est tranchée plus profondément du côté gauche que du côté droit. C'est ce qu'on nomme *labourer en crémaillière*, parce que, en effet, la surface placée sous le labour présenterait alors la forme d'une crémaillière dans sa section par un plan vertical qui couperait à angle droit plusieurs raies, tandis que dans un bon labour, ce fond doit former une surface entièrement parallèle à celle du sol. On doit donc exercer sur les labou-

reurs, dans l'exécution des labours profonds, une grande
surveillance pour éviter ces inconvénients; et il faut pour
cela qu'on tienne la charrue bien d'aplomb, si d'ailleurs
elle est bien construite.

QUATRIÈME SECTION

Des labours profonds

L'avantage du labour profond consiste principalement
en ce que les plantes trouvent à puiser leur nourriture, par
leurs racines, dans une masse de terre plus considérable.
Beaucoup de personnes croient que les céréales ne peuvent faire pénétrer leurs racines à plus de 8 ou 10 centimètres (3 ou 4 pouces) de profondeur; et c'est ce qui a
lieu en effet, lorsque la terre cultivée n'a pas plus d'épaisseur. Mais si l'on examine attentivement les racines du
froment végétant dans une terre labourée à 20 ou 25 centimètres (8 ou 9 pouces), on trouvera que leurs fibrilles
s'étendent dans toute cette épaisseur. Ce n'est pas à l'époque de la moisson qu'il faut tenter cette observation, parce
que les raies sont alors oblitérées et desséchées, en sorte
que ce n'est qu'avec beaucoup de peine qu'on peut les
suivre dans leurs radicules les plus ténues; mais si l'on
se livre à cette recherche à l'époque de la plus forte végétation du froment, c'est-à-dire vers la floraison, on reconnaîtra facilement l'existence de ce fait. Ainsi, à richesse
égale dans toutes ses parties, le sol labouré profondément

produira une récolte plus abondante que celui qui ne l'a
été que superficiellement, parce que les racines des plantes
puiseront plus de nourriture dans le sol. On a dit que
lorsqu'on laboure une couche plus épaisse, il faut lui consacrer une plus grande quantité d'engrais. Cela est vrai, si
l'on entend qu'il est nécessaire d'amener toute l'épaisseur
de la couche cultivée au même degré de richesse ; mais il
n'est nullement nécessaire qu'il en soit ainsi, pour qu'on
obtienne une récolte égale dans les deux cas ; parce que
dans le sol labouré profondément, les plantes puisant les
principes alimentaires d'une plus grande masse de terre,
pourront en tirer une égale quantité, quoique cette terre
soit moins riche. Il est certain, au reste, que le sol labouré
profondément peut supporter sans inconvénient une quantité d'engrais plus considérable que celui qui ne reçoit qu'un
labour superficiel ; parce que, dans ce dernier cas, les principes fertilisants du fumier n'étant mélangés qu'à une petite
masse de terre, sont fournis aux plantes trop promptement,
ce qui donne lieu à une végétation trop active dans les
commencements, et qui ne peut se soutenir. C'est pour
cela que les froments sont si facilement sujets à verser
dans les sols labourés superficiellement, lorsque la fumure
a été un peu forte ; tandis qu'avec une fumure aussi abondante, mais accompagnée d'un labour profond, les tiges
du froment deviennent beaucoup plus florissantes, et la
récolte ne verse pas.

Il est certain qu'on peut amener un sol labouré à 20
ou 25 centimètres (8 ou 9 pouces) de profondeur, à un
degré de fertilité suffisant pour produire une récolte de

froment de 25 à 30 hectolitres par hectare, sans courir trop de risque de la verse ; tandis que le même sol, labouré seulement à 11 centimètres (4 pouces), courra bien souvent les risques de cet accident, si on lui applique une fumure suffisante pour produire une récolte de 18 à 20 hectolitres. Pour toutes les récoltes autres que les céréales, l'avantage des labours profonds est encore beaucoup plus marqué.

Les labours profonds tendent essentiellement aussi à prévenir les accidents qui résultent pour les récoltes, soit des sécheresses, soit de l'excès des pluies. Pour ces dernières, on comprend facilement qu'une grande quantité d'eau tombée du ciel détrempera bientôt en totalité une couche de 8 ou 10 centimètres (3 ou 4 pouces) de terre, et ne tardera pas à refluer à la surface et à convertir tout le terrain en boue ; tandis que si la même quantité d'eau eût eu à détremper une masse double de terre, elle n'eût produit qu'une humidité favorable à la végétation. Mais la partie de cette humidité qui a pénétré à 19 ou 22 centimètres (7 ou 8 pouces) de profondeur, sera bien plus difficilement ensuite absorbée par le soleil et par les vents desséchants, que celle qui imprègne les couches près de la surface. Aussi rien n'est plus remarquable que la propriété qu'ont certains sols labourés superficiellement de souffrir alternativement, de la manière la plus nuisible aux récoltes, de tous les excès d'humidité et de sécheresse. Les labours profonds sont le remède le plus efficace que l'on puisse opposer à ce double inconvénient.

Pour obtenir tous les avantages des labours profonds, il n'est pas nécessaire que tous les labours soient exécutés à la même profondeur. Il convient beaucoup mieux, au contraire, de n'approfondir le labour que de temps à autre, selon la nature du terrain et les circonstances, et en donnant dans l'intervalle des cultures plus superficielles. Il ne conviendra presque jamais de donner plus d'un labour profond par année, et il suffira dans quelques cas d'y revenir une fois en deux ou trois ans. L'intelligence du cultivateur et le résultat des observations qu'il fera sur son propre terrain, doivent tracer sa ligne de conduite à cet égard. Sauf ce que je dirai plus loin du *déchaumage,* toutes les fois qu'on donne plusieurs labours successifs, le plus profond de tous doit être le premier : d'abord parce qu'on ramène communément, par un labour profond, des graines de plantes nuisibles qui étaient enterrées trop profondément pour pouvoir végéter, et qui germeront bientôt étant ramenées à la surface (les cultures suivantes détruiront les plantes qui auraient ainsi végété) ; ensuite, parce qu'on ramène souvent aussi du fond, par ces labours, une terre qui n'avait peut-être jamais vu le jour, ou qui du moins ne l'avait pas vu depuis longtemps ; cette terre est quelquefois infertile, et pourrait nuire momentanément par son mélange avec la couche cultivée. Les cultures superficielles que l'on donne après l'exécution du labour profond mélangent complétement cette terre avec les autres parties du sol, et les influences atmosphériques viennent pendant ce temps lui rendre sa fécondité.

On a fréquemment puisé dans cette circonstance un argument contre les labours profonds ; beaucoup de personnes regardent cette objection comme fort grave, et l'on entend chaque jour répéter par des praticiens expérimentés qu'ils se garderaient bien de tenter de labourer leurs terres plus profondément que de coutume, parce qu'ils risqueraient de les rendre infertiles pour plusieurs années. Dans beaucoup des cas où j'avais entendu tenir ce langage par des cultivateurs qui avaient une grande habitude de la culture des terres sur lesquelles je dirigeais mes observations, l'expérience m'a fait reconnaître qu'au contraire j'accroissais dans une grande proportion la fertilité de ces mêmes terres, en leur appliquant un labour de 6 ou 8 centimètres (2 ou 3 pouces) de profondeur de plus que ceux qu'elles avaient reçus précédemment; et cet accroissement de fertilité s'est toujours maintenu pendant plusieurs années successives. Dans une multitude de cas où j'ai pu recueillir des observations sur les effets de la même pratique, dans des circonstances fort diverses et dans des cantons très-éloignés les uns des autres, les résultats ont été constamment les mêmes. J'ai eu fréquemment occasion de remarquer qu'ici il ne faut pas se laisser préoccuper par la différence de couleur ou d'aspect que présente le sous-sol, relativement à la couche de terre précédemment cultivée; et j'ai vu souvent qu'en ramenant, par des labours profonds, 6 ou 8 centimètres (2 ou 3 pouces) d'épaisseur d'une terre grise ou jaunâtre présentant la plus mauvaise apparence, je n'en accroissais pas moins de beaucoup la fertilité de toute la couche par cette addition; probablement parce que les sucs du fumier avaient dès longtemps pénétré dans les couches supérieures de ce sous-sol, sans que la texture et la couleur en eussent été changées. à cause du défaut d'influence des agents atmosphériques. Dans d'autres cas, j'ai remarqué des terrains dans lesquels le sous-sol était en apparence entièrement semblable à la couche de terre cultivée : il était cependant d'une inferti-lité presque complète; car, dans les places où il arrivait de mettre le sous-sol à nu par des opérations de nivellement, ce sous-sol était complétement improductif pendant plusieurs années ; et cependant, dans ces mêmes terrains, les labours profonds, exécutés avec modération et réserve, m'ont constamment offert les meilleurs résultats, et j'ai considérablement accru par ce moyen la fertilité de ces terres.

Il est bon toutefois, dans ce cas, de ne pas approfondir beaucoup en une seule fois un sol qui n'aurait été jusque là labouré que très-superficiellement; et il est certain que si l'on mélangeait subitement 14 ou 16 centimètres (5 ou 6 pouces) d'épaisseur d'un sous-sol semblable avec une couche de 8 centimètres (3 pouces) qu'offraient les anciens labours, on pourrait nuire aux produits pour plusieurs années. Mais si l'on a soin de n'approfondir chaque fois que 2 ou 5 centimètres (1 pouce ou 2), et d'exposer à l'air cette couche par plusieurs cultures successives, on n'éprouvera immédiatement aucun effet fâcheux de ce mélange, et le sol se trouvera grandement amélioré pour les récoltes suivantes. Je ne veux pas dire, au reste, qu'il n'existe aucune circonstance dans laquelle les labours profonds soient décidément nuisibles. On a cité comme étant dans ce cas des terrains sablonneux dans lesquels la charrue, en labourant pendant une longue suite de temps à la même profondeur, avait formé, au-dessous de la couche de terre cultivée, une croûte épaisse et dure qu'il était très-dangereux de rompre, parce que le sous-sol se trouvant composé de sable pur, le terrain perdait par là la faculté de retenir les eaux et devenait brûlant et infertile. Mais il est certain que ce sont des exceptions extrêmement rares, que des expériences directes, faites sans prévention, feront facilement reconnaître à l'homme judicieux et observateur ; et l'on se convaincra, dans la pratique, que les labours profonds présentent dans presque tous les cas un moyen d'accroître beaucoup la fertilité et les produits du sol.

Il est toutefois certains sols où il est impossible d'approfondir les labours, parce que le sous-sol est formé d'une couche de pierres. Quand même les pierres ne formeraient pas un lit continu, et laisseraient entre elles des interstices remplis de terre, il serait souvent trop coûteux de les extirper à cause de l'énorme quantité qu'il faudrait en enlever pour obtenir quelques centimètres de profondeur de plus au sol cultivable ; mais il est beaucoup de cas où l'on n'est gêné, pour approfondir les labours, que par des pierres isolées et assez rares pour qu'il devienne très-profitable de les faire extirper à bras d'hommes, à mesure qu'on les rencontre. Il faut alors faire suivre la charrue par un certain nombre d'ouvriers armés de piques et autres outils appropriés à ce travail : les laboureurs doivent avoir de petites branches d'arbres, qu'ils fichent en terre pour indiquer aux ouvriers qui viendront ensuite la position de chaque pierre qui arrête la marche de la charrue.

CINQUIÈME SECTION

Epoque et nombre des labours

A l'égard du nombre de labours qu'il convient de donner à un terrain et des saisons dans lesquelles on doit les exécuter, il est aussi des considérations d'une très-haute importance dans la pratique. S'il n'était question que d'ameublir le terrain, on pourrait se dispenser de multiplier les labours; et l'essentiel, pour ce but particulier, est de les donner à propos. L'ameublissement du sol est, au reste, toujours le premier but que l'on doit s'efforcer d'obtenir par les labours; car c'est de cette condition que dépendent essentiellement les autres avantages qui résultent du labourage. Nous devons peu nous occuper à cet égard des sols sablonneux ou graveleux, et même de certains sols de consistance moyenne, qui s'ameublissent facilement par un seul labour et presque dans quelque circonstance qu'on le donne. Les sols argileux, dans leurs diverses nuances, sont les seuls dont l'ameublissement présente de véritables difficultés. Il importe beaucoup, dans la pratique, de diviser ces sols en deux grandes classes, qui se distinguent d'une manière très-tranchée par une propriété qui doit attirer la principale attention de la part du cultivateur. Les terres de la première de ces classes, quoique souvent argileuses et tenaces au dernier degré, se délitent et s'émiettent par l'action des gelées. Les terres de l'autre classe, au contraire, n'éprouvent aucune action de cette influence; et les mottes qui existent à l'entrée de l'hiver se trouveraient encore dans le même état au printemps, si l'action mécanique des pluies, en les détrempant, n'en détachait successivement des parcelles qui restent tassées à la surface du sol, parce que les gelées n'ont aucune action pour soulever et émietter cette surface. Il suffit de parcourir à la fin de l'hiver les champs ensemencés en froment ou en d'autres récoltes hivernales, pour reconnaître à première vue la différence caractéristique de ces deux sols : ceux de la première espèce sont meubles et pulvérulents, dès que le soleil du printemps a desséché la terre, et toutes les mottes qui y existaient en automne ne forment plus que de petits monticules de terre pulvérulente. Les sols de l'autre classe présentent, dans la même circonstance, une croûte dure et tassée, sans aucune apparence de terre meuble à sa surface; les mottes de l'automne n'existent souvent plus, surtout si elles n'avaient pas beaucoup de grosseur, et si la saison a été très-pluvieuse, mais on reconnaît à la place qu'elles occupaient plus d'élévation dans la croûte dure, ce qui rend la surface du champ inégale et raboteuse. Je désignerai les terres de la première classe sous le nom de *terres gélisses*, et je nommerai *non gélisses* celles de l'autre classe.

Les argiles marneuses en général, beaucoup d'argiles proprement dites et quelques terres blanches argileuses entrent dans la classe des terres gélisses ; l'autre classe se compose de la plus grande partie des terres blanches argileuses, et de quelques argiles proprement dites, sans que rien dans l'apparence extérieure de ces diverses espèces de terres, ni dans leur composition chimique, puisse faire prévoir qu'on doit les ranger dans l'une ou dans l'autre de ces classes. Tout porte à croire que cette différence de propriétés dépend principalement du mode d'agrégation des molécules terreuses, ou du plus ou moins de ténuité de leurs particules, ce qui rend les divers composés plus ou moins susceptibles de dilatation et de retrait dans leurs divers états d'humidité ou de sécheresse. Il est certain, du moins, que dans tous les cas que j'ai été à portée d'observer, les terres gélisses se faisaient remarquer dans les temps de sécheresse par les crevasses larges et nombreuses qui les sillonnaient; tandis que les terres non gélisses restaient toujours exemptes de ces crevasses, si ce n'est dans quelques places où le sol, mal égoutté, avait été imprégné d'une humidité excessive qui avait reflué jusqu'au-dessus de la surface; et encore là les crevasses n'étaient que de légères fissures, en comparaison de celles qui se font souvent remarquer dans les terres gélisses.

La différence des propriétés dont je viens de parler ne se manifeste pas seulement par la diversité de l'action des gelées; mais l'influence prolongée des variations de sécheresse et d'humidité atmosphériques produit le même effet sur les terres des deux classes. Les miettes que l'on a produites par le labour, dans une terre gélisse, se délitent avec le temps sous l'influence successive de la sécheresse ou des pluies, ou même des rosées ; et lorsqu'on a exécuté un labour après lequel toute la terre remuée n'était composée que de mottes énormes et d'une extrême dureté, on trouve, une quinzaine de jours après, que ces mottes se laissent déjà briser facilement sous le choc du pied : quinze jours plus tard, ce sol sera dans un état parfait d'ameublissement. Cet effet se produit, soit que la terre ait été déjà dure et sèche au moment du labour, soit que la charrue ait travaillé dans une terre imprégnée d'eau, dont on a formé ainsi des tranches qui ont pris ensuite une dureté approchant de celle de la pierre, par l'effet des sécheresses qui ont suivi le labour. Il faut que ces tranches se dessèchent ainsi, pour qu'elles puissent se déliter; mais ensuite cet effet aura lieu très-promptement, lorsqu'elles seront détrempées par la pluie, ou d'une manière plus lente, par l'action successive des rosées.

Les terres non gélisses se comportent d'une manière entièrement différente. Si elles ont été labourées trop humides, et si les tranches présentaient, par l'effet du frottement du versoir, cette surface lisse et polie qui fait dire aux cultivateurs que le labour *cire*, ces tranches prendront la dureté de la brique aux premières sécheresses, et ensuite aucune influence atmosphérique ne pourra les ameublir. Les instruments aussi n'y auront prise que bien difficilement; et une terre de ce genre est ordinairement gâtée pour toute une saison, lorsqu'on a commis la faute de la labourer avant qu'elle ne soit suffisamment ressuyée. Si, au contraire, on la laboure lorsqu'elle est déjà trop sèche, tout le sol cultivé se convertit en mottes grosses et dures, dont il sera presque aussi difficile de se rendre maître que de celles qui ont pour origine un excès d'humidité. Mais entre ces deux états, il se rencontre pour le sol une situation intermédiaire, un état moyen d'humidité, dans lequel une terre même très-argileuse se laboure presque sans faire de mottes, et où ces mottes mêmes sont tellement friables, qu'un hersage donné à propos après le labour suffit pour amener le terrain à un état parfait d'ameublissement. Je dis *donné à propos*, car il arrive souvent que quoique le labour ait été donné dans un moment fort opportun, le sol n'est pas encore assez ressuyé pour recevoir avec tout l'avantage possible l'action de la herse : ces sols ne craignent, en effet, rien davantage que d'être touchés encore trop humides par un instrument quelconque ; et la herse est ici plus dangereuse que la charrue elle-même, parce qu'elle se met plus en contact avec toutes les molécules de la terre. Mais ce moment viendra une journée, ou peut-être une demi-journée après le labour ; et il faut le saisir avec activité, car tout dépend de l'à-propos pour l'ameublissement d'un terrain de ce genre.

Il paraît que cette différence de propriété tient essentiellement à ce que les terres gélisses absorbent une plus grande quantité d'eau que les autres, et se gonflent davantage par cette absorption ; d'où il suit qu'elles prennent plus de retrait en se desséchant, ainsi que je l'ai dit. On conçoit facilement alors comment la différence de dilatation ou de retrait entre les diverses parties de la masse, lorsqu'elles sont alternativement humectées et desséchées, gelées ou dégelées, doit tendre à diviser et à désagréger mécaniquement d'abord les surfaces et progressivement toute la masse ; tandis que les terres qui ne se dilatent que peu en absorbant de l'eau, peuvent éprouver des dilatations et des contractions successives sans qu'il y ait désagrégation, c'est-à-dire sans que la masse se délite.

Pour les terres gélisses, on peut dire que le plus efficace de tous les instruments de culture c'est la patience, et il suffit de savoir les attendre ; mais pour les terres non gélisses, tout dépend de l'adresse avec laquelle on saisit l'état d'humidité convenable pour y introduire les instruments. L'adresse ne suffit cependant pas toujours, et il y a encore un peu de hasard ; car, si après qu'on a labouré un sol de ce genre dans l'état le plus convenable, ou après qu'on l'a bien ameubli par un hersage, il survient immédiatement une forte averse ou des pluies continues, le sol sera encore une fois tassé et durci, et il faudra recommencer sur nouveaux frais. La pluie est beaucoup moins nuisible, si elle ne vient qu'après que le sol labouré ou hersé a eu un certain temps pour se dessécher ; mais les pluies continuelles causent encore beaucoup de tort dans ce cas, et font perdre une grande partie du fruit des cultures précédentes. Le cultivateur qui a des terres argileuses non gélisses doit donc diriger tous ses soins vers cette partie de son exploitation, et y concentrer toutes ses forces lorsqu'il le faut, afin de leur appliquer les cultures dans les moments les plus convenables. Pour chaque billon en particulier, le moment propice pour les cultures ne durera peut-être que trois ou quatre jours ; mais comme il est fort rare que les diverses pièces de terre, ou même les différentes parties de la même pièce, se dessèchent avec la même promptitude, on pourra toujours, en observant attentivement chaque jour les progrès du desséchement, parvenir à donner la culture à chaque billon au moment où la terre est de *bonne prise*. Dans les sections suivantes, on trouvera des données spéciales sur le nombre de labours convenable dans les divers cas.

SIXIÈME SECTION

Des labours et cultures des jachères

C'est surtout pour le travail des jachères, qu'il importe de déterminer le nombre des labours qu'il convient de donner à chaque sol, et l'époque où chacun d'eux doit être donné, selon que la terre est gélisse ou non gélisse. Dans les premières, on peut exécuter une fort bonne jachère sans donner plus de deux ou trois labours. Le premier sera donné en automne ou en hiver, après un déchaumage exécuté le plus tôt possible après l'enlèvement de la ré- colte précédente. Cette dernière opération consiste en une culture superficielle donnée soit à la charrue, soit par l'extirpateur ou le scarificateur, soit par la herse : elle a pour but de faire germer les graines des mauvaises herbes qui ont végété dans la récolte précédente. On purge ainsi le sol de ces graines, parce que les plantes qui en naissent seront détruites par le labour qui suivra. Il suffit donc, pour le déchaumage, que la terre soit ameublie et remuée à environ 5 centimètres (2 pouces) de profondeur ; et l'on manquerait son but, si l'on enfouissait plus profondément la terre de la surface et les semences qu'elle contient. C'est pour cela que je n'ai pas donné au déchaumage le nom de labour, même dans le cas où il est exécuté par la charrue : cette distinction expliquera le principe que j'ai posé, que le premier labour doit être le plus profond de tous, tandis que de très-habiles praticiens recommandent de ne donner la plus grande profondeur qu'au second labour. Je suis en cela entièrement d'accord avec eux; seulement, je donne un autre nom à la première culture, parce qu'elle s'exécute souvent avec d'autres instruments qu'avec la charrue.

Après avoir laissé passer l'hiver à la terre gélisse qui a reçu le premier labour de jachère, il faudra attendre encore fort tard au printemps pour lui donner un second labour, car les terres de toute nature qui ont ainsi reçu un labour *d'entre-hiver* conservent l'humidité au printemps beaucoup plus tard que celles qui n'ont pas reçu de culture; pour les terres gélisses en particulier, leur surface se convertit, dans ce cas, en une couche de terre pulvérulente qui est la couverture la plus efficace contre l'évaporation de l'humidité intérieure. Cette couche est déjà parfaitement sèche depuis longtemps, que la terre est encore humide et tenace à 6 ou 8 centimètres (2 ou 3 pouces) de profondeur. Il faut bien se garder dans ce cas de donner un labour, que l'on ne pourrait d'ailleurs exécuter qu'avec la plus grande peine, parce que la charrue n'a aucune tenue dans une terre argileuse en cet état. On se contente donc de donner en mars et en avril, lorsque la surface de la terre est bien ressuyée, une culture superficielle par l'extirpateur, afin de détruire les plantes nuisibles qui auraient végété. On recommence cette opération un mois ou six semaines plus tard, s'il a encore poussé beaucoup de mauvaises herbes. En juin ou juillet, on donne le second labour, moins profond que le premier, et par lequel on enterre le fumier. Le sol peut communément rester en cet état jusque peu de temps avant la semaille : alors, on lui donne d'abord un hersage, ensuite une culture à l'extirpateur. On sème le froment sur cette dernière culture, et l'on enfouit la semence à l'aide de l'extirpateur ou du scarificateur.

Une jachère ainsi traitée ne reçoit, comme on voit, que deux labours, et la dépense des autres cultures réunies n'atteint pas, à beaucoup près, celle du troisième labour. Cependant les sols de ce genre reçoivent généralement une très-bonne préparation par cette méthode. Mais s'ils contenaient beaucoup de *chiendent*, d'*avoine à chapelet*, de *pas-d'âne*, de *terre-noix* ou autres plantes vivaces, il pourrait convenir de donner trois labours au lieu de deux : alors on donnerait le troisième en août, six semaines au moins après le premier, et assez longtemps avant la semaille pour que la terre se délite convenablement par les influences atmosphériques. Ces trois labours pourraient très-difficilement s'exécuter pour la préparation d'un terrain destiné à une semaille de colza ; car le dernier labour doit toujours se donner dans ce cas au commencement de juillet au plus tard, afin qu'un sol argileux ait le temps de s'ameublir parfaitement avant la semaille, pour laquelle il importe beaucoup de pouvoir profiter de la première température favorable qui surviendra, à partir de la dernière semaine de juillet. Il serait souvent préférable, dans ce cas, et si l'on tenait à donner les trois labours, de n'exécuter le premier qu'au printemps, à l'époque des premières sécheresses ; car alors le second pourra être donné beaucoup plus tôt que si le premier avait été fait en hiver. Il convient en général d'agir de même dans les sols argileux de toute espèce, lorsqu'on veut donner plusieurs labours à la charrue dans le cours de l'été.

Dans les premiers labours que l'on donne ainsi au printemps, lorsque le fond du sol est encore humide, le plus grand inconvénient résulte du piétinement des chevaux qui marchent sur la terre non encore labourée. Il convient fréquemment, dans ce cas, d'atteler tous les chevaux à la file, en les faisant marcher dans la raie ouverte : le travail est plus facile et le labour plus régulier. Cette observation peut s'appliquer aux sols argileux de cette espèce, lorsqu'on les laboure dans un état d'humidité. Dans tous les cas, le premier labour de jachère doit être exécuté au plus tard à l'époque que je viens d'indiquer, c'est-à-dire aussitôt que le sol est suffisamment ressuyé au printemps. Dans quelques cantons, on retarde ce premier labour jusqu'en juin, afin de conserver le pâturage de cette sole aux troupeaux de bêtes à laine pour lesquels on n'a pas su créer d'autres ressources. Mais on ne peut retarder ainsi ce premier labour sans nuire essentiellement à la jachère, et aux récoltes de plusieurs années auxquelles elle doit servir de préparation.

Pour les terres non gélisses, il ne convient presque jamais de donner le premier labour de jachère avant l'hiver, car elles ne profitent en rien de l'influence des gelées ;

les pluies abondantes de cette saison les tassent et les plom-
bent, de manière à les rendre beaucoup plus difficiles à
labourer au printemps que si elles avaient conservé leur
ancien guéret. Il importe de les ameublir le plus tôt possible au printemps; car il faut y multiplier les labours beaucoup plus que dans les terres gélisses, et ce n'est que lorsqu'elles ont été ameublies par la culture, que l'on peut y
opérer la destruction des mauvaises herbes par les cultures
suivantes. On saisira donc avec attention le moment le plus
favorable pour donner le premier labour de jachère à ces
terrains en mars ou avril, lorsque le sol est suffisamment
ressuyé. On fera suivre ce labour d'un hersage, comme je
l'ai dit, et on laissera la terre en cet état pendant un mois
ou six semaines, afin que les mauvaises herbes qui étaient
toujours abondantes alors, et qu'on enfouit par ce labour,
aient le temps de périr et de se décomposer. On peut alors
donner une culture superficielle à l'extirpateur, et la faire
suivre peu de jours après d'un labour à la charrue qui
sera ainsi exécuté dans le mois de mai.

Si la terre contient du chiendent et d'autres plantes vivaces, c'est le moment de s'occuper avec activité de les
détruire par des labours réitérés pendant la saison sèche.
On entremêle ces labours de hersages; et l'on doit poser
en règle générale, pour toute espèce de sol, qu'il ne
faut jamais faire suivre un labour d'un autre sans placer
un hersage entre eux; mais avec cette distinction, que si
l'on a pour but principal la destruction du chiendent et
d'autres plantes vivaces, le hersage ne doit être donné que
peu de temps avant le second des deux labours, afin que

la sécheresse pénètre mieux les tranches de la terre labourée ; tandis que si l'on veut opérer la destruction des
plantes nuisibles annuelles, il faut faire suivre immédiatement chaque labour d'un hersage, qui contribue essentiellement à faire germer les graines que la terre recèle, tant
en brisant les mottes qui les contiennent, qu'en conservant
dans le sol une humidité favorable à leur germination.
C'est pour la destruction de ces dernières que l'extirpateur
convient parfaitement, en permettant de donner prompt-
tement et à peu de frais des cultures superficielles qui font
périr toutes les plantes auxquelles ces graines ont donné
naissance.

On continue ainsi pendant toute la belle saison à donner
des labours entremêlés de hersages et de cultures à l'extirpateur, autant qu'on le juge nécessaire pour nettoyer complétement le terrain. Déterminer d'avance le nombre de
ces cultures est chose entièrement impossible, du moins
pour le cultivateur expérimenté qui raisonne ses opérations ; car cela dépend entièrement de l'état du sol et des
circonstances atmosphériques, et il est beaucoup de cas où
six ou huit labours, entremêlés de menues cultures, seront
nécessaires pour produire le même effet que l'on obtiendrait
dans d'autres à l'aide de trois ou quatre labours. Le cultivateur ne doit jamais oublier au reste que dans les sols de
ce genre, c'est seulement des opérations mécaniques de la
culture qu'il peut attendre l'ameublissement du terrain ;
tandis que dans les terres gélisses, les météores atmosphériques font la moitié de la besogne. Dans tous les cas, cet
ameublissement est le but que l'on doit chercher à obtenir

le plus tôt possible ; car ce n'est que dans un sol meuble
que l'on peut opérer la destruction des plantes nuisibles.
Pour les plantes vivaces, ce n'est que lorsque la terre est
ameublie, que leurs racines s'en détachent et se dessèchent
par l'effet des cultures ; et pour les plantes qui naissent de
semences, ce n'est qu'au moyen de l'ameublissement du
terrain que ces semences germent, et que l'on peut opérer
la destruction des plantes qui en proviennent. Les terres
gélisses profitent d'ailleurs singulièrement pour leur fertilité
de la multiplicité des cultures et de l'ameublissement qui
en résulte : on s'imaginerait à peine quelle activité de végétation prendra une récolte de froment ou de colza, après
six ou huit labours donnés à une terre argileuse de ce
genre. On enterre le fumier dans ce cas par l'avant-der-
nier labour, ou même par l'anté-pénultième. Ce labour
doit être moins profond que celui qui le suivra, parce que
le fumier se trouve ainsi mieux mélangé avec la terre.

L'emploi du rouleau n'est presque jamais utile dans le
travail des jachères pour les terres gélisses, mais il est
souvent d'un grand secours pour le traitement des terres
non gélisses. Lorsque le hersage a laissé encore des mottes
à la surface d'un sol de cette nature, le rouleau, employé
par un temps sec sur une terre ressuyée mais pas encore
durcie, pulvérise un grand nombre de ces mottes ; et celles
qu'il n'a pu briser restent enfoncées et assujetties dans le
sol, de manière à donner beaucoup plus d'action à la herse
qui vient ensuite, et qui n'eût fait que déplacer ces mottes
si elles eussent été roulantes à la surface. Il est beaucoup
de cas où l'on peut mettre en bon état de culture, du moins

à la profondeur de quelques centimètres, une terre remplie de mottes, en roulant et en hersant ainsi successivement. Et cet effet peut se produire très-promptement, puisque ces cultures peuvent se suivre immédiatement et se réitérer autant que le besoin l'exige ; tandis que, dans l'emploi de la charrue, il faut, pour donner un nouveau labour, attendre que la terre soit *reprise :* sans cela on ne fait que déplacer les mottes de terre sans les briser, et l'opération exige au moins quinze jours ou trois semaines d'intervalle entre les labours. Pour obtenir ce résultat à l'aide des rouleaux, il faut que ces derniers soient énergiques, c'est-à-dire un peu lourds relativement à leur longueur. Un rouleau de 1 mètre (3 pieds) de longueur, et du poids de 250 kilogrammes, n'a que l'action nécessaire pour briser les mottes d'une terre argileuse non gélisse. Le rouleau-squelette accomplit parfaitement bien ce travail.

Pour les herses, elles doivent être à dents en fer et d'un poids proportionné à la dureté du sol : des herses traînées par un seul cheval seraient presque toujours trop légères pour ameublir convenablement un sol tant soit peu argileux. On attèle, selon les cas, en *accrochant* ou en *décrochant,* c'est-à-dire de manière à faire marcher les pointes des dents en avant ou en arrière. Il est beaucoup de cas où la herse ameublit mieux en marchant les pointes des dents en arrière, parce qu'elle écrase les mottes en les appuyant contre terre, tandis qu'elle tend à les soulever et à les amener à la surface lorsque les pointes marchent en avant; et les mottes qui sont ainsi roulantes sur le sol sont déplacées plutôt que brisées par l'instrument. De même, il est beaucoup de cas où la terre s'ameublit mieux en hersant en travers des billons, ou seulement en biais, qu'en suivant la direction des raies de la charrue. Ce sont là des points de détail que le cultivateur doit régler sur place pour chaque cas, d'après le résultat de ses observations. Lorsque le sol contient des racines de chiendent ou autres, il est nécessaire de soulever souvent le derrière de la herse pour la débarrasser des racines qui s'y amassent; car, dès qu'elle est engorgée, elle fait un très-mauvais travail. Pour faciliter cette manœuvre au laboureur, on fixe une corde d'un mètre ou deux de longueur au derrière de la herse, et le laboureur tient cette corde à la main en même temps qu'il conduit les chevaux avec les guides. Il peut ainsi, sans se déplacer et sans arrêter la marche de l'instrument, soulever ce dernier aussi souvent que le besoin l'exige.

SEPTIÈME SECTION

Labours de préparation pour les semailles de printemps; labours de défoncement

Les labours de préparation pour les semailles de printemps sont soumis à des considérations analogues à celles que j'ai exposées pour les labours de jachère, relativement aux diverses natures du sol. Les terres gélisses sont parfaitement préparées aux semailles d'avoine par un labour d'automne ou d'hiver; et même, pour les semailles d'orge ou de betteraves qui ne se font qu'en avril et quel-

quefois en mai, le labour d'hiver est encore très-utile dans
ces sortes de terrains. Il serait souvent fort préjudiciable
d'enfouir par un second labour la couche de terre meuble
qui s'est formée à la surface; on se contente donc de cultures superficielles à l'extirpateur, pour détruire les mauvaises herbes, jusqu'à ce que le moment de la semaille soit
venu. Pour les terres non gélisses, il est souvent fort difficile d'exécuter les semailles d'avoine en bonne condition;
parce que la terre, dans les printemps humides, ne se
trouve qu'assez tard suffisamment ressuyée pour recevoir
un bon labour. Il vaut généralement mieux dans les terres
de cette espèce retarder la semaille d'avoine jusqu'en
avril, que de donner le labour dans un sol encore trop
humide. Quant aux semailles d'orge ou de betteraves, on
saisira pour le premier labour le moment où la terre sera
de bonne prise, et l'on se hâtera de donner deux ou trois
labours entremêlés de hersages et de roulages, pour mettre
la terre en bon état d'ameublissement le plus tôt qu'il sera
possible. Je ne veux toutefois parler ici que des sols qui se
pétrissent et se tassent fortement par les pluies d'hiver,
lorsqu'ils ont été labourés en automne.

Pour les terres non gélisses que l'on reconnaît pouvoir
supporter ce labour sans compromettre l'ameublissement
du sol par les cultures de printemps, il sera toujours utile
de donner un labour avant l'hiver. On enfouira alors la
semence d'avoine par le travail de l'extirpateur ou du scarificateur; et, pour les semailles plus tardives, on donnera
encore un ou plusieurs labours entremêlés de menues
cultures, lorsque le sol sera bien ressuyé.

Les labours de défoncement sont ceux dont la profondeur dépasse 25 à 27 centimètres (9 à 10 pouces) : cette opération peut être utile dans un assez grand nombre de circonstances. Les labours de ce genre s'exécutent fort difficilement d'un seul trait de charrue. Si l'on emploie à cet effet un instrument d'assez grande dimension et un attelage assez puissant, le travail n'est pas très-bon, parce qu'en prenant des bandes de terre très-épaisses, il faut aussi les prendre très-larges, pour que la charrue puisse les retourner convenablement; et l'on déplace ainsi de grandes masses de terre qui ne sont ni mélangées ni ameublies. Il est bien préférable d'exécuter ces cultures à l'aide de deux charrues qui se suivent dans la même raie, la première prenant, par exemple, 20 ou 25 centimètres (8 ou 9 pouces) de profondeur, et la seconde 10 ou 15 centimètres (4 ou 5 pouces), si le sol est assez pénétrable pour le permettre, car le travail de cette seconde charrue est beaucoup plus pénible que celui de la première, et on ne peut souvent la faire pénétrer à plus de 6 ou 8 centimètres (2 ou 3 pouces) au fond de la raie. Cette charrue doit porter un soc plus étroit que celui de la première; le versoir doit être disposé de manière à soulever davantage la terre que le soc tranche, puisqu'il faut la porter au-dessus de la bande que la première charrue vient de renverser; et le bord inférieur de ce versoir doit être plus élevé, puisqu'il faut qu'il passe au-dessus de la première bande de terre. Quelquefois cependant on a pour but, dans un labour de ce genre, de remuer la terre à une assez grande profondeur sans ramener à la surface celle du fond, parce qu'on ne juge pas celle-ci de bonne qualité. Dans ce cas, on démonte complétement le versoir de la seconde charrue, en sorte que le soc et le sep, après avoir émietté et soulevé la terre au fond de la raie, la laissent retomber derrière eux, à peu près à la même place qu'elle occupait.

En Flandre, on exécute souvent des labours de défoncement en employant le travail combiné de la charrue et des bras de l'homme. A cet effet, on place derrière la charrue un certain nombre d'ouvriers qui approfondissent à la bêche la raie ouverte, en jetant la terre qu'ils enlèvent sur la bande retournée par la charrue. Afin que celle-ci ne soit pas arrêtée dans sa marche, il faut que le nombre de ces ouvriers soit suffisant pour que leur travail soit exécuté dans le même espace de temps que la charrue met à parcourir la raie. Ce nombre peut donc être fort différent selon la difficulté du travail, c'est-à-dire selon la dureté de la terre et la profondeur à laquelle on fait porter le travail de la bêche. D'ordinaire on emploie sept à huit ouvriers pour suivre ainsi le travail d'une charrue. On divise la longueur du billon en autant de parties égales que l'on emploie d'ouvriers, et chaque homme est chargé d'approfondir toutes les raies dans la partie qui lui est assignée, à mesure que la charrue y a passé. Ce travail est excellent ; et partout où l'on peut disposer d'un nombre suffisant de bras, on ne pourrait guère trouver de moyens d'exécuter un meilleur labour de défoncement.

HUITIÈME SECTION

Détails d'exécution

Lorsqu'on veut labourer une pièce de terre composée de plusieurs billons, on doit commencer par la faire *enrayer* par le plus habile laboureur de l'exploitation, car la régularité de tout le labour dépend en grande partie de la rectitude et de la bonne exécution des premières raies des billons. Le même laboureur tire aussi des *raies de bout*, pour fixer la ligne sur laquelle toutes les charrues doivent piquer en commençant chaque raie, ou sortir de terre en la terminant. Sans cette précaution, les raies sont toujours de longueur inégale, ce qui fera un travail très-irrégulier et occasionnera des manques, lorsqu'il sera question de labourer ensuite la *tournière* que la raie de bout doit séparer distinctement de l'extrémité des billons. Si l'on tourne sur un chemin ou sur une terre en gazon, il faut également tirer une raie de bout avant de commencer le labour, pour éviter que le gazon ne soit entamé par quelques raies, tandis que d'autres laisseraient des manques parce qu'elles n'auraient pas été prolongées assez loin. Lorsque cet encadrement de tous les billons est terminé, on met les laboureurs à l'œuvre, en leur assignant à chacun un sillon ; et il est fort utile d'exciter leur émulation en examinant ensuite à part les billons labourés par chacun d'eux, pour faire, des observations qui en résultent, un objet d'encouragement ou de reproche.

Lorsqu'on endosse un billon, la raie qui était restée dans son milieu au dernier labour est ordinairement remplie de terre en grande partie, et ne se voit souvent qu'à peine. Si, après avoir jeté la bande de la première raie qu'on ouvre sur la place qu'elle occupait, on jette à côté de cette tranche celle de la raie qu'on ouvre en revenant, il se trouve nécessairement sous ces deux raies une bande de terre de 40 ou 50 centimètres (15 ou 18 pouces) de longueur qui n'a pas été entamée par la charrue; et l'on ne peut diminuer cette largeur en rapprochant ces deux raies, parce qu'il faudrait pour cela jeter la tranche de la seconde sur celle de la première, ce qu'il n'est pas possible de faire en exécutant un travail régulier. Il est vrai qu'on suit fréquemment cette pratique en adossant les billons, dans les cantons où la culture n'est pas très-soignée, laissant ainsi au milieu de chacun une bande de 40 ou 50 centimètres (15 ou 18 pouces) de largeur qui n'a reçu aucune culture. Ce défaut n'est pas apparent à l'œil, parce que cet espace se trouve couvert par les tranches que l'on a tirées des raies voisines; mais cela ne constitue pas moins une négligence de travail qui nuit beaucoup au produit de la récolte dans cette partie du billon. Afin d'éviter cet inconvénient, on commence le labour de chaque billon en faisant ce qu'on nomme un *tour perdu*, c'est-à-dire en ouvrant au milieu de sa largeur une raie en allant et une raie en revenant, mais en *fendant*, c'est-à-dire en jetant les tranches en dehors. A cet effet, on ouvre la première raie à une profondeur modérée, et en faisant marcher la pointe du soc précisément au milieu de la largeur du billon. Pour la seconde raie, que l'on ouvre en revenant immédiatement à côté de celle-ci, on prend 5 à 6 centimètres (2 pouces environ) de profondeur de plus, parce que, sans cela, le sep de la charrue ne trouvant pas d'appui sur la gauche, on ne pourrait exécuter un travail régulier. Ensuite on commence seulement à endosser, en rejetant de chaque côté, dans la double raie que l'on avait ainsi ouverte, la tranche qu'on en avait tirée, en même temps qu'une autre tranche que l'on prend au-dessous de la place où l'on avait d'abord déposé la première. Le labour se trouve alors en apparence dans la même situation qu'après que l'on avait ouvert les deux premières raies dans la méthode vicieuse que j'ai décrite d'abord ; mais la totalité du sol arable a été cultivée, et fournira des aliments à la récolte suivante. On conçoit que cette manœuvre est encore beaucoup plus nécessaire lorsqu'on endosse un billon qui a déjà été endossé par le labour précédent. Un semblable travail n'est pas nécessaire lorsqu'on *fend*, parce que les raies qui séparaient les billons de l'ancien labour restaient généralement beaucoup plus ouvertes.

Les dernières raies par lesquelles on termine chaque billon, soit en fendant, soit en endossant, exigent aussi beaucoup d'attention, et demandent autant que les premières d'être tirées par un laboureur habile, si l'on veut qu'elles soient exécutées avec régularité. Lorsqu'on fend, la raie qui reste ouverte se trouve naturellement fort large, puisqu'elle se compose de l'espace qu'occupaient les deux dernières tranches que l'on a jetées en dehors en allant et en revenant. Si on laisse les choses en cet état, comme on le fait ordinairement dans les pays où la culture n'est pas très-soignée, il y a là un large espace qui ne produira presque rien à la récolte, surtout si l'on a négligé le tour perdu au labour précédent ; car le fond laisse à découvert, sur la largeur des deux raies, une terre qui n'a pas été remuée depuis fort longtemps, quoiqu'elle soit d'une qualité égale à celle de la couche arable de toute la pièce. Pour remédier à ce défaut, on termine le labour fendu par une raie que l'on approfondit le plus qu'on le peut, et qui, occupant la moitié de la largeur de la double raie qui restait ouverte, rejette la terre que l'on en tire sur l'autre moitié de cette largeur. De cette manière, au lieu de la double raie large et plate qui existait avant qu'on eût approfondi cette dernière raie, on a une raie étroite et profonde à parois presque verticales, que le hersage qui suivra comblera presque entièrement, en y faisant tomber de la terre meuble ; et cette partie du billon donnera autant de produit à la récolte que le reste de sa surface.

Il est fort important que toutes les raies d'un billon soient parfaitement uniformes en largeur et en profondeur, car sans cela la surface présentera de l'inégalité même après le hersage. Mais cette uniformité des tranches ne peut s'obtenir avec perfection que lorsque les raies sont tirées en lignes droites et bien parallèles entre elles. Dans certains cantons on obtient assez facilement cette régularité des labours, parce que c'est un usage établi et que les valets y sont accoutumés. Mais ailleurs, les billons décrivent tous un coude plus ou moins prononcé, et l'on parcourrait souvent le territoire de plusieurs communes sans rencontrer une seule raie de charrue ouverte en ligne droite sur une certaine longueur. Cette différence tient essentiellement à l'usage où sont les laboureurs, dans divers cantons, de diriger eux-mêmes l'attelage de leur charrue, ou de se faire accompagner à cet effet par un aide. Partout où les charrues ne sont attelées que d'une paire d'animaux, les laboureurs se sont habitués à les conduire en même temps qu'ils tiennent les mancherons de l'instrument; et alors, s'alignant sur quelque objet éloigné, ils peuvent, placés comme ils sont derrière les animaux, s'apercevoir immédiatement de la moindre déviation dans leur marche. Aussi l'on remarque que dans tous les cantons où l'on emploie les attelages à une seule paire d'animaux, on rencontre généralement des raies de charrues parfaitement droites, et des labours réguliers. Cela se rencontre aussi dans quelques localités où les charrues sont attelées de trois chevaux, mais où les laboureurs savent conduire ces attelages seuls et sans aides.

Au contraire, partout où s'est introduit l'usage de faire conduire les attelages par un second valet, parce qu'ils sont composés de quatre animaux ou d'un plus grand nombre, on trouve des billons courbes, car il y a vraiment impossibilité de tirer une raie de charrue en ligne droite lorsque l'attelage n'est pas dirigé par le même homme qui tient les mancherons. Cette impossibilité résulte de ce que l'homme qui dirige l'attelage, en marchant à côté des animaux, n'est pas placé là dans une position où il puisse apercevoir les déviations dans la marche, comme peut le faire celui qui est placé derrière l'instrument, et qui, tenant

les mancherons, est forcé de conserver à toutes les parties
de son corps une position déterminée; en sorte que son
œil est constamment placé dans une position invariable,
relativement à la ligne de direction des animaux et de la
raie qu'il ouvre. Dans ces cantons, si à l'aide d'une meilleure charrue ou d'animaux plus vigoureux, on adopte
l'usage des attelages composés d'une seule paire d'animaux,
on éprouve les plus grandes difficultés à obtenir que les
laboureurs ouvrent des raies en ligne droite, parce qu'ils
ne sont pas accoutumés aux soins et à l'attention qu'exige
cette régularité de la part de l'homme qui tient les manches
de la charrue. Cependant, avec des soins et de la persévérance, on parviendra à ce but, en tirant partie de l'émulation qu'on aura excitée parmi les valets pour le parfait
alignement des raies dans le labour. Il est bien entendu
que dans le cas où l'on trouve des billons bombés et courbes dans leur direction, on ne doit songer à les redresser
que lorsqu'ils auront été parfaitement aplanis, et même
lorsque la terre aura pris tout son tassement à la place des
anciennes raies où elle avait été accumulée. Si l'on voulait
redresser les billons trop précipitamment dans ce cas, on
perdrait tout moyen d'aplanir le terrain, puisque cette opération ne peut se faire qu'en labourant constamment dans
la direction des anciens billons, et en suivant leur courbure
primitive.

Il arrive au meilleur laboureur de faire ce qu'on nomme
une manque, c'est-à-dire de laisser intacte une portion de
la terre qu'il devait trancher, parce que la charrue aura
été détournée de sa marche par la présence d'une pierre

ou par quelque autre accident. Un laboureur négligent continue sa marche en faisant piquer la charrue un peu plus loin, et dit qu'il reprendra la manque au tour suivant. Mais cela est entièrement impossible; et en supposant qu'il fasse décrire une courbe à la charrue à cet endroit dans la seconde raie pour couvrir la manque, il gâtera la raie qu'il ouvre actuellement, en faussant sa direction, sans pouvoir reprendre en totalité le *chevet* qu'il a laissé dans la raie précédente, et qui sera caché, pour des yeux peu exercés, sous la terre dont on l'aura couvert, mais qui ne sera pas labouré. Il n'est qu'un moyen de reprendre une manque, c'est d'arrêter tout court l'attelage au premier moment où l'on s'aperçoit qu'elle est faite, et de faire reculer les animaux de quelques pas, pendant que le laboureur, tirant à lui la charrue, la fait aussi reculer dans la raie, jusqu'à ce qu'elle ait dépassé la manque qu'il veut reprendre : marchant ensuite de nouveau en avant, il reprend toute la profondeur de sa raie, sans aucune irrégularité et presque sans aucune perte de temps. Les animaux de labour bien dressés doivent être habitués à cette manœuvre, ce qui en facilite beaucoup l'exécution.

Aux extrémités des billons, toutes les raies doivent être tirées en ligne droite jusque sur la raie de bout qui a été tracée à l'avance, et sans dévier en ligne courbe vers le centre du billon, comme cela se remarque dans les labours négligés. En effet, les animaux qui sont accoutumés à tourner dans un certain sens à l'extrémité du billon, sont toujours disposés à préluder à cette manœuvre en déviant un peu de leur direction, dès qu'ils arrivent eux-mêmes à l'extrémité, et pendant que la pointe du soc en est encore assez éloignée. Pour entamer une nouvelle raie, si le laboureur ne met pas beaucoup d'attention à porter le soc de la charrue jusqu'à la ligne de direction de la raie qu'il doit ouvrir, il y a encore là une courbure en sens inverse de la première, et il résulte nécessairement de ces courbures que les raies laissent entre elles beaucoup d'espaces non labourés et qui ne sont pas recouverts de terre dans une longueur de 2 ou 3 mètres (6 ou 9 pieds) et quelquefois plus, aux extrémités des billons. On doit donc exiger des laboureurs qu'ils restent parfaitement maîtres de la direction de l'attelage dans cette dernière partie du tracé d'une raie, et qu'ils mettent une grande attention à porter la charrue jusque dans sa direction, avant d'entamer une nouvelle raie. En général, si l'on veut juger en un instant du soin avec lequel un labour a été exécuté, il suffit d'examiner la direction des raies à l'extrémité des billons, car c'est la partie qui exige le plus d'attention de la part des laboureurs.

J'ai supposé que l'on fait exécuter chaque billon par une seule charrue. Quelquefois cependant on place plusieurs charrues à la suite les unes des autres, en sorte que chaque charrue laboure sur la raie ouverte par celle qui la précède. On devrait renoncer à cette pratique, quand elle n'aurait que l'inconvénient de détruire l'émulation qui s'établit entre les laboureurs, par la bonne exécution du billon que chacun d'entre eux a labouré; mais elle est encore vicieuse sous plusieurs autres rapports. D'abord il est impossible d'obtenir que plusieurs charrues, quoique d'une construction uniforme, mais conduites par des mains différentes, ouvrent des raies parfaitement semblables pour la largeur et la profondeur, et pour le renversement de la tranche ; en sorte que les labours exécutés ainsi ne sont jamais unis et réguliers comme ceux où chaque laboureur a fait seul son billon. Ensuite on rend ainsi toutes les charrues dépendantes les unes des autres pour la rapidité de la marche, puisqu'aucune d'elles ne peut dépasser celle qui doit ouvrir la raie devant elle ; et comme, parmi plusieurs attelages, il y a toujours des inégalités de marche, il se trouve que c'est l'attelage le plus lent qui règle inévitablement la marche de tous les autres. Si une charrue est arrêtée momentanément par quelque accident, la marche de toutes est nécessairement suspendue pendant un égal espace de temps. Ainsi la pratique de faire marcher plusieurs charrues à la suite les unes des autres ne doit être suivie qu'accidentellement et pour quelques cas particuliers, comme lorsqu'on a un motif grave de désirer qu'un billon soit terminé très-promptement.

Lorsque tous les billons d'une pièce de terre sont terminés, il est nécessaire d'ouvrir de nouveau par un trait de charrue les raies de bout, lorsqu'elles séparent l'extrémité des billons d'une terre en gazon ; car si la *tournière* forme un billon à part, la raie de bout se trouvera ouverte, pourvu que la tournière ait été endossée. Si elle a été fendue, il faut relever par un trait de charrue, en jetant la terre sur la pièce labourée, la dernière raie que l'on avait rejetée contre le gazon voisin, parce qu'il doit, dans tous les cas, rester une raie ouverte de tous les côtés entre la pièce de terre labourée et les terrains en gazon ou en friche qui l'entourent, et même entre cette pièce et les autres terres arables qui ne reçoivent pas actuellement un labour.

Cette raie ouverte qui entoure toute pièce de terre labourée se nomme *raie de ceinture :* elle a une grande importance, non-seulement pour l'écoulement des eaux, mais aussi pour la destruction des plantes nuisibles dans les terres arables ; car, si l'on y fait attention, on remarquera que c'est par là que se propagent les plantes vivaces à racines traçantes, malgré tous les soins que l'on peut prendre pour les détruire sur toute la surface de la pièce. Celles de ces plantes qui se rencontrent dans les terrains voisins, poussent promptement des racines vigoureuses dans la terre meuble qu'on a mise par le labour en contact avec le sol où elles végétaient. Dans peu de temps, on remarque une lisière d'un pied de largeur infestée de chiendent ou d'autres plantes traçantes, au pourtour d'une pièce de terre d'ailleurs parfaitement nettoyée par les cultures qu'elle a reçues. Cette lisière s'étend de proche en proche et a bientôt envahi une largeur de quelques mètres, si l'on n'y porte remède. Ce remède est facile et peu coûteux, si on l'applique promptement, c'est-à-dire immédiatement après le labour, en ouvrant une raie qui intercepte toute communication par les racines des plantes entre la pièce labourée et les terrains voisins. Cette opération n'est cependant pas encore suffisante ; car il est impossible d'éviter qu'en relevant cette raie, on ne rejette avec elle sur la terre labourée quelques racines ou débris du gazon voisin ; et ces racines ne tardent pas à végéter. Il est donc nécessaire de faire nettoyer à la main une fois par année, au moment du dernier labour, les raies de ceinture de chaque pièce de terre. Cette opération est exécutée par une femme armée d'un crochet à deux dents, ou d'un râteau si la terre est très-meuble. L'ouvrière enlève soigneusement tous les brins de racines, et les rejette sur le gazon voisin, ou en forme de petits tas que l'on enlève ensuite. Cette opération n'exige que très-peu de travail, lorsqu'on n'a à nettoyer ainsi que la bande d'une seule raie de charrue autour d'une pièce de terre, et elle évite un travail très-considérable qui serait nécessaire deux ou trois ans plus tard, soit pour faire crocheter à la main une bordure de 3 ou 4 mètres de largeur au pourtour de la pièce, soit pour soumettre la pièce entière à des cultures multipliées par la charrue et la herse, dans le but de détruire les plantes vivaces qui ont envahi de toutes parts les lisières. On s'imaginerait à peine combien de travail on peut s'épargner dans le nettoiement des terres arables par les soins que l'on donne ainsi aux raies de ceinture, soins qui n'exigent qu'un travail de main-d'œuvre presque insignifiant, en comparaison des avantages qu'il procure.

Lorsque le labour d'une pièce de terre est terminé, il faut aussi ouvrir immédiatement à la charrue les rigoles transversales qui sont nécessaires pour procurer un écoulement complet aux eaux des pluies. Cette opération doit se répéter après chaque labour, et il est même nécessaire, pour procurer un écoulement complet, d'ouvrir ces rigoles à mesure qu'on laboure la pièce, car s'il survient un orage ou de grandes pluies avant que ces rigoles soient relevées, il ne faut souvent, dans les pièces de terre qui ont peu de pente, que l'interruption d'une rigole produite par le labour de quelques billons, pour faire refluer l'eau et inonder de grands espaces de terrain; et une fois que la terre qui obstrue les rigoles et les parties qui les avoisinent est délayée en boue par cette cause, il devient fort difficile d'ouvrir ces rigoles, soit à la charrue, soit à bras. A mesure qu'on ouvre ces rigoles à la charrue, on fait curer à la pelle les parties qui en ont besoin, et l'on ouvre par le même moyen la communication entre les rigoles et les raies des billons qui les traversent; car en ouvrant la rigole, la charrue a nécessairement obstrué cette communication par la bande de terre qu'elle a rejetée à l'extrémité des raies. On peut employer à ce travail, selon les circonstances, la charrue à deux versoirs, qui jette la terre des deux côtés, ou une bonne charrue ordinaire, qui ouvre une raie plus large au fond que la charrue à deux versoirs. Ce n'est que lorsque ces opérations de détail sont accomplies, qu'un cultivateur soigneux et actif regarde le labour d'une pièce de terre comme terminé.

CHAPITRE II

DESTRUCTION DES PLANTES NUISIBLES

PREMIÈRE SECTION

Considérations générales

Le cultivateur a besoin de lutter sans cesse contre les plantes spontanées du sol qu'il veut consacrer à d'autres productions. C'est là un des buts les plus importants de ses travaux ; car c'est toujours aux dépens des récoltes cultivées que s'opère la végétation des plantes spontanées. C'est pour cela qu'on leur donne le nom de *plantes nuisibles* ou *mauvaises herbes*. Le mot *mauvaises* ne doit être pris ici que dans un sens relatif et non absolu, car d'excellentes plantes de prairies ou de pâturages sont de mauvaises herbes dans un champ de blé ; et le blé lui-même serait une mauvaise herbe dans une pièce ensemencée en colza. Les plantes spontanées sont toutes nuisibles dans un champ ensemencé, mais elles le sont à divers degrés, et les efforts des cultivateurs doivent être dirigés spécialement vers la destruction de celles d'entre elles dont la propagation cause le plus de dommage aux récoltes.

Les moyens dont on peut attendre de l'efficacité pour la destruction des plantes nuisibles doivent varier selon la nature du sol, mais surtout selon le mode de végétation et de propagation particulier à chaque espèce de plante. Le cultivateur doit donc rechercher quelles sont les plantes spontanées qui dominent dans les diverses espèces du sol qu'il exploite, et quelles sont celles qui nuisent le plus aux récoltes ; et il doit s'attacher à reconnaître quels sont les procédés les plus efficaces pour leur destruction. Pour distinguer les diverses espèces de plantes nuisibles, des observations attentives et l'habitude suffisent jusqu'à un certain point ; mais c'est ici que des connaissances de botanique sont fort utiles au praticien, et abrègent du moins beaucoup le temps qui lui sera nécessaire pour bien connaître l'ennemi qu'il doit combattre.

Les espèces de plantes qui croissent spontanément et qui causent le plus de dommage aux récoltes varient infiniment dans certaines localités : telle plante, très-nuisible dans un pays, est inconnue dans un autre. Elles varient également selon la nature du sol : sur le même finage, une partie des terres est infestée d'une plante que l'on ne rencontre jamais dans d'autres parties. Il serait impossible de donner ici des préceptes pour la destruction des plantes nuisibles de tous les pays et de toutes les espèces de sol ; je me bornerai à indiquer les plantes qui sont le plus généralement répandues et qui causent le plus de dommage aux récoltes, en traçant la marche qu'il convient de suivre, soit pour en opérer la destruction complète, soit pour atténuer au moins le plus qu'il est possible le dommage qui en résulte. Ce que j'en dirai pourra d'ailleurs se généraliser beaucoup ; car les moyens de destruction que l'on emploie avec succès pour une espèce, peuvent s'appliquer également à plusieurs autres espèces qui ont de l'analogie avec elle dans leur végétation et dans les circonstances de leur reproduction.

Il importe d'abord de diviser les plantes nuisibles en annuelles et en vivaces. Je vais indiquer successivement les moyens qu'il convient d'employer pour la destruction des unes et des autres.

DEUXIEME SECTION

Destruction des mauvaises herbes annuelles

Je comprends dans les plantes annuelles celles que l'on appelle assez improprement bisannuelles, c'est-à-dire toutes les plantes dont les racines périssent après que la plante a produit une fois des semences. Ces plantes ne pouvant se multiplier que par leurs graines, il suffit pour les empêcher de se reproduire de les couper à l'époque de la floraison ; mais, pour en purger une pièce de terre, il faut adopter des procédés de culture qui les empêchent, pendant un temps suffisamment prolongé, d'amener leurs graines à maturité. Pour certaines espèces et pour quelques sols infestés de longue main, il est nécessaire de prolonger ces soins pendant plusieurs années, parce que les semences de beaucoup de plantes ont la propriété de se conserver en terre sans germer, pendant fort longtemps : et elles végètent ensuite lorsque la culture les ramène à la surface, ou lorsqu'on vient à briser les mottes qui les contenaient, et où elles étaient à l'abri de la germination ; car la nature a voulu que ces semences ne pussent germer que dans les circonstances les plus favorables au développement des plantes qui en naissent, c'est-à-dire lorsqu'elles se trouvent placées très-près de la surface dans un sol suffisamment ameubli.

C'est donc par des labours réitérés, suivis immédiatement de hersages et quelquefois de roulages propres à bien ameublir la surface du sol, que l'on doit s'efforcer de déterminer la germination du plus grand nombre possible des semences que renferme le sol, pour opérer ensuite la destruction des plantes qui en naissent, soit par un trait d'extirpateur, soit par un nouveau travail de la charrue, de la herse et du rouleau, qui feront germer une nouvelle portion des semences que contient le sol, et que l'on détruira ensuite par de nouvelles cultures.

C'est seulement lorsque la température est un peu élevée, et surtout au printemps et en été, que ces opérations sont efficaces. Mais il faut aussi qu'elles soient favorisées par l'état d'humidité de la terre, car sans cela la germination des semences n'a pas lieu. Si, par exemple, on a donné à un sol sec un labour, suivi, s'il est nécessaire, des cultures propres à en ameublir la surface, on attendra qu'une pluie vienne l'humecter ; et lorsqu'on reconnaît que toutes les semences qui étaient à portée de germer ont donné naissance à de jeunes plantes, c'est-à-dire lorsqu'on voit qu'il n'en naît plus de nouvelles, on les enfouit par un labour, ou l'on en opère la destruction par un trait d'extirpateur.

Cette opération ne peut être efficace que lorsqu'on emploie une bonne charrue, c'est-à-dire une charrue qui tranche et retourne la terre dans toute la largeur de la raie ; car si elle laisse des *chevets*, c'est-à-dire des arêtes dont la terre n'est pas remuée, ces arêtes conserveront beaucoup de semences qui seront ainsi soustraites à l'action des cultures. Il faut aussi que les labours soient profonds, si l'on ne veut pas laisser au fond des sillons une portion de terre contenant encore beaucoup de semences de plantes nuisibles qui infesteront les récoltes dans les années suivantes, lorsqu'on viendra à approfondir davantage le labour. On doit s'attendre, au reste, lorsqu'on laboure ainsi un terrain plus profondément qu'on ne le faisait précédemment, à voir naître immédiatement un grand nombre de plantes nuisibles, provenant des semences enfouies dans le sol au-dessous de la couche atteinte par les derniers labours. C'est là une objection que l'on entend souvent répéter par certains cultivateurs contre la pratique des labours profonds. Mais l'homme qui songe à l'avenir, et qui tient à purger pour longtemps son champ de plantes nuisibles, s'efforce, au contraire, de faire germer la plus grande quantité qu'il peut de semences de ces plantes, parce que c'est là le seul moyen de s'en débarrasser ; seulement il combine ses procédés de culture de manière à pouvoir opérer la destruction des plantes qui ont ainsi pris naissance soit avant l'ensemencement de la première récolte, soit par le même trait d'extirpateur qui couvre la semence de cette récolte.

Parmi les plantes annuelles, il en est dont on peut sans beaucoup de dépenses opérer la destruction pendant la végétation des récoltes qu'elles accompagnent : ainsi les *bluets* (*centaurea cyanus*), la *nielle* (*agrostema githago*), et quelques autres, naissent avant l'hiver dans les froments et les seigles ; et dès le mois de mars, comme ces plantes sont déjà grandes et se distinguent facilement des céréales, un petit nombre de femmes peut en débarrasser de grands espaces de terre en les arrachant à la main ou à l'aide de la binette, pourvu que le nombre de ces plantes ne soit pas excessif, ce qui n'arrive jamais si le sol a été bien préparé pour la semaille du froment. Ce travail de sarclage au printemps est un soin que ne doit jamais négliger un cultivateur attentif.

Une autre plante qui nuit aussi beaucoup aux récoltes de froment dans un grand nombre de terrains c'est la *camomille des champs* (*anthemis cotula* et *anthemis arvensis*). Elle naît à l'automne, comme celle dont je viens de parler ; mais il est beaucoup plus difficile d'en opérer la destruction au printemps, parce que lorsqu'on l'arrache elle entraîne beaucoup de terre avec ses racines, et elle prend de nouveau racine avec une extrême facilité. On ne peut être assuré de la détruire qu'en réunissant les plantes arrachées en petits tas étroits et élevés, dans les parties de la pièce où on peut le faire le plus commodément. L'opération devient ainsi fort coûteuse, et ne peut guère s'exécuter avec économie que dans les cas où ces plantes sont peu nombreuses.

D'autres plantes annuelles, très- nuisibles au froment d'automne, ne germent généralement qu'au printemps, ou du moins ne prennent quelque développement que lorsque le froment est déjà trop grand pour qu'on puisse en opérer facilement la destruction : tels sont le *coquelicot* (*papaver rheas*), le *mélampyre* ou *blé de vache* (*melampyrum arvense*), la *crête de coq* (*rhinanthus crista galli*), l'*agrostis éventé* (*agrostis spicaventi*), et plusieurs autres. C'est donc seulement par les cultures préparatoires qu'on peut les détruire; mais on y parvient facilement; et à la suite de quelques années d'une bonne culture, on voit ces plantes disparaître des terrains qui en étaient auparavant infestés. Cela suppose toutefois que l'on apporte le plus grand soin à éviter que les graines de quelques-unes de ces plantes ne se trouvent mêlées aux graines que l'on emploie pour semence.

La *moutarde des champs* (*sinapis arvensis*), et le *raifort sauvage* (*raphanus raphanistrum*), sont des plantes très-analogues entre elles relativement à leur mode de végétation et au tort qu'elles occasionnent aux récoltes. Les habitants des campagnes les confondent souvent sous les noms de *sénevé jaune* et *sénevé blanc*, parce que la première porte des fleurs jaunes et la seconde des fleurs d'un blanc violacé; mais elles ne se rencontrent jamais ensemble dans le même terrain, le raphanus croissant exclusivement dans les sols argilo–silicieux dits *terres blanches*, et la moutarde dans les terrains argileux ou argilo–calcaires. L'une et l'autre infestent particulièrement les céréales de printemps ; et, sous l'influence des assolements vicieux et d'une culture négligée, elles s'y multiplient à tel point qu'elles diminuent souvent les récoltes de grain dans une très-grande proportion. On les combat par de bonnes cultures préparatoires, comme je l'ai expliqué au commencement de cette section, et par des récoltes sarclées où l'on ne permet pas qu'aucune de ces plantes amène ses graines à maturité. Comme leurs semences ont la propriété de se conserver pendant fort longtemps en terre, il faut continuer ces soins pendant plusieurs années pour en débarrasser un terrain qui en a été infesté.

La *renouée* ou *trainasse* (*polygonum aviculare*) est encore une des plantes annuelles dont la destruction présente le plus de difficultés et exige le plus de soins : d'une part, elle est extrêmement nuisible aux céréales, et, de l'autre, ses semences très-nombreuses arrivant à maturité longtemps avant la céréale, tombent sur le sol et l'infestent pour longtemps, si l'on n'emploie des moyens énergiques pour la faire germer et détruire ensuite les plantes qui en naissent.

La *folle avoine* (*avena fatua*) se propage quelquefois excessivement dans les terrains où l'on place plusieurs céréales successives. Il suffit d'une récolte sarclée intercalaire pour la détruire ; on atteint le même but en faisant germer toutes les graines par un déchaumage ou par un labour d'automne, et en détruisant au printemps, par un labour ou par une culture à l'extirpateur, les plantes qui en proviennent.

La *spergule* (*spergula arvensis*) ne croît que dans les terrains argilo-siliceux ou terres blanches, mais elle s'y multiplie à un haut degré sous l'influence d'un assolement vicieux; quoiqu'elle s'élève peu, cette plante cause beaucoup de dommage aux récoltes de céréales. Elle disparait bientôt, de même que la plupart des mauvaises herbes dont je viens de parler, devant une culture soignée. Il est assez facile de faire germer ces graines par des cultures superficielles, et par conséquent de les détruire; mais elles peuvent se conserver fort longtemps en terre, et elles ne germent que lorsqu'elles sont très-près de la surface.

L'*ivraie annuelle* (*lolium temulentum*) déprécie beaucoup le froment auquel ses graines se trouvent mêlées, à cause de la propriété enivrante et vénéneuse qu'elle possède. Dans certaines années où la température est favorable à sa végétation, cette plante se multiplie beaucoup. C'est ordinairement avec la semence du froment qu'on la porte aux champs ; et l'on ne peut mettre trop de soins à en purger complétement la semence qu'on emploie, car il n'est pas possible de l'arracher dans la récolte en végétation. Pour cette plante, de même que pour la nielle, le mélampyre et quelques autres, il est fort difficile de séparer complétement leur semence du froment ou du seigle après que ces grains ont été battus, parce que leur volume et leur pesanteur spécifique ne diffèrent pas assez de ceux du bon grain pour que les machines à vanner ou à cribler puissent en opérer la séparation. Lorsque les grains que l'on récolte sur une ferme ne sont pas entièrement exempts des semences de l'une ou de l'autre de ces plantes, il convient de changer de semence, en se procurant des grains parfaitement purs ; ou bien on peut arriver au même but par le moyen suivant : avant le battage, on fait trier avec soin à la main, par des femmes, un certain nombre de gerbes de froment, afin de n'y laisser que les épis de ce grain. Cette opération, pour être bien faite, doit s'opérer sur une longue table sur laquelle on étend non pas les gerbes entières, mais des poignées de tiges, dans lesquelles on découvre ainsi facilement toutes les plantes étrangères. On lie de nouveau en gerbes le froment nettoyé, et on le bat à part avec beaucoup de précaution, pour qu'il ne s'y mêle pas de graines de plantes étrangères, soit sur l'aire, soit dans les tarares ou sur les greniers. Si l'on a obtenu par exemple un hectolitre de grain ainsi nettoyé, on le sème dans un terrain riche et bien exempt de mauvaises herbes, et on le récolte soigneusement à part. L'année d'ensuite on agit de même pour le grain que l'on en a récolté, et, dès la seconde année, on est pourvu pour toute la ferme d'un blé de semence très-net.

Les semences de la plus grande partie des mauvaises herbes annuelles mûrissent avant les céréales qui les accompagnent et tombent sur le sol avant ou pendant la moisson. Il importe beaucoup de les faire germer avant que le premier labour les enfouisse à une profondeur où elles pourraient ensuite se conserver pendant fort longtemps. C'est à cela qu'est destinée l'opération du déchaumage, culture superficielle que l'on donne aussitôt après la récolte, soit par un très-léger labour, soit à l'aide du scarificateur, de l'extirpateur, ou même simplement de la herse, selon l'état du sol. On détermine ainsi la germination d'une grande partie des semences de mauvaises herbes tombées à terre, pourvu que cette opération soit favorisée par l'humidité de la saison. Cependant les semences de quelques espèces de plantes ne germent que très-difficilement en cette saison, ou même ne peuvent être amenées à pousser leurs germes qu'au printemps suivant. De ce nombre sont le mélampyre, le rhinante à crête de coq, etc.

TROISIEME SECTION

Destruction des plantes nuisibles vivaces

Des labours préparatoires réitérés, exécutés par une bonne charrue, sont encore, de même que pour les plantes annuelles, le moyen le plus efficace que l'on puisse opposer, dans la plupart des cas, à la propagation des plantes vivaces. Mais ici la manière de procéder diffère essentiellement sous quelques rapports : au lieu d'appeler à son aide l'humidité du sol, pour faire germer les semences qui y existent, c'est au contraire par les temps secs qu'il faut donner plusieurs labours successifs, afin de faire périr les racines des mauvaises herbes qui se trouvent dans le terrain. Par le même motif, au lieu de donner un hersage immédiatement après chaque labour, comme il convient presque toujours de le faire pour déterminer la germination des semences, on doit laisser la terre dans l'état où l'a mise le labour, parce qu'elle se dessèche beaucoup mieux ainsi ; et c'est seulement avant de donner le labour suivant que l'on exécute le hersage, qui doit toujours avoir lieu entre deux labours successifs. Ce hersage détache alors de la terre beaucoup de racines, ce qui en facilite l'enfouissement par le labour suivant. Comme les diverses plantes exigent certaines modifications dans le procédé, je vais passer en revue les mauvaises herbes à racines vivaces qui infestent le plus communément les récoltes.

Le *chiendent* (*triticum repens*) est une des mauvaises herbes vivaces le plus généralement répandues et que redoutent le plus les cultivateurs. Cependant il est très-facile de la détruire, dans tous les sols meubles, par le procédé que je viens d'indiquer. Les difficultés que l'on éprouve souvent pour y parvenir sont dues principalement à la construction vicieuse des charrues, dont le soc étroit ne tranche qu'une partie de la largeur de la bande et laisse sur le côté de chaque raie un chevet où le chiendent continue de végéter, et d'où il se propage très-promptement dans la terre meuble dont on a recouvert ce chevet. Le labour suivant laisse encore un chevet dont les effets sont les mêmes ; en sorte qu'avec une telle culture le chiendent est presque indestructible, quel que soit le nombre de labours que l'on donne. Si l'on croise le labour, on détruit bien une partie des chevets laissés par le labour précédent, mais on en forme de nouveaux, et on laisse subsister assez les anciens pour qu'une partie considérable du chiendent échappe à la destruction et se propage bientôt dans toute la pièce.

Au lieu de cela, si chaque labour remue complétement toute la terre à la profondeur dans laquelle peut croître le chiendent, ce qui ne dépasse guère 16 ou 20 centimètres (6 ou 7 pouces), les racines de cette plante périssent bientôt en totalité, lorsqu'on peut donner successivement trois ou quatre labours au plus dans une saison sèche, à quinze ou vingt jours d'intervalle. Dès qu'on voit les pousses vertes du chiendent se montrer à la surface du sol, il est temps de herser et de donner immédiatement un nouveau labour. Dans les sols argileux tenaces, le chiendent se propage moins que dans les sols meubles ; mais aussi sa destruction y présente plus de difficultés, parce que les labours y sont plus pénibles, et parce qu'ils se dessèchent plus difficilement. Cependant on y parvient par les mêmes moyens ; mais il faut y employer plus de temps, et la jachère complète est ordinairement nécessaire.

En employant ces moyens, le chiendent que l'on fait périr dans le sol y forme un engrais qui vaut fort souvent celui qui serait le produit d'une récolte cultivée à cet effet et enfouie en vert ; et si l'on a bien opéré, la destruction du chiendent est complète. Cela vaut bien mieux que d'extraire péniblement le chiendent du terrain par des hersages et par des travaux à bras, ce qui en laisse toujours dans la terre plus qu'il n'en faut pour qu'il se multiplie bientôt de nouveau. On ne doit du moins employer ces moyens, toujours fort coûteux, que sur de petits espaces, ou lorsqu'on est pressé par le temps.

On nomme généralement racines ce qui, dans le chiendent, forme de véritables tiges souterraines. Ces tiges diffèrent essentiellement des racines, parce qu'au lieu de se terminer par des suçoirs destinés à aspirer dans le sol l'eau et les principes fécondants, elles sont terminées au contraire par une pointe aiguë fort dure, quoiqu'elle ne soit formée que d'enveloppes foliacées enroulées les unes sur les autres. C'est des nœuds de ces rameaux que naissent les véritables racines; mais les rameaux, au lieu de s'enfoncer, s'avancent horizontalement dans le sol, avec une force à peine croyable. Les habitants des campagnes disent quelquefois qu'elles perceraient une planche; ce qui est certain, c'est que j'en ai vu plusieurs fois qui pénétraient à plusieurs centimètres de profondeur dans une racine de betterave, comme aurait pu le faire une aiguille de fer enfoncée avec force. J'ai vu une pomme de terre plus grosse qu'un œuf traversée de part en part par une tige de chiendent qui avait continué de végéter après avoir franchi cet obstacle. Il est facile de comprendre par là l'énergie avec laquelle cette plante se propage, en envahissant par ses tiges souterraines les terrains voisins du lieu où elle végète.

Le chiendent se rencontre presque toujours dans les gazons ou les sentiers qui bordent les pièces de terre cultivées; et c'est de là qu'il envahit rapidement ces pièces de terre, si l'on n'y apporte une surveillance continuelle. Une fois chaque année, il est indispensable de faire crocheter à la main, immédiatement après un labour, la dernière bande de terre que la charrue a retournée sur la lisière de la pièce; et l'on enlève avec soin le chiendent et toutes les racines de plantes vivaces qui s'y trouvent. Cette opération est fort peu coûteuse, lorsqu'on n'a pas négligé de la faire a temps, parce qu'alors on n'a à opérer que sur la largeur d'une raie de charrue; mais si on laisse le chiendent se propager pendant quelques années, il aura déjà envahi une bande de plusieurs mètres de largeur, et si on ne veut pas que toute la pièce en soit infestée, on sera peut être forcé de soumettre ce billon à une jachère complète.

On fait brûler ordinairement sur place les racines de chiendent que l'on a extraites du sol; mais il vaut bien mieux en former des tas dans quelques lieux voisins où ils ne gênent pas la culture. On peut donner à ces tas la forme d'un cône plus élevé que large à sa base; ou, si la quantité de racines est grande, on peut la disposer en couches carrées ou allongées, auxquelles on donne le plus de hauteur qu'on le peut, en faisant les faces extérieures presque verticales. Le chiendent disposé ainsi périt bientôt, excepté peut-être la petite partie qui se trouve au pourtour en contact avec la surface du sol. Si l'on a soin de recouper ensuite cette partie pour la jeter sur le tas, on obtient une masse d'excellent engraîs.

L'*avoine à chapelet*, variété de l'*avena elatior*, et l'*agrostis traçante* (*agrostis stolonifera*), sont aussi des graminées qui se détruisent par les mêmes moyens que le chiendent. On peut y ajouter la *persicaire* (*polygonum persicaria*), et plusieurs espèces de *renoncules;* mais ces plantes croissant principalement dans les terrains humides, la destruction ne peut s'en opérer que dans les saisons très-sèches, et elle suppose que le terrain a été préalablement bien assaini, soit par des fossés ouverts, soit par des saignées couvertes. Pour la persicaire en particulier, on doit toujours l'enfouir par un nouveau labour, avant que les fleurs commencent à paraître ; car dès que les fleurs sont épanouies, la semence est mûre presque aussitôt et se répand en grande abondance sur le sol. Aussi cette plante exige encore plus de surveillance que le chiendent, pour empêcher qu'elle ne se propage des lisières dans la pièce de terre.

Le *chardon des blés* (*serratula arvensis*) est une des plantes vivaces qui nuisent le plus aux céréales ; dans un état négligé de la culture, le chardon se multiplie quelquefois de manière à occuper une grande partie de la surface du terrain. Cette plante se reproduit en effet non-seulement par ses racines traçantes, mais aussi par ses semences nombreuses et pourvues d'ailes avec lesquelles le vent les transporte au loin. Dans toute culture bien soignée, on ne doit jamais permettre que les chardons amènent leur semence à maturité, non-seulement dans les pièces de terre en culture, mais dans les bordures, sur le bord des fossés ou des chemins qui avoisinent les terres cultivées ou les pâturages. Dans tous ces lieux, si on n'arrache pas les chardons avec toutes leurs racines, on doit les couper chaque année lorsqu'ils sont un peu grands, et lorsqu'ils entrent en fleur. Si on le faisait plus tôt, les plantes pourraient encore produire des tiges qui porteraient des semences; et si l'on attend plus tard, les graines de quelques têtes pourraient encore amener leur semence à maturité, même après que les tiges ont été coupées, si l'on n'a pas la précaution de les amasser pour les amonceler en gros tas où la fermentation détruit bientôt le reste de vie des plantes.

Quant aux chardons qui croissent dans les récoltes des céréales, de même que dans toutes celles qui ne sont pas soumises à des binages réitérés, le moyen de les empêcher de porter des semences est de les couper entre deux terres au printemps, lorsque les céréales sont déjà un peu grandes. Il importe de faire cette opération le plus tard qu'on le peut, sans causer de dommages à la récolte par les traces des ouvriers échardonneurs ; car si les chardons sont coupés plus tôt, ils repoussent encore, tandis que les jeunes tiges qui pourraient reparaître sont étouffées par la céréale, si l'opération a été faite à propos. On ne doit pas, néanmoins, attendre que la céréale soit assez grande pour dérober les chardons à la vue des ouvriers. On les coupe alors, au moyen d'un instrument que l'on nomme échardonnoir, et qui est formé d'une lame de fer plate de 4 centimères (1 pouce 1/2) de largeur, et de 16 ou 20 centimètres (6 ou 8 pouces) de longueur, tranchante à l'une de ses extrémités, et portant à l'autre une douille par où on la fixe à un manche de bois léger de 1 mètre 1/2 (5 pieds) de longueur environ. L'ouvrier travaille en poussant l'instrument devant lui de manière à couper dans la terre la tige du chardon qu'il aperçoit.

Quant à la destruction des racines de chardon, elle s'épère, de même que pour toutes les autres plantes vicaces, par des labours réitérés.

La *patience* (*rumex obtusifolius*) infeste souvent aussi la pièce de terre de manière à nuire beaucoup aux récoltes. Comme ses feuilles et ses tiges s'élèvent de bonne heure au printemps et dominent bientôt les céréales, on peut assez facilement les couper entre deux terres en même temps que les chardons. Sans cette précaution, elle répand une très-grande quantité de semence qui mûrit avant la céréale. Ses racines se détruisent par des labours, de même que les précédentes ; et comme elles sont fusiformes, on peut souvent les arracher à la main, lorsque la terre est détrempée par la pluie.

La patience est considérée comme une plante nuisible dans les prés, quoiqu'elle donne un très-bon fourrage lorsqu'elle est jeune ; mais comme elle est très-hâtive, les tiges sont ligneuses et dépourvues de feuilles, lorsqu'on fauche la prairie. Par ce motif, on doit y détruire cette plante en l'arrachant, ou du moins empêcher sa propagation par ses graines, en la coupant entre deux terres de très-bonne heure au printemps.

La *terre-noix* (*bunium bulbocastanum*) est une plante particulière aux sols calcaires, et surtout aux argiles calcaires ; et elle est du nombre de celles dont la destruction complète présente le plus de difficultés : cependant, avec une culture soignée, on réduit à peu de chose les dommages qu'elle occasionne.

La terre-noix résiste pendant longtemps à des jachères soignées, parce que les bulbes ou tubercules que forme sa racine se dessèchent très-difficilement au point de périr ; et comme elle produit dans les céréales des tiges fort élevées, et dont les graines mûrissent de bonne heure, ces dernières se répandent sur le sol avant la maturité de la récolte ou pendant la moisson. On ne peut guère songer à les détruire à la main pendant la croissance des céréales, parce qu'elles sont encore peu apparentes à l'époque où on pourrait le faire sans causer trop de dommages à la récolte.

Le *pas-d'âne* (*tussilago farfara*) croît exclusivement dans les mêmes sols que la terre-noix, et présente un peu moins de difficulté pour sa destruction, parce que les fleurs paraissent à la surface du sol au premier retour du printemps, avant même que les feuilles ne se montrent. Si on les enfouit par un labour avant que les semences aient pu mûrir, on en empêche la reproduction par cette voie. Les racines du pas-d'âne se détruisent aussi plus facilement que celles de la terre-noix, par des labours réitérés en temps sec. Mais si les pièces de terre contiennent quelques places humides ou mal égouttées, le pas-d'âne y est à peu près indestructible, jusqu'à ce qu'on ait bien assaini ces places par des saignées couvertes.

La *gesse tubéreuse* ou *macjon* (*lathyrus tuberosus*) produit le long de ses racines des tubercules farineux et comestibles par lesquels la plante se reproduit ; quelques pièces de terre soumises à une culture négligée en sont infestées de manière à nuire beaucoup aux récoltes. On ne peut songer à l'arracher à la main, non plus que les précédentes, pendant la végétation des céréales ; mais on s'en débarrasse bientôt par de bons labours suffisamment répétés, et surtout par une jachère bien faite. Cette plante croît exclusivement, de même que les deux dernières, dans les sols calcaires ou dans les argiles, surtout dans les argiles marneuses.

Les *joncs* (*juncus effusus*) ne se montrent dans les terres arables que lorsqu'elles sont soumises à la culture la plus négligée, mais ils causent beaucoup de dommages dans les terrains bas et humides en nature de pâturage. Le plus important de tous les moyens à employer en cette circonstance, c'est d'assainir complétement le sol par des saignées couvertes ou par des fossés ouverts. Les joncs persistent néanmoins quelquefois encore longtemps, si l'on continue à faire pâturer le terrain ; mais ils sont promptement détruits dans ce cas, si l'on fauche l'herbe pendant quelques années. Si l'on ne prend pas ce parti, il est souvent nécessaire de soumettre le terrain à la culture pendant deux ou trois ans, afin d'opérer la destruction des racines de joncs. Ces derniers ne reparaissent plus ensuite, si le sol est bien égoutté. Il en est à peu près de même des *laiches* (*carex*), qui infestent beaucoup de prés en terrains humides ; mais dans beaucoup de cas le fauchage ne les détruit pas comme les joncs, même lorsque le terrain a été bien assaini. Il est nécessaire alors de soumettre celui-ci, pendant quelques années, à de bonnes cultures à la charrue, pour le remettre ensuite en prés si les convenances de l'exploitation l'exigent.

L'*yèble* ou *petit sureau* (*sambucus ebulus*) infeste souvent les sols calcaires ou argileux ; et si l'on ne détruit pas cette plante, elle cause un grand dommage aux récoltes de céréales. On ne doit jamais permettre qu'elle amène ses graines à maturité ; et à cet effet on coupe ses tiges très-bas en même temps qu'on échardonne. Dans les années humides, les racines longues et traçantes de cette plante sont difficilement détruites par les labours. Comme elles ne se rencontrent ordinairement que par taches souvent très-garnies, on peut les détruire assez facilement si l'on choisit un instant où la terre, labourée depuis quelque temps, est détrempée par la pluie. En saisissant au collet les jeunes pousses de la plante, et en les soulevant à la main, on suit facilement dans une grande longueur les racines, qui sont généralement de la grosseur du doigt, et on les extirpe ainsi presque en totalité, si l'on y met quelque soin. On doit transporter aussitôt ces racines hors du champ.

L'*arrête bœuf* (*anonis arvensis*), diverses espèces de ronces et de genêts, en y comprenant l'*ajonc* ou *genet épineux* (*ulex auropeus*), sont des arbrisseaux ou sous-arbrisseaux qui infestent quelquefois les terres arables soumises à une culture négligée, mais qu'on ne peut guère détruire dans les prés et dans les pâturages qu'en mettant ceux-ci en culture pendant quelques années. On s'en rend bientôt maître en employant une bonne charrue, en exécutant des labours profonds, et en ayant soin de faire suivre la charrue par des ouvriers qui extirpent, de la bande de terre retournée, les racines qui s'y trouvent. Mais la charrue ne peut exécuter un bon labour, si les plantes ligneuses que l'on veut détruire ont des tiges un peu fortes et élevées au-dessus du sol, et surtout si elles y forment des buissons.

La première opération doit donc consister à couper toutes ces tiges rez terre, soit qu'il s'agisse de défricher un terrain inculte, soit qu'on ne veuille que détruire les plantes ligneuses que la négligence avait laissées jusque-là dans les terres soumises à la culture.

La *fougère* (*pteris aquilina*) est une des plantes qui résistent avec le plus d'opiniàtreté à la culture, dans certains sols nouvellement défrichés. Cependant, à l'aide de labours fréquemment répétés avec une charrue dont le soc tranche complétement toute la largeur de la bande de terre, on la fait disparaître dans quelques années. Lorsque ces plantes sont peu nombreuses, on peut en accélérer la destruction en enlevant à la main derrière la charrue les racines dans la tranche retournée. On ne doit pas remettre en état d'herbage ou de pâturage les terres qui en étaient infestées, avant qu'on ne se soit assuré, pendant un espace de temps suffisant, qu'il n'y repousse plus aucune fougère.

Les *bruyères,* et principalement la *bruyère commune* (*erica vulgaris*), végètent exclusivement dans des sols d'une certaine nature, incultes ou nouvellement défrichés. Il ne suffit pas d'opérer la destruction de cette plante par les cultures, mais il faut modifier la nature du sol qui la produit ; car la présence de la bruyère est l'indice d'une propriété particulière qui rend la terre peu propre à la végétation d'autres plantes. Les terres couvertes de bruyères contiennent souvent beaucoup d'humus, mais dans un état peu favorable à la croissance des récoltes, comme je l'explique d'ailleurs avec plus de détails en parlant des défrichements. Des fumures réitérées, l'écobuage, ainsi que l'application de la chaux ou des autres amendements calcaires, sont les moyens par lesquels on corrige la disposition du sol à produire la bruyère et à ne produire qu'elle. On donne en même temps des labours réitérés avec une bonne charrue, en ayant soin de couper d'abord les bruyères hautes qui gêneraient la marche de l'instrument. Par l'emploi simultané de ces divers moyens, on se débarrasse complétement de la bruyère dans l'espace de quelques années.

CHAPITRE III

DES SEMAILLES ET DES CULTURES PENDANT LA VÉGÉTATION DES PLANTES

PREMIÈRE SECTION

Choix des semences

En traitant de la culture de chaque plante en particulier, j'indiquerai l'époque de la semaille et la quantité de semence qu'il convient d'employer, ainsi que diverses particularités qui se rapportent spécialement à chaque espèce. Je dois donc me borner à exposer ici des considérations générales sur le choix des semences, les préparations qu'on peut leur faire subir, les diverses manières de les répandre dans le sol et les moyens de les enfouir.

On ne doit employer pour semences que les graines les plus parfaites dans leur espèce, c'est-à-dire celles qui ont accompli toutes les phases de leur végétation dans les conditions les plus favorables. On recommande souvent dans la pratique agricole les changements de semences, et beaucoup de cultivateurs prétendent y trouver des avantages réels. Mais ces avantages ne peuvent résulter que de l'imperfection des semences récoltées par le cultivateur lui-même, et qu'il échange contre d'autres. Cette imperfection peut avoir ses causes, soit dans la nature d'un terrain peu propre à tel genre de produit, soit dans des procédés de culture vicieux ou dans des accidents de température, soit dans le défaut de soins à nettoyer la semence et à la purger des graines de plantes nuisibles. Il est certain que lorsqu'un de ces vices se rencontre dans les semences récoltées par un cultivateur, il convient qu'il aille chercher ailleurs celles qu'il doit employer. Mais toutes les fois que l'on a récolté chez soi du grain bien conditionné, on ne peut trouver aucun avantage à ces changements de semences. Une expérience constante et des observations attentivement portées sur ce sujet pendant fort longtemps, me permettent de dire que, dans ma conviction, il n'y a aucun fondement à l'opinion répandue sur ce sujet chez un assez grand nombre de cultivateurs; et si, dans quelques cas particuliers, on a pu réellement remarquer une amélioration dans les récoltes à la suite d'un changement de semences, cela a été dû à l'imperfection des grains que l'on avait récoltés, et nullement à ce qu'on aurait employé des semences dans des terrains différents par leur nature, leur situation ou leur climat, de ceux dans lesquels ils avaient été récoltés.

Les semences les plus parfaites ne sont pas toujours produites par les terrains les plus riches : pour le froment en particulier, l'excès de végétation des parties herbacées des plantes a fréquemment pour résultat la production d'un grain maigre et peu propre à servir de semence. Ce vice du grain est encore bien plus prononcé si la récolte de froment a versé. Dans des sols qui manquent de fertilité, on ne peut non plus obtenir un grain bien nourri et propre à reproduire des plantes vigoureuses ; mais les terrains pourvus du degré de fertilité convenable pour produire la plus riche récolte d'un grain lourd et bien nourri, sont ceux où il convient généralement de prendre les grains que l'on destine à servir de semences.

Les grains petits et maigres germent néanmoins pour la plupart ; et par ce motif, on a conseillé quelquefois de les employer de préférence, parce que les grains étant plus petits, la même mesure en contient un plus grand nombre, en sorte qu'on a une levée plus épaisse ; mais c'est là le plus vicieux de tous les calculs : après une levée plus épaisse, on aura une récolte beaucoup moindre, parce que la force de végétation des plantes dépend en grande partie de la vigueur des semences dont elles proviennent.

On a souvent formé de nouvelles variétés en recueillant à part les graines d'une plante qui se distinguait au milieu des autres par des caractères particuliers. Lorsqu'on y apporte un peu d'attention, on remarque fréquemment, dans une récolte de froment, des pieds qui se distinguent ainsi par des épis plus longs, plus gros et plus garnis de grains, par un chaume plus élevé, ou par d'autres caractères bien tranchés. Avec un peu d'habitude d'observer les plantes, on ne peut confondre ces différences avec celles qui résultent de l'abondance accidentelle d'engrais sur un point donné, ce qui y produit une touffe de plantes plus vigoureuses et d'un vert plus foncé qu'au pourtour de cette place. Dans l'autre cas, au contraire, la différence des caractères se fait remarquer dans les épis qui appartiennent à une seule plante, sans que celles qui l'avoisinent immédiatement y participent en aucune façon. C'est là un effet que l'on remarque dans la reproduction par semence de toutes les plantes améliorées par la culture. Dans les plantes dont les fleurs ornent nos jardins, ces différences ont été mieux remarquées, parce qu'elles affectent des parties plus apparentes à l'œil; et l'on s'attache à reproduire ces variations, en recueillant les semences de celles que l'on veut multiplier. Il est certain que si l'on apportait quelque attention à saisir ainsi les variétés qui se produisent chaque jour, sans qu'on s'en aperçoive, dans les plantes qui sont l'objet de la grande culture, on formerait de nouvelles variétés dont plusieurs pourraient mériter une préférence décidée sur les anciennes. C'est ainsi qu'ont été produites plusieurs variétés de céréales qui sont aujourd'hui généralement répandues et très-estimées; et l'on pourrait se prévaloir, bien plus souvent qu'on ne le fait, de ces variations produites par la nature, pour renouveler les semences des plantes les plus usuelles. Je citerai en particulier le colza comme présentant presque toujours, entre les plantes qui couvrent le même champ, dans le port, dans la couleur des feuilles ou des fleurs, dans l'abondance ou dans la longueur des siliques, etc., des différences qui pourraient faire espérer à l'homme qui voudrait s'occuper de ce genre intéressant de recherches de former facilement de nouvelles variétés, préférables, sous tel rapport ou sous tel autre, à l'espèce primitive.

Il ne faut pas, au reste, se laisser facilement entraîner à substituer sur une grande échelle une nouvelle variété à l'ancienne; il faut commencer par la soumettre pendant plusieurs années à des expériences propres à faire connaître avec exactitude les avantages ou les inconvénients qu'elle peut offrir. J'en dirai autant des variétés nouvelles ou importées de tel pays ou de tel autre, qu'on préconise chaque jour dans les recueils agricoles. Sans remonter au delà d'une dizaine d'années, on formerait un chiffre très-élevé en énumérant les variétés ainsi vantées outre mesure, et presque toujours avec les meilleures intentions du monde. Beaucoup de personnes ont essayé ces variétés; et l'on a cru souvent dans les premiers moments y avoir reconnu de grands avantages. Mais, en définitive, combien compte-t-on de ces variétés qui aient vraiment pris possession de la culture rurale, même dans un canton circonscrit? C'est que, dans presque tous les cas, on a reconnu qu'à côté de certains avantages, les variétés importées offraient des inconvénients qui leur ôtaient tout droit de mériter la préférence sur les variétés anciennement cultivées. Il ne faudrait certes pas conclure de là qu'on doive renoncer à introduire dans la culture des variétés nouvelles ou nouvellement importées; et des acquisitions précieuses, quoiqu'en petit nombre, faites par notre agriculture dans ces derniers temps, attestent la fausseté du précepte qui repousserait toute introduction de variétés nouvelles. Mais il est certain qu'il faut procéder avec beaucoup de circonspection dans les tentatives de ce genre. Il ne faut accueillir qu'avec réserve et défiance les éloges pompeux donnés communément par des personnes étrangères à la pratique agricole, et qui n'ont souvent cultivé que dans des jardins les variétés qu'elles préconisent. Dans les essais que l'on tente sur des variétés nouvelles, on doit mettre, au contraire, le plus grand soin à les placer dans les mêmes circonstances que les variétés communes; on doit les observer comparativement sous tous les rapports, avec attention et sans aucune prévention. C'est seulement d'après des résultats obtenus ainsi pendant plusieurs années consécutives, qu'il peut convenir de se déterminer à substituer une espèce à une autre dans la grande culture.

Le nettoyage complet des grains qu'on emploie pour semences est un objet fort important, et auquel le cultivateur ne peut apporter trop de soins. Il est vraisemblable que dans beaucoup de cas, les avantages que l'on a trouvés à transporter des grains d'une espèce de sol dans un autre étaient dus à l'imperfection du nettoyage; parce que, chaque nature de terre produisant de préférence certaines plantes nuisibles, les semences de ces plantes qui se trouvaient mêlées aux grains prospéraient moins lorsqu'on les plaçait dans un sol de nature différente. Par exemple, deux plantes de la famille des crucifères sont le fléau des céréales de mars, dans le système d'assolement triennal. L'une est la *moutarde des champs à fleurs jaunes* (*sinapis arvensis*); l'autre est la *ravenelle* (*raphanus raphanistrum*), dont les fleurs sont blanches. Dans le pays que j'habite, les cultivateurs confondent sous le nom de *sené* ces deux plantes, qui ont une certaine ressemblance par leur port, et dont le mode de végétation est fort analogue; et ils les désignent sous le nom de *sené jaune* et *sené blanc*. Ces deux plantes se partagent les terres arables de diverses natures, et sans jamais se trouver réunies, si ce n'est dans un très-petit nombre de cas : la moutarde habite en général les terrains calcaires et certaines argiles proprement dites ; la ravenelle ne se rencontre que dans les sols que j'ai désignés sous le nom de *terres blanches*, soit qu'elles soient argileuses et compactes, soit qu'elles présentent les caractères sablonneux ou graveleux dans divers degrés. La différence d'habitation de ces deux plantes est tellement tranchée, qu'il suffit de les observer croissant dans une récolte pour être assuré que le sol appartient à une classe ou à l'autre. On conçoit facilement que si l'on ensemence un terrain d'une de ces espèces en avoine ou en orge provenant d'un terrain semblable, et qui, par suite de l'imperfection du nettoyage, contient beaucoup de semences de ces plantes nuisibles, on aura une récolte infestée ; tandis que si l'on avait employé la même semence dans un sol de nature différente, les plantes nuisibles ne trouvant pas là les circonstances favorables à leur végétation, auraient été facilement étouffées par la récolte.

Cette considération n'est, au reste, d'aucune importance partout où l'on possède de bons instruments pour le nettoyage des grains. Les tarares et les cribles de diverses formes suffisent parfaitement, lorsqu'on sait bien les manier, pour séparer de la semence toutes les graines beaucoup plus petites que la semence elle-même, comme celles des deux plantes que je viens de nommer, et le plus grand nombre de celles qui peuvent infester les grains.

Les semences plus légères que le bon grain se séparent facilement aussi par la ventilation produite par le tarare. Il est toutefois certaines graines de plantes nuisibles qui diffèrent assez peu du bon grain en grosseur et en pesanteur, pour que leur séparation complète soit fort difficile : par exemple, dans le froment, les graines d'*ivraie* (*lolium temulentum*) de *mélampyre* ou *blé de vache* (*mélampyrum arvense*), la *nielle* (*agrostema githago*) et quelques espèces de *vesces,* etc. Les deux premières sont un peu plus petites que le froment, et de bons cribles en séparent la plus grande quantité ; mais il est fort difficile d'éviter qu'il en reste un peu dans le bon grain, parce que quelques-unes de leurs semences sont presque aussi grosses que les grains de froment. Lorsqu'on a des récoltes infestées de ces plantes, le moyen le plus assuré de s'en débarrasser consiste à faire trier à la main avec soin avant le battage quelques gerbes, par exemple, la quantité nécessaire pour produire une vingtaine de litres de froment. En semant très-clair ce grain parfaitement pur dans un bon sol, on obtiendra facilement en produit quinze ou vingt fois la semence ; et, dès l'année suivante, on pourra récolter une quantité de grains suffisante pour ensemencer une grande étendue de terre. On arriverait à ce résultat une année plus tôt, si l'on faisait exécuter l'opération du triage sur une centaine de gerbes ; et ce travail ne serait pas très-coûteux, car une dizaine d'ouvriers le feraient vraisemblablement en un jour. Mais comme il importe d'obtenir ici une propreté absolue, c'est-à-dire du grain qui ne contienne pas une seule semence des plantes que l'on veut éliminer, cela exigerait une surveillance très-exacte et continuelle sur les ouvrières, tandis qu'on obtiendra plus facilement un résultat semblable en chargeant une seule personne soigneuse du triage de quelques gerbes. Parmi les plantes nuisibles que je viens de citer, il en est une dont on peut purger complétement le froment par un sarclage soigneusement exécuté au printemps. C'est la *nielle,* dont les plantes sont très-apparentes, et se distinguent très-facilement du froment dès le mois d'avril; aussi rien n'accuse davantage l'incurie des cultivateurs que l'abondance de ce grain dans une bonne partie des froments qui paraissent sur les marchés. Il n'en est pas de même pour les autres plantes que j'ai indiquées : le sarclage le plus soigné est insuffisant pour en débarrasser les récoltes de froment.

Pour obtenir des semences nettes de froment ou de seigle, on fait souvent exécuter le battage par une opération que l'on nomme *chaubage* dans le pays que j'habite, et qui reçoit ailleurs d'autres dénominations. Cette opération consiste à faire battre le grain à la main par des ouvriers qui, saisissant une poignée de tiges par leur extrémité inférieure, font frapper avec violence les épis sur une table longue disposée à cet effet contre une des murailles de la grange, ou sur les bords d'un cuvier dans lequel les grains sont recueillis. Par ce moyen, les plantes nuisibles plus courtes que le froment, et qui se trouvent en conséquence dans le bas des gerbes, ne sont pas égrénées. On obtient par ce procédé un froment assez bien purgé de graines de mélampyre et de quelques autres plantes; mais l'ivraie et la nielle croissant généralement à peu près à la même hauteur que le froment, les graines de ces plantes ne sont séparées que très-imparfaitement. Au total, lorsqu'on a des récoltes de froment infesté de plantes nuisibles dont les graines ne peuvent se séparer parfaitement à l'aide du crible et du tarare, il n'y a de moyen efficace pour en purger les semences que le triage des gerbes que j'ai indiqué; et l'on peut partout se procurer par ce procédé des grains parfaitement purs, sans avoir recours au changement de semences.

Il est un grand nombre de cas où il importe au cultivateur de reconnaître avant la semaille si les graines qu'il veut employer possèdent encore la faculté germinative. J'indiquerai dans ce but le moyen suivant, dont je fais un fréquent usage, et que je regarde comme le plus sûr et le plus commode que l'on puisse employer. On place dans une soucoupe ordinaire un morceau de flanelle épaisse taillée en rond de manière à occuper seulement le fond de la soucoupe. Après avoir humecté ces deux morceaux d'étoffe, on répand sur la seconde, dans une étendue à peu près égale à celle du fond de la soucoupe, un certain nombre de grains de la semence que l'on veut essayer, en les distribuant de manière qu'ils ne se touchent pas, et on les couvre d'un autre morceau de drap humide. La flanelle absorbant beaucoup d'eau, on peut facilement, en versant de l'eau jusqu'à ce qu'elle en soit imbibée, tenir les graines humides pendant plusieurs jours; mais il faut éviter que les semences soient couvertes d'eau, car elles se pourriraient promptement. Si l'on place la soucoupe sur une cheminée ou dans tout autre lieu modérément chaud, presque toutes les espèces de grains que l'on peut soumettre à cette épreuve germent dans l'espace de deux ou trois jours. En soulevant la pièce de drap supérieure, on aperçoit distinctement le germe sortir de chaque grain et se développer, et l'on compte sans difficulté les semences qui auraient refusé de germer. On est assuré par ce moyen de la qualité des semences qu'on emploie.

DEUXIÈME SECTION.

Conservation et préparation des semences.

La bonne conservation des graines est d'une haute importance pour le succès des ensemencements, et l'on ne doit jamais employer pour semences des grains qui ont été échauffés par la fermentation, ou qui ont une odeur de moisi. Cet accident arrive assez fréquemment, en particulier à l'avoine, parce qu'on la loge souvent mal dans les greniers, et qu'on ne met pas assez de soin à remuer fréquemment les tas après le battage. Les grains qui sont dans ce cas n'ont pas généralement perdu la faculté de germer; mais ils ne produisent pas des plantes vigoureuses, et la récolte en éprouvera une diminution considérable.

Malgré les soins les plus judicieux pour leur conservation, les grains ne conservent pas pendant un temps indéfini la faculté de germer. Cette durée varie selon les

espèces de plantes : dans le froment, beaucoup de grains
ont déjà perdu la faculté de germer dès la seconde année,
et il est nécessaire d'augmenter la quantité de semence,
lorsqu'on n'emploie pas du grain de la dernière récolte. Il
en est de même de l'orge; c'est pour cela que les brasseurs n'emploient jamais ce grain pour leurs opérations
que jusqu'à l'été qui suit l'époque de la récolte : plus tard,
beaucoup de grains se pourrissent à la trempe au lieu de
germer, et ceux qui poussent des germes le font fort inégalement, ce qui est très-nuisible à la bonne qualité du
malt. C'est donc avec beaucoup de raison que l'usage s'est
établi parmi les cultivateurs de ne semer que des graines
de céréales de la dernière récolte. Les semences de colza,
de navets, et des autres plantes de la famille des choux,
conservent la faculté germinative pendant six ou huit ans
au moins; il en est de même de la graine de lin. On a
voulu généraliser cette propriété, en l'appliquant à toutes
les graines huileuses; mais ici, comme dans beaucoup
d'autres cas, l'analogie est trompeuse, car la semence de
chanvre, qui est huileuse aussi, ne germe que pendant la
première année qui suit la récolte. Dans la famille des
légumineuses, nous trouvons également les vesces qui
conservent peut-être pendant dix ans leur faculté germinative, tandis que les haricots et la semence de sainfoin, qui
appartiennent à la même famille, ne germent que pendant
l'année qui suit la récolte. Les semences de toute espèce
doivent être mises en couches minces, et remuées fréquemment pendant quelques mois après le battage; et on ne
doit les enfermer dans des sacs ou dans toute espèce de

vase clos que lorsque la dessiccation est complète. Ensuite, un lieu sec et frais est celui qui convient le mieux pour la conservation des semences; jamais on ne doit les loger pendant l'hiver dans un local échauffé artificiellement, car on abrégerait beaucoup ainsi la durée de la faculté germinative.

On a souvent conseillé d'humecter quelque temps à l'avance les graines destinées aux ensemencements, afin de hâter la germination; mais ce procédé offre de si grands inconvénients dans la pratique, qu'il a dû être abandonné par les cultivateurs qui en ont fait l'essai. Les grains se gonflent lorsqu'on les tient humectés, et les germes se disposent à sortir au bout de quelques jours. C'est ce moment que l'on a conseillé de choisir pour répandre la semence; mais il est fort court, et le germe ne tarde pas à sortir et à s'allonger, surtout dans une masse de grains un peu considérable, qui s'échauffe toujours par l'effet de cette opération; et si un très-mauvais temps ou toute autre circonstance empêche de semer le grain au moment précis, il est totalement perdu, du moins comme semence, car lorsque les germes sont un peu allongés, il s'en briserait beaucoup dans l'opération de la semaille, qui serait d'ailleurs fort difficile. D'un autre côté, si le sol était très-sec au moment où l'on répandrait ainsi une semence que l'on aurait gonflée d'humidité, et dont le germe serait près de sortir ou déjà sorti, la végétation serait fortement compromise par la prompte dessiccation qu'éprouveraient les semences. Ce qu'on doit désirer dans ce cas, c'est que les grains restent en terre sans éprouver aucune germination, jusqu'à l'époque où la terre, étant humectée en même temps qu'eux, leur offrira les circonstances favorables pour que la germination ne soit pas arrêtée. J'ai éprouvé moi-même, dans le début de ma carrière agricole, de graves mécomptes pour n'avoir pas assez bien apprécié ces considérations; et je n'hésite pas à conseiller aux praticiens de renoncer complétement à un procédé qui n'offrirait en définitive, en supposant qu'il réussît au mieux, d'autre avantage que de gagner trois ou quatre jours sur la végétation des plantes que l'on sème.

Plusieurs personnes ont cru aussi que l'on pourrait favoriser la croissance des jeunes plantes, en imprégnant les semences de liquide contenant en dissolution des substances qui servent d'aliments aux végétaux, ou en entourant immédiatement les semences de substances de cette nature : les diverses recettes que l'on a préconisées dans ce but ont pour base du purin, de la fiente de volaille ou autres engrais très-actifs. D'autres fois, on a voulu atteindre un but semblable en imprégnant les semences de liquide tenant en dissolution certaines substances stimulantes consistant en sel commun, sulfate de cuivre ou autres substances salines, ou d'une dissolution de chlore, etc. Des observations nombreuses, faites avec le plus grand soin, m'ont démontré que l'addition des substances stimulantes préconisées jusqu'à ce jour n'a dans aucun cas la faculté de donner plus d'activité à la végétation des jeunes plantes; et qu'elle peut très-facilement devenir nuisible, en détruisant la faculté germinative des semences. Quant aux procédés qui reposent sur l'addition des substances qui doivent agir comme engrais, ils sont fondés sur une connaissance très-inexacte de la marche de la végétation. Dans les premiers temps de la germination, le germe ne peut tirer son alimentation que des substances appropriées à ce but et que la nature a accumulées dans la semence. Jusqu'au moment où la plantule sortie de terre peut respirer l'air atmosphérique, sa vie est analogue à celle du fœtus dans le ventre de la mère; et elle n'est pas plus en état que lui de s'assimiler des aliments reçus du dehors, ou des aliments d'autre espèce que ceux que la nature a appropriés à ses besoins. Mais lorsque le moment arrive pour la jeune plante de pouvoir vivre des substances tirées du dehors, c'est-à-dire lorsque les cotylédons se sont convertis en organes foliacés, sa radicule est déjà fort allongée, et son extrémité est déjà fort éloignée du point où était disposée la semence; en sorte que, quand même on ne regarderait pas comme entièrement insignifiante la minime quantité de substance alimentaire dont on aurait fait accompagner la semence, cette substance serait placée là dans une position où elle ne peut servir en rien à la végétation de la jeune plante. Aussi l'expérience montre que les préparations de ce genre sont entièrement inefficaces, lorsqu'elles ne sont pas nuisibles en détruisant la faculté germinative des semences, ce qui arrive assez fréquemment. Cet effet a vraisemblablement lieu par le trouble que l'on apporte dans les fonctions, en introduisant dans les organes des substances qui ne peuvent être ni assimilées ni expulsées par les forces vitales. Toutes les préparations de ce genre doivent donc être rejetées; mais il ne faut pas confondre avec elles les préparations qui ont pour but de préserver les récoltes de froment de la carie. Ici, c'est au contraire une action destructive qu'il s'agit de produire ; mais il faut porter cette action sur les germes de la carie, qui est aussi un végétal, sans attaquer le germe du froment lui-même, ce qui rend cette opération fort délicate, quoiqu'elle soit d'une haute utilité pour le succès des récoltes de froment. Je parlerai des préparations de cette espèce en traitant de la culture de cette céréale.

———

TROISIÈME SECTION

Des semailles

Chaque espèce de plante doit être semée à une époque qui peut varier selon les localités, et aussi selon l'état du sol et les circonstances de température. En traitant de la culture de chaque plante en particulier, j'indiquerai l'époque de la semaille, qui doit au reste, comme je viens de le dire, offrir une certaine latitude. Le plus important est certainement que le sol soit en bon état de préparation et la température favorable ; il vaut mieux, en somme, laisser s'écouler l'époque où l'on voulait opérer la semaille, que de la faire dans des circonstances désavantageuses. Cependant, il est vrai aussi qu'en général les semailles hâtives réussissent plus sûrement que les tardives. Le cultivateur doit donc prendre avec diligence ses mesures pour que le terrain qu'il destine à une semaille donnée ait reçu toutes les préparations qui lui sont nécessaires, au commencement de la période dans laquelle il peut la semer avec succès. Il sera en mesure ainsi de profiter de la température favorable, lorsqu'elle se présentera. A celui qui néglige l'observation de cette règle, il arrive souvent nonseulement qu'il se trouve en retard pour l'exécution de ses semailles, mais qu'il est forcé de les faire tardivement, soit dans un sol desséché, soit par de très-mauvais temps, tandis qu'il a laissé se perdre les circonstances les plus propices à son ensemencement; et il n'est pas rare qu'il résulte de cette circonstance un déficit de moitié ou même davantage sur le produit de la récolte. On a souvent agité la question de savoir s'il convient de semer clair ou épais; dans ces derniers temps, la plupart des personnes qui ont écrit sur l'agriculture en France, ont conseillé de diminuer souvent dans une grande proportion la quantité de semence que l'on emploie généralement. Presque toujours cette doctrine a été le résultat d'observations que l'on avait recueillies dans les cultures exécutées sur une très-petite échelle, et dans les sols très-riches des jardins; mais, dans la pratique, on peut affirmer hardiment qu'il serait préjudiciable dans presque tous les cas de vouloir diminuer, pour les plantes qui sont l'objet de la culture ordinaire, les quantités de semences qui sont généralement employées par les cultivateurs de profession. Lorsqu'on connaît les habitudes d'économie qui caractérisent cette classe d'hommes, on est en effet peu disposé à croire qu'ils prodiguent la semence en pure perte; et s'ils en emploient une quantité donnée, c'est que l'expérience d'un grand nombre de générations leur a appris que toute diminution sur cette quantité en amènerait une plus considérable dans la récolte. Aussi ils disent : *qui épargne la semence, épargne les liens des gerbes.* L'expérience viendra confirmer bien souvent la vérité de cette assertion. Je n'hésiterai pas même à dire que, pour ce qui concerne les céréales en particulier, il y a dans la plupart des cas un profit réel à accroître de quelque chose, plutôt qu'à la diminuer, la quantité de semence que les habitants des campagnes emploient généralement dans chaque localité. Les cultivateurs anglais ont parfaitement reconnu cette vérité : ils sèment généralement fort épais, et dans beaucoup de cas ils emploient une proportion de semence qui nous semble vraiment exagérée.

En accroissant ainsi la quantité de graines répandues dans la terre, on a sans doute un abaissement du chiffre exprimant le rapport dans lequel se multiplie la semence; et beaucoup de personnes attachent à ce rapport une importance qu'il ne mérite en aucune façon. Supposons, par exemple, qu'en semant 2 hectolitres de froment par hectare dans un terrain donné, on obtiendra un produit de 20 hectolitres, c'est-à-dire 10 pour 1. Au lieu de cela, si on n'avait répandu qu'un hectolitre de semence, on aurait, dans beaucoup de cas, récolté environ 16 hectolitres; et ce produit de 16 pour 1 est bien moins favorable que celui de 10 pour 1 en semant deux hectolitres; puisque ce dernier donne en produit 18 hectolitres, semence déduite.

tandis que l'autre n'en offre que 15. Si, par l'addition d'un troisième hectolitre à la semence, on peut accroître le produit seulement de 2 hectolitres, c'est-à-dire en récolter 22 au lieu de 20, ce surplus de semence aura certainement été employé d'une manière très-fructueuse, quoique le rapport de la multiplication de la semence ne soit plus que de 7 1/3 pour 1. Il ne faut cependant pas exagérer les conséquences de cette doctrine; et il y a pour chaque espèce de récolte, et pour chaque cas particulier, une quantité de semence qu'il ne serait pas profitable de dépasser, parce que c'est cette quantité qui doit offrir le plus grand produit, semence déduite. Sans doute, il est entièrement impossible de fixer avec certitude cette quantité pour chaque cas; et d'ailleurs, les circonstances de température qui surviendront pendant la végétation de la récolte tendront aussi à favoriser soit une semaille claire, soit une semaille épaisse. Mais il y a ici une moyenne que l'on peut considérer comme présentant le plus de chances favorables. C'est cette moyenne que l'on a cru obtenir dans les quantités fixées par l'usage. Cette quantité est presque toujours beaucoup plus considérable qu'il ne serait nécessaire pour couvrir la surface du terrain, si l'on ne prend en considération que le nombre de plantes qui existera à l'époque de la récolte. Mais il faut faire la part de beaucoup d'accidents, et il faut que le terrain reste suffisamment garni de plantes, même après une saison défavorable. Le cultivateur expérimenté adoptera aussi une quantité de semence fixe pour la généralité de ses ensemencements de chaque espèce de plantes, mais il saura modifier cette quantité lorsque les circonstances lui sembleront l'exiger.

Les circonstances qui doivent engager à changer la quantité de semence sont prises principalement dans l'état de préparation du sol, et surtout dans l'époque de la semaille : dans un sol qui offre une grande quantité de mottes, avec peu de terre meuble pour faciliter la germination des graines, on doit augmenter la quantité de semence, parce qu'une partie des grains se trouvera dans une position où la germination sera impossible. C'est par ce motif que l'usage s'est généralement introduit de semer le froment plus épais sur un trèfle rompu par un seul labour que sur un sol préparé par la jachère. Il m'a paru, au reste, que l'utilité de cette pratique se fonde aussi sur une autre circonstance : dans un sol qui vient d'être couvert par une récolte de trèfle, il se rencontrera toujours beaucoup d'insectes qui détruiront une partie des grains ou des jeunes plantes qui en proviendront. Dans les semailles tardives de grains à l'automne, il faut aussi accroître la quantité de semence, parce que les plantes auront moins de temps pour taller. Si au contraire on semait avant l'époque ordinaire dans un sol très-bien préparé, on pourrait diminuer quelque chose sur la quantité de semence, car on pourrait compter sur un tallement considérable. Pour les ensemencements de printemps, le tallement est beaucoup plus casuel que pour les grains d'automne, parce qu'il est fréquemment compromis par la sécheresse. C'est pour cela que beaucoup d'habiles cultivateurs anglais disent qu'il faut semer au printemps assez de grains pour qu'on puisse obtenir une pleine récolte sans tallement, c'est-à-dire par la production d'une seule tige par chaque grain de semence. Lorsqu'on sème ainsi fort épais, les plantes ne tallent pas ; parce que la nature ne provoque la formation des germes latéraux qui constituent le tallement, que lorsqu'il existe autour de la plante des espaces vides où les talles peuvent puiser leur nourriture. C'est par le même motif qu'on doit semer aussi épais dans un sol pauvre que dans un sol riche ; car si le premier peut supporter et nourrir beaucoup moins de tiges que l'autre, la nature saura bien se plier à cette exigence, et les plantes ne talleront qu'en proportion de la fertilité du sol. Dans un terrain très-riche, il ne faut pas non plus pour cela semer ni plus épais ni plus clair ; car pourvu que l'époque de la semaille le permette, la même quantité de semence donnera, par l'effet du tallement, un nombre de tiges proportionné à la quantité d'épis que le sol peut nourrir. Je pense donc qu'au total, l'état du sol, sous le rapport de la richesse, ne doit jamais être un motif pour accroître ou diminuer la quantité de semence des céréales, et que c'est dans l'époque plus ou moins hâtive de la semaille que l'on trouve le principal motif qui doit engager à faire varier cette quantité.

Quant aux plantes qui ne tallent pas, mais qui se ramifient, ou qui produisent des racines charnues, les considérations sont différentes. Chaque praticien trouvera dans les observations qu'il fera sur son propre terrain les motifs qui pourront l'engager à accroître ou à diminuer la quantité de semence pour chaque cas particulier. Pour les ensemencements des prairies naturelles ou artificielles, on peut dire qu'il est à peine possible de semer trop épais. Dans une multitude de cas, des trèfles, des luzernes et des sainfoins ne produisent que de chétives récoltes, parce qu'on a épargné la semence ; et ici l'excès ne peut presque jamais nuire, si ce n'est par la dépense qu'il entraine.

Toutes les semences ne doivent pas être enterrées à la même profondeur, et l'expérience a appris qu'en général les graines doivent être recouvertes d'une épaisseur d'autant moindre qu'elles sont plus fines : ainsi des féveroles seront placées dans les circonstances les plus favorables, lorsqu'elles seront enterrées à 5 ou 8 centimètres (2 ou 3 pouces) de profondeur ; et elles végéteront même très-bien dans beaucoup de cas, si elles sont couvertes de 10 à 13 centimètres (4 à 5 pouces) de terre. Les semences très-fines, au contraire, comme celles de pavots ou de gaude, veulent être à peine recouvertes, et à 7 ou 9 millimètres (3 ou 4 lignes) de profondeur elles ne germeraient souvent déjà plus. Il y a, au reste, quelque différence à faire dans l'application de cette règle, suivant la nature de certaines plantes : ainsi le sarrasin, dont le grain est presque aussi gros que celui d'orge, veut être enterré beaucoup plus superficiellement. Les haricots, quoique d'un grain fort gros, ne doivent être enterrés qu'à 1 centimètre ou 2 (1/2 pouce ou 1 pouce au plus), parce qu'ils se pourrissent facilement lorsqu'ils sont enterrés profondément. D'après des expériences répétées plusieurs fois et dans diverses localités, on a reconnu que pour le froment la profondeur la plus favorable s'étend de 4 à 7 centimètres (1 1/2 à 2 1/2 pouces). Les grains peuvent encore très-bien réussir à 8 centimètres (2 pouces); mais lorsque la profondeur n'est que de 1 centimètre ou moins (1/2 pouce), beaucoup de grains ne lèvent pas, et les plantes que produisent les autres sont moins vigoureuses. Lorsque les grains n'ont été que répandus à la surface et tassés contre le sol, beaucoup germent encore, pourvu que la saison soit constamment humide; mais les plantes qui en résultent sont très-faibles, et le plus grand nombre périt pendant l'hiver. Le seigle supporte mieux d'être peu enterré; mais l'orge demande au contraire une forte couverture: 8 centimètres (3 pouces) ne sont pas trop dans les sols bien meubles, qui conviennent seuls à cette céréale. Pour les graines de betteraves, la profondeur la plus favorable est, dans la plupart des cas, de 3 à 6 centimètres (1 à 2 pouces).

L'état du sol doit aussi être pris en considération, relativement à la profondeur à laquelle il convient d'enterrer les semences ; et plus il est meuble et pulvérulent, plus on peut sans inconvénient accroître cette profondeur. Par exemple, dans un sol argileux, tenace et formant de grosses mottes, beaucoup de graines de féveroles seraient hors d'état de faire sortir leurs germes de terre, si on les recouvrait d'une épaisseur de 10 centimètres (4 pouces) et souvent même de 8 centimètres (3 pouces), comme je l'ai indiqué plus haut ; tandis que dans un sol meuble la levée se fera bien à cette profondeur.

C'est un fait fort remarquable pour l'observateur, que la faiblesse des plantes provenant de grains qui n'ont pas été enterrés assez profondément selon leur nature. J'ai comparé tout à l'heure à la vie du fœtus animal celle de l'embryon végétal depuis le moment où le germe est sorti de la graine jusqu'à celui ou les cotylédons, se trouvant en contact avec la lumière, prennent le caractère d'appareils foliacés et commencent à faire les fonctions d'organes respiratoires. Il parait que pour chaque espèce de plantes, il faut que cette première période de la vie ait une certaine durée, et que la jeune plante ait déjà pris un certain accroissement avant de passer à la seconde phase de sa végétation. Si la première période n'a pas duré un temps suffisant, il en résulte une espèce d'avortement du végétal, et la plante n'aura jamais toute la vigueur que comportait sa nature.

Le mode le plus généralement pratiqué pour répandre les semences est la semaille à la volée. Le procédé varie selon les localités, et il serait superflu d'entrer dans les détails de ces variations ; car je ne conseillerais à personne de changer le procédé auquel est habitué le semeur qu'il emploie. Les ouvriers expérimentés sèment fort bien et fort également par ces divers procédés ; et si l'un d'eux est préférable sous certains rapports, on lui trouvera dans la pratique d'autres désavantages qui formeront compensation. L'essentiel est de faire choix d'un semeur habile et soigneux : on en trouve partout de tels, pourvu qu'on les paie bien. C'est un genre de travail dans lequel l'épargne d'un salaire, même un peu élevé, serait une économie fort mal entendue ; car il peut résulter de la négligence ou de l'inexpérience du semeur une perte considérable sur les récoltes. Il ne faut pas non plus trop presser le semeur dans son travail : un homme actif et robuste peut semer en cas d'urgence 7 à 8 hectares dans sa journée; mais ce travail est très-fatigant, et l'on doit être satisfait si en général un semeur expédie 5 hectares par jour. Tout ceci ne doit s'entendre, au reste, que des semailles qui n'exigent pas que l'on passe deux fois sur le même terrain, comme on doit le faire pour les graines très-fines, lorsqu'on tient à les répandre avec beaucoup d'égalité.

Pour les graines de cette dernière espèce dont on ne doit répandre que de très-petites quantités sur une surface donnée, on a souvent conseillé de les mélanger avec une certaine proportion de sable, de cendres ou de sciure de bois, afin que le semeur ait une masse plus considérable à répandre. Mais j'ai toujours vu que ce mélange est plus nuisible qu'utile, parce que les graines étant toujours plus pesantes ou plus légères que la substance à laquelle on les a mêlées, s'en séparent dans la marche du semeur pour s'accumuler au fond ou à la surface de la masse qu'il porte, et à laquelle il imprime nécessairement un certain mouvement ; en sorte qu'en prenant toujours des poignées bien égales, il répand plus de graines soit au commencement, soit à la fin. Par le même motif, on ne doit jamais mélanger deux ou plusieurs espèces de semences dont les grains diffèrent par la grosseur ou par la pesanteur : ainsi, si l'on veut semer dans le même terrain une prairie artificielle composée de trèfle et de ray-grass, chacune de ces graines doit être semée à part. A plus forte raison ne doit-on jamais mêler les graines de prairies artificielles avec celles des céréales dont on ensemence le même terrain. Les graines fines se sèment à la volée, de même que les autres ; mais le semeur, au lieu de prendre une poignée à chaque pas, ne prend dans le sac qu'il porte qu'une pincée avec trois doigts. Un semeur exercé sait proportionner ses pincées à l'étendue de terre qu'il a à couvrir avec la quantité de semence qu'on lui a ordonné d'y mettre ; beaucoup de ces hommes montrent à cet égard une habileté de tact vraiment admirable. On doit éviter avec grand soin de semer des semences légères lorsque le vent souffle, même modérément ; car alors le semeur le plus habile ne peut exécuter qu'une semaille fort inégale. Un vent même assez fort ne nuit pas sensiblement à la semaille du froment, de l'orge, etc. Mais l'avoine ne peut déjà plus être semée avec égalité, lorsque le vent a quelque force. A plus forte raison, doit-on chercher un temps calme pour la semaille des graines fines et légères, comme le sont la plupart de celles des prairies artificielles.

On couvre la semence répandue sur le sol, soit en l'enterrant par un labour superficiel à la charrue, ce qu'on appelle *semer sous raie ;* soit par le travail de la herse, de l'extirpateur, du scarificateur ou de la rite. On ne sème sous raie que les graines qui demandent à être enterrées un peu profondément ; principalement le froment, l'orge, les féveroles, etc. Cette méthode ne convient guère qu'aux sols meubles ; car lorsque la bande que la charrue retourne est adhérente et compacte, les grains placés en dessous sont dans une très-mauvaise condition pour germer. Ce procédé offre d'ailleurs un inconvénient très-grave dans la pratique : en effet, il force le cultivateur à donner un labour à la charrue à toute l'étendue de terre qu'il veut ensemencer, par exemple en froment, pendant le même temps qu'il exécute les semailles. Mais l'époque la plus convenable pour la semaille est assez courte, et il est rare qu'elle s'étende au-delà de quinze jours pour chaque espèce de grains. Cette quinzaine est, d'ailleurs, souvent coupée par des intervalles de mauvais temps ; il faut cependant que le cultivateur qui sème sous raie continue son opération par quelque temps que ce soit ; et encore, quoiqu'il emploie exclusivement à ce travail tous les attelages de son exploitation, il est presque toujours forcé de dépasser les limites de la période qu'il sait être la plus favorable.

Il résulte de là que beaucoup de semailles sont toujours exécutées, par cette méthode, dans de mauvaises conditions pour la réussite. Lorsqu'au contraire toutes les terres ont été labourées à l'avance, et lorsque le travail de la semaille s'exécute avec des instruments qui expédient, avec les mêmes attelages, une surface de terre quatre fois plus considérable que ne le peut faire la charrue, il est bien plus facile d'exécuter l'opération dans les circonstances les plus favorables relativement à l'époque ou à l'état de l'atmosphère. Beaucoup de cultivateurs, accoutumés à la semaille sous raie, croient que par tout autre procédé les semences réussiraient moins bien, et que les plantes seraient plus sujettes en particulier à être déracinées par les alternatives de gelée. Je n'ai jamais rencontré dans ma pratique aucun fait qui puisse justifier cette opinion ; et je suis persuadé qu'elle doit uniquement son origine à l'imperfection des instruments autres que la charrue, que l'on pourrait employer à couvrir les semences.

Lorsque le terrain a été fraîchement labouré, on peut répandre sur ce labour la semence des céréales et des autres plantes qui veulent être enterrées un peu profondément, et on la couvre par un trait de herse. C'est là le procédé que l'on emploie le plus généralement dans les localités où l'on ne sème pas sous raie, et où l'on ne connaît pas l'usage de l'extirpateur et des autres instruments analogues. Dans les sols meubles, et lorsque le labour a été exécuté avec régularité, les grains se réunissant dans l'intervalle creux qui sépare les bandes de terre, se trouvent placés en lignes souvent aussi régulières que celles que l'on pourrait faire à l'aide du semoir le plus parfait. Les cultivateurs expérimentés regardent cette disposition comme un défaut qui nuit à la végétation des plantes, parce qu'elles se trouvent trop serrées dans les lignes, au lieu d'être réparties uniformément sur la surface du sol; mais ils ne peuvent éviter cet inconvénient, parce que s'ils hersaient le terrain pour l'égaliser avant la semaille, le hersage qui viendrait après n'enterrerait plus suffisamment la semence. On réussit très-bien dans ce cas en hersant, comme je viens de le dire, avant de semer, et en enterrant ensuite la semence à l'aide de l'extirpateur ou des autres instruments de ce genre, comme certains scarificateurs à pieds un peu larges et qui remuent bien le sol. C'est le moyen qu'il faut nécessairement employer lorsqu'on sème sur un labour déjà ancien, et qui s'est couvert de mauvaises herbes : l'extirpateur les détruit et il ameublit le sol déjà tassé, en même temps qu'il enterre la semence. Si, après le passage de l'instrument, on remarque encore un certain nombre de grains à la surface du sol, il est bon d'y faire passer encore la herse. Cette méthode est, dans presque tous les cas, celle qu'il convient d'adopter pour la semaille des céréales sur les labours frais ou anciens.

Pour les semences qui demandent à être enterrées moins profondément, par exemple pour le colza, on herse après un labour frais, on sème et l'on couvre par un autre trait de herse. Si le labour est déjà ancien, et qu'il y ait de mauvaises herbes à détruire, on fait passer l'extirpateur avant la semaille, puis on couvre la semence par un trait de herse. Quant aux prairies artificielles qui se sèment dans une céréale, si c'est un grain de printemps, on répand la semence de prairie artificielle lorsque la graine de la céréale a été enterrée, et on la couvre par un très-léger hersage. Si c'est sur une céréale d'automne déjà en végétation, on couvre la graine de prairie artificielle, soit par l'opération du binage que l'on donne à la céréale au printemps, ce qui présente le procédé le plus parfait, soit par un hersage plus ou moins énergique, selon que la surface de la terre est pulvérulente ou tassée, et de manière que la terre soit assez remuée sur toute sa surface pour que les graines soient un peu enterrées. Dans tous les cas, si la surface de la terre est très-meuble et qu'il survienne de la pluie peu de temps après la semaille, on peut se dispenser de toute opération pour enterrer les semences fines de prairie artificielle, qui se trouvent suffisamment couvertes par la chute de la pluie. La graine de sainfoin, demande toutefois, en raison de sa grosseur, d'être enterrée soit par un binage soit par un hersage un peu énergique.

Dans les cantons où l'on cultive à sillons, comme je l'ai expliqué en parlant des labours, on couvre les semences des céréales en refendant les ados à l'aide de la même charrue qui les a exécutés, pour en former de nouveaux sur la ligne qui les séparait. La semence est couverte fort inégalement par ce moyen. D'ailleurs, cette méthode ne peut admettre la culture des prairies artificielles dans les céréales, parce que le fauchage est à peu près impossible sur ces petits ados. Au total, ce moyen d'enterrer la semence est aussi défectueux que l'est en général la culture à sillons pour la préparation du sol.

Lorsque l'ensemencement d'une pièce de terre est terminé, on doit exécuter sans aucun retard le travail des rigoles d'écoulement et du nettoiement des raies de ceinture, comme je l'ai expliqué en parlant des labours ; seulement il y a plus d'urgence, parce qu'aussitôt que la semence répandue sera germée, on ne peut plus toucher à la terre sans beaucoup d'inconvénients ; et ce travail présente un degré d'importance de plus, puisqu'on ne pourra plus l'exécuter pendant tout le temps que la récolte occupera le terrain.

QUATRIÈME SECTION

Des semailles en lignes, de l'emploi des semoirs

Les semis ou plantations en lignes sont fréquemment pratiqués dans la culture des jardins; et depuis un demi-siècle environ on les a appliquées avec un grand succès, en différentes circonstances à la culture rurale. Dans un cas comme dans l'autre, le principal avantage de ce mode de culture consiste dans la facilité qu'il offre pour l'exécution des binages. Dans la grande culture en particulier, ce n'est qu'à l'aide des semailles ou des plantations en lignes qu'on peut employer la houe à cheval et la charrue à deux versoirs, ou buttoir, pour exécuter les binages et le buttage des plantes pendant leur végétation. C'est en Angleterre que cette pratique a pris naissance, et elle y est devenue générale pour la culture des turneps ou navets, des rutabagas, des féveroles, etc. Ce procédé présente des avantages si incontestables, qu'il y a lieu de s'étonner qu'il ne se soit pas propagé plus rapidement sur le continent, où il n'est encore usité que dans un petit nombre de localités. Dans la Grande-Bretagne, on a voulu aussi, vers le commencement de ce siècle, appliquer la semaille en lignes aux céréales; et depuis cette époque on a tenté à diverses reprises d'introduire le même procédé, soit en France, soit en Allemagne. Mais on reconnait bientôt dans la pratique qu'il existe une très-grande différence entre les récoltes sarclées proprement dites et les céréales, relativement aux avantages que l'on peut se promettre de la culture en lignes. Pour les récoltes sarclées, celles dont les lignes peuvent recevoir un espacement un peu considérable sont celles qui présentent le plus de facilité pour l'exécution de la semaille en lignes, et surtout des cultures à la houe à cheval. A cet égard, les betteraves, le maïs, etc., dont il convient d'espacer les lignes d'environ 73 centimètres (27 pouces), se prêtent mieux à la culture en lignes que les carottes, par exemple, pour lesquelles on ne peut guère espacer les lignes à plus de 50 centimètres (18 pouces) sans perdre quelque chose sur le produit de la récolte. On conçoit facilement, en effet, que puisqu'on ne peut généralement approcher les pieds extérieurs de l'instrument qu'à la distance de 6 ou 8 centimètres (2 ou 3 pouces) des lignes dans le premier binage, il y aura d'autant plus de terrain perdu pour la houe à cheval, que les lignes seront plus rapprochées ; et d'ailleurs, la houe à cheval n'ayant plus à fonctionner que sur une largeur de 32 centimètres (12 pouces), la force d'un cheval n'est pas suffisamment employée, et on ne peut biner dans une journée, avec un cheval et un homme, qu'un peu plus de moitié de la surface du terrain que l'on bine lorsque les lignes sont espacées à 73 centimètres (27 pouces). C'est pour cela qu'on regarde souvent comme presque aussi économique de faire exécuter à la main le premier binage des carottes sur toute la surface du terrain. C'est seulement pour les binages suivants que l'emploi de la houe à cheval devient réellement utile ; parce que les plantes étant plus grandes, on peut prendre plus de largeur avec l'instrument en approchant davantage des lignes.

Pour les céréales, la distance de 50 centimètres (18 pouces) entre les lignes serait encore beaucoup trop grande, et l'on a fixé généralement cette distance à 25 centimètres (9 pouces), dans ce mode de culture. Alors, on ne peut plus songer à employer la force d'un cheval pour biner seulement l'intervalle qui sépare deux lignes, et il faut adopter une houe à cheval qui bine plusieurs lignes à la fois. C'est ce qu'on a fait en Angleterre ; mais cette opération suppose un tel degré de perfection, non-seulement dans la construction du semoir et de la houe à cheval qui doivent exécuter la semaille et les binages, mais aussi dans l'exécution manuelle de ces opérations, qu'on doit considérer une telle culture plutôt comme un tour de force que comme une pratique que l'on puisse généralement adopter dans la grande culture. En effet, si les pieds de la houe à cheval occupent une largeur de 13 ou 16 centimètres (5 ou 6 pouces) dans chaque intervalle, ce qui n'est pas trop pour que l'action de l'instrument soit vraiment efficace, il ne reste plus qu'un espace bien étroit entre les pieds de l'instrument et les lignes des plantes ; et l'on peut concevoir quelle destruction pourra être opérée sur des lignes entières par la moindre déviation de l'instrument dans sa marche, ou par la plus légère irrégularité que l'action du semoir aurait occasionnée dans l'espacement des lignes. Mais ces déviations ou ces irrégularités peuvent facilement être causées, même en faisant usage des instruments les plus parfaits, soit par la présence d'une pierre dans le sol, soit par un écart d'un cheval, soit par la plus légère distraction de l'homme qui conduit le semoir ou la houe à cheval. Ce procédé s'est cependant implanté dans un canton de l'Angleterre, le comté de Norfolk, où le sol extrèmement léger et meuble se prêtait le mieux à ce genre d'opération, et où tous les procédés de la culture sont portés à un haut degré de perfection qui est entré dans les habitudes des manouvriers. Dans toutes les parties de la Grande-Bretagne où le sol ne présente pas par sa nature cette extrême facilité à se plier à toutes les délicatesses de la culture, la semaille en lignes des céréales a été abandonnées après beaucoup de tentatives, dont on s'était promis d'abord de grands succès. Cette pratique ne se soutient même dans le comté de Norfolk, que parce qu'il s'y est formé des hommes qui en ont fait l'objet d'une industrie spéciale : ces hommes, qui possèdent les instruments nécessaires et qui ont acquis une grande habitude de leur emploi, entreprennent à tant par acre d'exécuter pour le compte des fermiers la semaille en lignes et le binage des céréales. Ce serait en général se livrer à la plus complète illusion, que de croire que ces deux opérations pourront être exécutées avec succès par les agents ordinaires de la culture; et si l'on veut, pour leur rendre cette pratique plus facile, la réduire à l'action du semoir, en supprimant celle de la houe à cheval, on perd tout l'avantage de la semaille en lignes, qui consiste spécialement dans la facilité qu'elle donne pour l'exécution des binages.

L'opération, réduite à la simple action du semoir, présente aussi beaucoup plus de difficultés pour les céréales que pour les plantes dont les lignes s'espacent davantage, parce qu'on est forcé d'y employer un appareil plus compliqué, afin de semer plusieurs lignes à la fois; car, lorsque les lignes sont aussi peu espacées, il serait beaucoup trop long de se servir du semoir à brouette, à l'aide duquel un homme sème une seule ligne. Mais dans les semoirs à cheval, qui sèment à la fois cinq ou six lignes de céréales, et qui recouvrent en même temps la semence, l'ouvrier ne voit pas ce qui se passe dans chaque ligne, c'est-à-dire la quantité de grain qu'il y répand; car chaque pied ne fait qu'entr'ouvrir la terre, et la semence qu'il y dépose ne peut jamais être aperçue; en sorte que si l'on n'emploie pas à cette opération un ouvrier très-expérimenté et très-soigneux, il arrivera souvent que des lignes entières se trouveront privées de semence, ou ensemencées trop clair ou trop épais; il faut, en effet, que le conducteur soit constamment attentif à remédier aux irrégularités de plus d'un genre qui peuvent survenir dans la marche de l'instrument. Il est extrêmement difficile aussi, avec les instruments dont on fait généralement usage, d'obtenir qu'un instrument qui sème plusieurs lignes à la fois dépose les grains dans toutes les lignes à une profondeur uniforme; car cette profondeur étant déterminée par la position des roues sur le terrain, relativement au plan de la surface, si cette surface n'est pas très-unie, les grains seront enfouis moins profondément dans les flaches ou creux; et si l'une des roues chemine sur une partie du champ plus élevée ou plus basse, toutes les lignes de ce côté se trouveront beaucoup plus profondes ou beaucoup plus superficielles.

Et dans tous ces cas, il n'y a plus aucun moyen, non-seulement de porter remède au mal, mais même d'en reconnaître l'existence après le passage de l'instrument. On a corrigé en grande partie ce défaut par une construction adoptée à Roville en 1838, et au moyen de laquelle les mouvements du rayonneur qui porte les pieds du semoir sont indépendants de la position des roues de l'instrument, comme je l'ai indiqué dans le chapitre où je donne la description des instruments d'agriculture.

Au contraire, lorsqu'on emploie un semoir qui n'opère que sur une seule ligne dans des raies tracées à l'avance par le rayonneur, comme on peut économiquement le faire pour des lignes un peu espacées, l'ouvrier voit constamment les grains de semence qu'il répand dans la ligne, et peut en quelque sorte les compter. On peut exercer un contrôle sur l'opération en examinant les lignes après que le semoir y a passé, et l'on y aperçoit facilement les semences que l'instrument y a répandues, si ce n'est pour quelques graines très-fines. Enfin, si l'action du rayonneur a été inégale, c'est-à-dire si quelques lignes sont plus profondes que d'autres, comme cela arrive très-souvent de même que pour le semoir, le mal n'est pas du moins sans remède; et en faisant couvrir à la main, comme je le dirai tout à l'heure, on peut rétablir l'uniformité dans la profondeur à laquelle sont enterrées les semences. Ces considérations sont très-puissantes pour engager les personnes qui commencent à se livrer à la culture en lignes à débuter par l'emploi du semoir à brouette, quoique le travail du semoir à cheval soit réellement plus économique et plus expéditif, puisqu'il accomplit en une seule fois toutes les opérations de la semaille. On pourra l'adopter plus tard, lorsqu'on aura formé des ouvriers soigneux qui se seront accoutumés à ce genre de culture.

Les principaux avantages que l'on a fait valoir en faveur de la semaille des céréales en lignes à l'aide du semoir, sont : un prétendu accroissement du produit de la récolte, et une diminution sur la quantité de semence employée. Ici il est bon de rappeler ce que j'ai dit en parlant de la semaille à la volée, au moyen de laquelle les semences se trouvent aussi exactement alignées, dans un certain état du labour, qu'elles pourraient l'être à l'aide du meilleur semoir. Non-seulement les cultivateurs n'ont jamais remarqué qu'ils eussent une récolte plus abondante dans ce cas, mais ils évitent autant qu'ils le peuvent cette disposition, qu'ils regardent comme un véritable vice, les plantes se trouvant trop pressées dans les lignes. C'est sans doute de faits observés très-légèrement, que l'on aura déduit l'opinion contraire. Du moins, toutes les expériences que j'ai faites sur ce sujet ont été peu favorables à la pratique de la semaille en lignes des céréales, relativement à la quantité des produits.

Quant à la possibilité de diminuer la quantité de semence par l'emploi du semoir, c'était aussi une des principales considérations que l'on faisait valoir en Angleterre, au commencement de ce siècle, en faveur de ce procédé; et plus tard les mêmes assertions ont été reproduites en France. Dans un pays comme dans l'autre, les partisans les plus modérés des semoirs à céréales évaluaient l'économie au quart de la semence ; d'autres au tiers, ou à la moitié, quelquefois même davantage. Mais en Angleterre, où ce procédé a été vraiment pratiqué en grand, l'expérience a bientôt fait reconnaître qu'il était nécessaire de répandre avec le semoir la même quantité de grains que dans la semaille à la volée. Cette vérité a été proclamée dès avant 1815 par M. *Coke de Holkam,* dans les domaines duquel l'emploi du semoir pour les céréales s'est en quelque sorte naturalisé, et dont chacun connait la sagacité pour tout ce qui se rapporte aux pratiques agricoles. Dans ses domaines, de même que dans les autres parties du comté de Norfolk ou l'on sème les céréales en lignes, on répand une quantité de semence supérieure à celle que nous employons généralement en France en semant à la volée ; et l'on est convaincu qu'il y aurait à perdre sur le produit, si l'on diminuait cette quantité.

On a voulu, a-t-on dit, remédier à la difficulté de trouver de bons semeurs à la <u>volée</u>. Mais de tels hommes existent partout ; et la difficulté est bien autrement grande lorsqu'il s'agit de trouver des hommes capables de faire manœuvrer convenablement un semoir à céréales, en supposant que les circonstances de sols et de cultures y fussent aussi favorables qu'on peut le désirer. Je n'ai pas parlé des difficultés qu'opposent à la marche des semoirs à plusieurs lignes les terrains pierreux, montueux ou argileux ; mais il est certain qu'il y a une multitude de cas où l'emploi de cet instrument serait complétement impraticable.

Je me suis étendu fort longuement sur les considérations

relatives à la semaille des céréales en lignes, parce que c'est un objet qui a attiré, à plusieurs époques, l'attention des hommes qui s'occupent d'améliorations agricoles. J'en ai dit assez, je pense, pour faire sentir que si ce procédé peut réellement être adopté dans quelques circonstances très-favorables, on ne peut pas le recommander comme pratique générale d'agriculture. J'ajouterai que, même dans les circonstances où elle peut être adoptée, cette pratique appartient à un état très-avancé de l'art agricole ; elle ne peut venir qu'à la suite d'une multitude de perfectionnements beaucoup plus importants en eux-mêmes, et sous l'influence desquels se seront modifiées profondément les habitudes et les dispositions des agents ordinaires de la culture.

Un autre procédé que l'on a essayé en Angleterre pour la semaille du froment est celui du *plantage*, qui consiste à faire planter les grains à la main par des femmes : l'ouvrière est munie d'un plantoir en bois semblable à celui des jardiniers, mais qui est traversé en croix à 5 centimètres (2 pouces) de la pointe par une cheville qui dépasse de 1 centimètre (1/2 pouce) environ de chaque côté. Cette cheville est destinée à former un arrêt pour empêcher que le plantoir ne s'enfonce plus profondément. L'ouvrière pratique des trous à l'aide de cet instrument, et jette aussitôt de l'autre main deux ou trois grains de blé dans chaque trou; on passe ensuite sur le terrain une herse légère à dents de bois pour remplir de terre les trous. L'expérience a fait reconnaître que l'on peut réellement, à l'aide de ce procédé, obtenir une pleine récolte en employant une quantité de semence beaucoup moindre que celle que l'on sème à la volée ou au semoir. Cet avantage est évidemment dû à ce que tous les grains sont enterrés à une profondeur uniforme, et à ce que les plantes sont disposées par petites touffes sur toute la surface du terrain, au lieu d'être pressées en grand nombre dans les lignes, comme elles le sont par l'action du semoir. Le *plantage* du blé est au reste une opération fort coûteuse, on peut l'employer avec beaucoup d'avantage, lorsqu'on veut multiplier promptement une espèce précieuse; mais pour les cultures ordinaires, ce procédé ne serait économiquement praticable que dans les temps de disette et de cherté excessive du grain : il est possible alors que l'économie de plus de moitié que l'on peut faire sur la semence, compense la dépense de main-d'œuvre du procédé. Il faut dire aussi qu'il n'est pas applicable à tous les sols : dans certains terrains très-meubles, la terre de la surface tombe dans le trou et l'emplit aussitôt qu'on en retire le plantoir. Dans les sols argileux humides, au contraire, le plantoir foule et tasse la terre au fond du trou; de manière que les grains se trouvent placés dans une cavité imperméable, et sont exposés à la pourriture s'il survient de fortes pluies.

Quant à la semaille en lignes des récoltes sarclées proprement dites, surtout de celles dont les lignes peuvent s'espacer de 65 à 73 centimètres (24 à 27 pouces), elles présentent à la fois, par les motifs que j'ai exposés, beaucoup plus de facilité dans l'exécution et beaucoup plus d'avantages dans les résultats. Déjà, dans les exploitations agricoles jointes à plusieurs sucreries, on a adopté l'usage du semoir pour les betteraves; et, dans une telle position, on a dû nécessairement rencontrer plus de facilités que dans les exploitations ordinaires, pour faire conduire ces instruments par des ouvriers adroits et accoutumés aux soins qu'exige en général l'emploi des machines un peu compliquées. Aussi a-t-on réussi, dans beaucoup de localités, en employant des semoirs qui rayonnent et sèment plusieurs lignes à la fois. On y a été déterminé par l'habitude où l'on est généralement de n'espacer les lignes de betteraves qu'à 40 centimètres (15 pouces) environ; car lorsqu'on les espace à 73 centimètres (27 pouces), l'emploi du rayonneur détaché et celui du semoir à brouette présentent dans diverses circonstances des avantages fort importants, principalement celui d'être applicable à toute espèce de terrain, quel que soit l'état de sa préparation. Le semoir qui trace les lignes à 40 ou 50 centimètres (15 ou 18 pouces) de distance, présente déjà beaucoup moins de difficultés dans son emploi que celui qui est destiné aux céréales, puisqu'il sème à peu près moitié moins de lignes; cependant il en offre encore beaucoup, mais il ne peut s'employer dans toutes les terres.

Lorsqu'on emploie le rayonneur et le semoir à brouette, on couvre quelquefois la semence déposée dans les raies à l'aide d'un hersage en long et non en travers, ce qui nuirait à la régularité des lignes en déplaçant beaucoup de grains. Pour les semences très-fines, et qui ne veulent être que très-peu recouvertes, comme les carottes, les pavots, etc., on se contente de faire cheminer dans chaque ligne, après que le semoir y a passé, un instrument de la forme d'une brouette dont la roue a 8 centimètres (3 pouces) de largeur environ, sur un diamètre de 50 centimètres (18 pouces) au moins. Pour diminuer la fatigue de l'ouvrier qui la conduit, on charge cette brouette, à volonté, de terre ou de tout autre corps pesant, afin d'exercer le long de la raie une légère pression qui tasse sur les semences la petite quantité de terre que le passage de la roue fait tomber au fond de la raie. Si l'on peut disposer d'un troupeau de moutons, on peut se contenter de le faire cheminer en long sur toute l'étendue du champ, après que la semence a été répandue dans les lignes ; et elle est ainsi parfaitement couverte. Enfin, pour les grains qui demandent à être plus recouverts, et que l'on sème par conséquent dans les raies plus profondes, on peut faire suivre le semoir par des femmes armées de râteaux qui tirent de la terre douce dans la raie, ce qui permet de couvrir les semences avec plus d'égalité qu'on ne pourrait le faire par la herse. Deux femmes diligentes suffisent pour suivre ainsi un semoir à brouette qui peut ensemencer environ un hectare et demi par jour, en supposant les lignes distantes de 65 à 73 centimètres (24 à 27 pouces) ; en sorte que ce travail est moins coûteux que celui d'une herse qui ne ferait guère que la même étendue de terrain. D'après mon expérience, ce dernier moyen, pour les betteraves, le maïs, etc., et le piétinement d'un troupeau de moutons pour les graines fines, sont les procédés qui donnent des résultats les plus réguliers pour terminer le travail du semoir à brouette. Lorsque la terre présente à

sa surface quelque mottes, le râteau dont je viens de parler offre toutefois l'inconvénient d'amener ces mottes dans
la raie ouverte, plutôt que la terre meuble qui passe entre
les dents du rateau.

Il vaut mieux, dans ce cas, remplacer ce dernier par
un instrument de même forme, mais dépourvu de dents
et formé d'une bande de fer de 5 centimètres (2 pouces
environ) de largeur, sur 5 à 7 millimètres (2 à 3 lignes)
d'épaisseur et 50 à 55 centimètres (18 à 20 pouces) de
longueur ; cette bande est assemblée obliquement à l'extrémité du manche, car les râteaux que j'ai voulu indiquer
sont ceux que l'on emploie dans beaucoup de cantons au
travail des fenaisons, et dans lesquels la traverse qui porte
les dents ne forme pas un angle droit avec le manche,
mais se trouve assemblée un peu obliquement avec ce
dernier : l'angle que forme la traverse avec le manche est
d'environ 115° du côté où il est obtus. Cette forme est
beaucoup plus commode que celle des râteaux de jardinier pour cette opération, où l'ouvrière travaille devant
elle en marchant à côté de la raie dans laquelle elle pousse
la terre. Dans l'instrument où la traverse du râteau qui
porte les dents est remplacée par la bande de fer dont je
viens de parler, cette bande se trouve placée de champ
sur le terrain, c'est-à-dire qu'elle est disposée de manière
que l'un de ses bords fait l'office des dents du râteau. Elle
porte au milieu de sa longueur, et sur une de ses deux faces
larges, une douille placée un peu obliquement relativement
à la longueur de la bande, et à laquelle se fixe un manche
de bois léger de 1 mètre 30 centimètres à 1 mètre 60
centimètres (4 1/2 à 5 pieds) de longueur.

CINQUIÈME SECTION

Cultures et soins jusqu'à l'époque de la récolte

Dans la culture négligée de la plupart des grandes exploitations, on ne s'occupe guère des récoltes pendant cette période. Le cultivateur, après avoir couvert sa semence, regarde sa tâche comme accomplie : c'est au ciel à faire le reste pour la réussite de la récolte ; et on ne revient guère dans le champ que lorsqu'il est question d'y mettre la faucille. Dans une culture soignée, au contraire, les terres ensemencées sont l'objet d'une surveillance assidue et des soins constants du cultivateur : pendant l'hiver et au printemps, après une forte pluie ou après chaque fonte de neige, en été après chaque orage, il visite soigneusement les raies et les rigoles d'écoulement, et les fait curer et relever de manière qu'il ne séjourne jamais d'eau sur aucune partie de la pièce. Au printemps, dès que le sol est ressuyé, un hersage énergique produit d'excellents effets sur les céréales d'automne. J'entends, par cette expression, que le hersage doit être suffisant pour remuer la surface du sol sur tous les points. Il est impossible que dans cette opération on n'arrache pas quelques pieds des plantes qui composent la récolte ; mais on ne doit nullement s'en laisser effrayer, et les épis seront toujours plus nombreux et plus forts là où le hersage aura été énergique, parce que cette opération favorise singulièrement le tallement des plantes. On comprend bien, toutefois, que dans un sol sablonneux léger, il serait possible de donner un hersage qui détruisit la plus grande partie de la récolte : il ne faudrait pour cela qu'appliquer à ce sol le hersage qui serait à peine assez énergique pour un terrain compacte offrant à sa surface une croûte dure. C'est au cultivateur intelligent à modifier son opération selon les circonstances, en employant des herses plus ou moins pesantes, à dents plus ou moins usées, en tournant les pointes des dents en avant ou en arrière, etc.; mais il faut qu'il atteigne le but de remuer toute la surface du sol, car sans cela l'opération est insignifiante. Dans le cas où les céréales ont été déchaussées par les gelées de l'hiver, on doit bien se garder d'exécuter l'opération du hersage. L'action du rouleau conviendrait mieux alors, si la surface du sol reste fort soulevée.

Un binage à la main est encore plus efficace que le hersage, parce qu'il opère avec plus d'uniformité sur toute la surface, malgré les inégalités du terrain qui nuisent à l'action de la herse, en forçant le cultivateur à faire mordre trop profondément l'instrument dans certains endroits, pour atteindre la surface dans les creux. Ce binage s'exécute avec des instruments appelés binettes ou houes à main, et dont les dimensions et le poids doivent varier selon la nature du sol et la distance à laquelle sont placées les plantes entre elles.

Le hersage est également très-utile aux céréales de printemps, aux féveroles, aux pois, aux vesces, etc. Pour l'avoine et l'orge, on choisit l'époque où les plantes prennent leur troisième feuille. Pour les autres récoltes, le hersage s'exécute lorsque les plantes sont levées déjà depuis quelque temps, et bien enracinées. Il importe beaucoup, pour toute espèce de récolte, que la terre soit bien ressuyée lorsqu'on exécute cette opération. Ce hersage est une opération capitale, en particulier pour le colza, la navette, les navets, les carottes, lorsque le temps manque pour faire exécuter promptement à la main le binage sur de grandes surfaces. Dans le Palatinat du Rhin, où l'on ne manque jamais de faire ainsi herser les navets, lorsque les feuilles ont 5 à 6 centimètres (2 pouces environ) de longueur, les cultivateurs ont coutume de dire que celui qui conduit la herse dans ce cas *ne doit pas regarder derrière lui;* c'est qu'en effet l'homme qui n'a pas l'habitude de cette opération s'effraie facilement en la voyant exécuter, et se persuade que l'on a détruit au moins une bonne partie de la récolte. Mais s'il revient quelques jours plus tard, il reconnaît qu'une multitude de plantes, qui n'avaient été que légèrement recouvertes de terre, se sont montrées de nouveau, et il ne peut manquer d'être frappé de la vigueur de végétation que déploient toutes ces plantes, en comparaison de celles d'un champ voisin qui n'aurait pas été hersé.

Plus tard, il ne faudra pas moins biner à la main, une ou plusieurs fois, selon les espèces, les plantes qui rentrent dans la classe des récoltes sarclées; on devra, en exécutant ces binages, éclaircir ces plantes partout où elles se trouvent trop épaisses; et si après ces binages il s'élève encore çà et là quelques mauvaises herbes des espèces qui se propagent facilement, on les fera arracher à la main dans un parcours général qui exige très-peu de temps lorsque les binages ont été exécutés avec soin. On ne doit jamais permettre, en effet, qu'une seule plante nuisible vienne à mûrir ses semences dans les récoltes sarclées qui doivent nettoyer le sol autant que le ferait la jachère.

Quant aux céréales, il est impossible d'éviter qu'un nombre plus ou moins considérable de mauvaises herbes mûrissent leurs semences et les déposent sur le sol, parce que tout binage ou sarclage est impossible depuis le moment où les plantes montent en tuyaux; et pour détruire par le binage unique que l'on peut donner à ces récoltes la totalité des mauvaises herbes qui y végètent, il faudrait y consacrer un temps et un travail que compenseraient rarement les avantages qu'on y trouverait. Il est toutefois certaines espèces de plantes nuisibles qu'on peut facilement détruire en totalité dans les champs de céréales; et tout cultivateur soigneux doit les extirper complétement. De ce nombre sont la nielle et les bluets, qui forment déjà au printemps des touffes fortes, et qui se distinguent facilement des céréales d'automne dans lesquelles elles végètent. De ce nombre sont aussi les chardons, quelquefois très-nom-breux dans les terres les plus propres d'ailleurs, et que l'on détruit avec assez de facilité, lorsqu'on sait bien s'y prendre. Le soin le plus important pour réussir dans cette opération consiste à bien choisir le moment; si l'on coupe les chardons, même au-dessous de leur collet, lorsqu'ils sont encore fort jeunes, et dans une céréale qui ne couvre pas encore le terrain, ils repoussent promptement, et l'on aura complétement manqué son but. Mais si l'on saisit l'époque où la céréale a déjà des feuilles nombreuses et commence à former ses *tuyaux*, c'est-à-dire les tiges qui doivent former les épis, les chardons périssent sans retour lorsqu'on les a coupés entre deux terres. Cette opération s'exécute commodément et promptement au moyen d'une lame de fer plate tranchante par son extrémité, large de 3 centimètres (1 pouce 1/2) environ, et longue de 16 à 20 centimètres (6 ou 7 pouces), fixée à l'aide d'une douille à un manche léger de 1 mètre 1/2 (4 à 5 pieds) de longueur. L'ouvrier travaille en poussant devant lui l'instrument, dont il dirige le tranchant sur chaque pied de chardons qu'il aperçoit et de manière à couper sa racine au-dessous du collet. Cette opération se nomme *échardonner*, et l'instrument *échardonnoir*.

Les récoltes cultivées en lignes offrent beaucoup plus de facilité pour les binages, principalement parce qu'on peut y employer la houe à cheval, instrument à l'aide duquel on peut exécuter promptement les binages sur de grands espaces. Cette circonstance est presque aussi importante que l'économie des dépenses de main-d'œuvre, car l'à-propos est le point capital dans l'exécution des binages de toute espèce. C'est toujours par un temps sec, et lorsque la terre est bien ressuyée, que cette opération a le plus d'efficacité pour la destruction des mauvaises herbes, et aussi pour favoriser la végétation des récoltes. Mais dans beaucoup de sols, si l'on ne saisit pas l'instant où la terre commence à se dessécher fortement, elle se durcit, ce qui rend ultérieurement les binages sinon impossibles, au moins très-difficiles ; et cependant, c'est dans le cas de la continuité de la sécheresse qu'il importe le plus que les plantes soient environnées d'une terre meuble et pulvérente à sa surface ; rien ne soutient mieux la végétation des plantes, dans ces circonstances, que de remuer fréquemment la surface du sol par de nouveaux binages, tandis que si on laisse se former sur la terre une croûte dure, les plantes souffrent considérablement de la continuité de la sécheresse. Les personnes qui n'ont pas acquis l'expérience de cette vérité, évitent souvent de faire exécuter des binages dans des saisons très-sèches et très-chaudes, parce qu'elles craignent de faciliter ainsi l'évaporation du peu d'humidité qui reste dans le sol ; mais l'observation des faits les aura bientôt détrompées sur ce point ; et on doit admettre comme principe fondamental de la pratique des binages, qu'on doit éviter autant qu'on le peut de les exécuter lorsque le sol est humide, et que les époques de sécheresse sont les instants les plus favorables. A chaque nouveau binage dans un sol dont le fond est durci par la sécheresse, on s'efforce d'accroître l'épaisseur de terre meuble, en approfondissant chaque fois un peu plus la culture. Si l'on peut conquérir ainsi 11 ou 14 centimètres (4 ou 5 pouces) d'épaisseur de terre meuble, c'est la circonstance la plus favorable dans laquelle on puisse placer la récolte.

Un des soins les plus importants, dans l'emploi de la houe à cheval, consiste à exécuter le premier binage à l'époque où les mauvaises herbes qui croissent entre les lignes des plantes sont encore petites, et n'ont pas poussé des racines profondes et ramifiées. A cette époque, toutes les mauvaises herbes sont facilement détruites sur toute la largeur que prend l'instrument; tandis que lorsqu'on attend que les herbes soient déjà grandes, beaucoup d'entre elles échappent et ne sont pas complétement déracinées par les pieds de la houe, qui sont d'ailleurs disposés à s'embarrasser et à s'engorger par les herbes qu'ils déracinent. C'est ici qu'il convient souvent de déroger à la règle que j'ai indiquée, et de faire passer la houe à cheval sans attendre que le sol soit complétement ressuyé, parce que si l'on attendait quelques jours plus tard, les mauvaises herbes auraient pris trop de développement. On doit donc surveiller avec attention la croissance des plantes nuisibles, et saisir avec diligence les espaces de temps, quelquefois très-courts, pendant lesquels la terre sera suffisamment ressuyée pour que l'on puisse y faire passer la houe à cheval. Lorsque le premier binage a été exécuté dans ces circonstances, il faut ordinairement y revenir peu de temps après, parce que beaucoup de plantes nuisibles n'ont été arrêtées que momentanément dans leur végétation et reprennent facilement racine dans un sol humide. Mais le travail de la houe à cheval s'exécute si promptement et avec si peu de dépenses, que l'on ne doit jamais négliger de réitérer cette culture lorsque le besoin s'en fait sentir. Lorsque les lignes des plantes ont été espacées à 73 centimètres (27 pouces), comme il convient toujours de le faire pour les pommes de terre, les betteraves, le maïs, les féveroles, etc., une houe tirée par un cheval et conduite par un homme bine généralement une surface d'un hectare et demi à deux hectares, dans une journée de 9 heures de travail. Lorsqu'on emploie un cheval bien dressé à cette opération et un charretier adroit, la présence d'un aide pour conduire le cheval est plutôt nuisible qu'utile, si ce n'est dans le cas où les plantes sont encore trop petites pour que le cheval puisse facilement distinguer les lignes entre lesquelles il doit passer. Lorsque les plantes sont assez petites pour qu'on ait à craindre de les couvrir de terre, on rétrécit l'instrument de manière à n'approcher des lignes de chaque côté qu'à la distance de 8 centimètres (3 pouces) environ. On élargit davantage la houe pour les binages suivants, et il suffit que les pieds de l'instrument n'atteignent pas les racines des plantes, lorsqu'on n'a plus à craindre de couvrir leurs feuilles de terre. Il convient presque toujours de donner ainsi deux ou trois binages au moins dans le cours de la saison, et jusqu'à ce que les plantes soient assez grandes pour ne plus permettre de faire passer la houe à cheval entre les lignes.

La houe à cheval ne peut pas compléter seule l'opération : il y a toujours une partie du travail qu'il faut exécuter à la houe à main, pour détruire les mauvaises herbes qui croissent le long des lignes des plantes, et que la houe à cheval ne peut atteindre. Dans la plupart des cas, il convient d'attendre, pour exécuter cette opération manuelle, que la houe à cheval ait passé entre les lignes une première fois ; mais dans quelques circonstances, que l'intelligence de chaque cultivateur lui indiquera, il est préférable de faire biner d'abord à la main les lignes seulement, sur une largeur de 8 ou 11 centimètres (3 ou 4 pouces) de chaque côté, pour faire biner ensuite par la houe à cheval l'intervalle qui les sépare. Après l'exécution du binage à la main, s'il croît encore des plantes nuisibles le long des lignes, dans l'espace que la houe ne peut atteindre, il est indispensable de les faire arracher à la main, car toute récolte sarclée bien soignée doit être tenue complétement exempte de mauvaises herbes qui puissent se reproduire par semences.

Les seules plantes nuisibles qui puissent être détruites avec efficacité par les binages à la houe à main ou à la houe à cheval, sont les plantes annuelles qui se multiplient de leurs graines, principalement dans les années où le sol est couvert de céréales. Dans une exploitation où les assolements sont judicieusement calculés, et où les terres reçoivent les cultures préparatoires convenables, on ne doit plus rencontrer dans les soles de plantes sarclées des plantes nuisibles traçantes et qui se multiplient par leurs racines. Le chiendent en particulier, ainsi que l'avoine à chapelet, disparaissent bientôt sous l'influence d'une culture active et soignée, et surtout sous l'influence de bons labours exécutés à une profondeur suffisante, et à l'aide d'une charrue qui tranche au fond de la raie toute la largeur de la bande qu'elle retourne. S'il existait dans le sol du chiendent, du moins en quantité considérable, les binages seraient inefficaces pour en opérer la destruction; mais ils en arrêteraient la croissance et la propagation, et ces résultats seraient toujours fort importants. Cependant, si le sol était très-infesté de chiendent, l'exécution des binages deviendrait extrêmement difficile; et l'on ne doit pas consacrer un tel sol à des récoltes sarclées, avant d'avoir opéré la destruction des plantes vivaces à racines traçantes par des cultures préparatoires. Il y a d'ailleurs toujours profit à le faire par l'engrais que l'on procure ainsi au terrain, car les racines des plantes nuisibles forment dans ce cas une masse considérable; et l'on fertilise à peu près autant de terrain lorsqu'on en opère la destruction, que lorsqu'on enfouit une récolte verte pour engrais. Parmi les récoltes sarclées, on peut néanmoins citer les pommes de terre comme possédant, probablement par une espèce d'antipathie entre les deux plantes, la propriété de faciliter singulièrement la destruction complète du chiendent, même lorsque les cultures préparatoires ne l'ont pas fait périr en totalité. Cet effet est fort remarquable, surtout lorsqu'on butte énergiquement les pommes de terre; et si ce procédé de culture n'est pas toujours favorable à la production des tubercules, comme je l'ai remarqué, il est certainement très-efficace pour la destruction du chiendent.

Dans les récoltes plantées ou semées en lignes, le buttage s'exécute au moyen de la charrue à deux versoirs ou buttoir. Pour les pommes de terre, on commence le buttage par un premier travail de l'instrument, aussitôt que les plantes sont assez grandes pour qu'on n'ait plus à craindre de les couvrir de terre, c'est-à-dire lorsqu'elles ont 16 ou 22 centimètres (6 ou 8 pouces) de hauteur, et après qu'on a fait passer la houe à cheval une ou deux fois entre les lignes. Dans cette première opération, on écarte beaucoup les versoirs de l'instrument, et on ne le fait pénétrer qu'à 8 ou 11 centimètres (3 ou 4 pouces) de profondeur. Quelque temps après, on complète le buttage par une seconde opération pour laquelle on resserre un peu les versoirs de la charrue, et dans laquelle on fait piquer le soc à 6 ou 8 centimètres (2 ou 3 pouces) de profondeur de plus. Le buttage doit être terminé le plus tôt possible, relativement à la végétation des pommes de terre, c'est-à-dire aussitôt que l'élévation des tiges permet de le faire sans les enfouir sous la terre. Pour le maïs, auquel le buttage est toujours très-utile, les deux opérations se font de même que je viens de le dire, et aussitôt que les plantes ont acquis une hauteur suffisante pour pouvoir les supporter. Lorsque le buttage a été exécuté régulièrement, les deux bandes de terre viennent se joindre complétement, en formant à leur sommet une arête vive ; c'est de cette arête que s'élèvent les tiges des plantes buttées.

SIXIÈME SECTION

Observations diverses sur la végétation des céréales

Il est toujours bon que les céréales semées à l'automne aient commencé à taller avant l'hiver ; c'est seulement dans les sols très-fertiles, et dans les circonstances les plus favorables, qu'on peut attendre une récolte abondante des semailles dont le tallement ne commence qu'après l'hiver. Cela est vrai pour le froment et pour le seigle, mais sur—

tout pour l'escourgeon, qui doit déjà avoir fortement tallé avant les gelées.

Le tallement des céréales est un des faits les plus importants qui se rapportent à la culture des plantes de cette famille; et il est nécessaire qu'un cultivateur en connaisse bien le mécanisme. Les radicules qui sortent du grain au moment de la germination ne servent que pendant peu de temps à nourrir les plantes. Lorsque les tiges sont sorties de terre, il s'y forme bientôt peu au-dessous de la surface du sol, et à quelque profondeur que le grain ait germé, un nœud d'où partent ce qu'on appelle *les racines coronales,* qui sont les véritables racines de la plante, et qui doivent désormais pourvoir à sa nourriture. C'est de ce nœud placé ainsi à la surface du sol que partent latéralement de nouveaux germes ou bourgeons qui constituent les *talles.* Chaque talle est une plante complète, car elle est pourvue de feuilles et de racines, et on peut la séparer du pied principal en l'éclatant, et la replanter ailleurs. Ces talles sont destinées à produire chacune une tige; elles sont d'autant plus nombreuses sur le même pied que le sol est plus riche, que le pied est plus éloigné de ses voisins, et que les talles elles-mêmes ont eu plus de temps pour se développer et se multiplier. On trouve souvent des pieds isolés de froment, de seigle ou d'escourgeon, qui se composent de trente ou quarante talles, ou même davantage; et si l'on arrache cette touffe pour séparer toutes les talles, on peut en former autant de nouveaux pieds qui talleront à leur tour s'ils sont placés dans des circonstances favorables, car le tallement continue tant que le sol qui entoure les plantes peut lui fournir plus d'aliment qu'elles n'en ont besoin pour la formation des tiges et des épis qu'elles peuvent produire dans leur état actuel. C'est pour cela que le tallement continue quelquefois, dans les semailles claires, après que les tiges des premières talles se sont déjà développées ; mais c'est là une circonstance très-défavorable, parce que les épis qui seront le produit de ces dernières talles, ou n'arrivent pas à maturité en même temps que les autres, ou restent chétifs par l'effet d'une végétation trop précipitée. Une récolte qui est dans ce cas ne donnera qu'un produit inférieur à celui qu'eût pu comporter le terrain.

Le tallement des céréales d'automne se continue au printemps, et rien ne le favorise davantage que les cultures que l'on donne autour des plantes par les hersages et les binages. C'est pour cela qu'il importe d'exécuter ces opérations le plus tôt possible dans la saison, c'est-à-dire aussitôt que le sol est suffisamment ressuyé ; les binages tardifs, dans un sol fertile dont la surface était durcie, produiront souvent un tallement qui nuira à la récolte plus qu'il ne lui sera utile, parce que le temps manquera aux épis qui en proviendront pour donner de bons produits.

Les gelées de l'hiver ont rarement assez d'intensité pour faire périr les plantes de froment et de seigle, dans les sols secs et bien assainis, surtout lorsque ces plantes étaient déjà un peu avancées dans leur végétation avant l'invasion des gelées. Une couverture de neige de 27 à 54 millimètres (1 ou 2 pouces) d'épaisseur suffit, dans tous les cas, pour les garantir contre les atteintes des plus fortes gelées de nos climats; mais dans tous les lieux où la neige a été piétinée, par exemple lorsqu'on a pratiqué à travers une pièce de terre un chemin pour les hommes ou pour des chariots, les céréales placées sous les empreintes de ce passage sont facilement détruites même par de faibles gelées. Lorsque la terre est nue et dépouillée de neige, le froment et le seigle courent des dangers toutes les fois que le thermomètre descend au-dessous de 12 à 15° centig. : c'est ainsi que nous avons vu que de grands dommages ont été causés sur les récoltes dans une grande partie de la France par l'intensité des gelées, dans les hivers de 1819 à 1820, et de 1829 à 1830. Je ne saurais dire laquelle de ces deux céréales est la plus sensible à ces gelées, car j'ai vu, dans diverses circonstances, le froment souffrir plus que le seigle placé en apparence dans la même position que lui; et dans d'autres cas, j'ai observé des effets tout à fait opposés. Quant à l'escourgeon, il est décidément beaucoup plus sensible au froid que les deux récoltes précédentes; il est généralement anéanti par des gelées de 10 à 12° centig., lorsqu'il n'a pas une couverture de neige. La variété d'avoine qui se sème à l'automne est encore moins hivernale que l'escourgeon, et elle ne résiste que rarement aux gelées dans le nord de la France, si ce n'est sur les bords de la mer où les hivers sont plus doux.

Les céréales d'automne ont souvent à souffrir des alternatives de gelée et de dégel pendant l'hiver et au printemps, plus encore que de l'intensité même des gelées. Lorsque la terre n'est dégelée qu'à 27 ou 54 millimètres (1 ou 2 pouces) de profondeur, l'eau qui provient de la fonte des neiges ou de la chute des pluies, ne pouvant pénétrer dans la couche gelée, détrempe en boue liquide toute la terre de la surface; et si une nouvelle gelée survient alors, elle est d'autant plus nuisible aux plantes que la terre qui les entoure est plus imprégnée d'eau. La récolte se trouve alors momentanément dans la même situation que celle qui est placée dans un sol que l'on a négligé d'assainir par des raies et des rigoles d'écoulement; car ces rigoles ne peuvent plus remplir leurs fonctions, du moins relativement à l'eau qui est placée au-dessous de la surface, lorsque la terre est rendue imperméable à peu de profondeur. Le froment et le seigle résistent néanmoins à cet état de choses, pourvu que la gelée qui survient ensuite n'ait pas trop d'intensité; mais si cet effet se renouvelle plusieurs fois de suite, les plantes en sont très-fatiguées, et un grand nombre d'entre elles finit par périr, si cette situation se prolonge. Des champs, bien garnis de plantes à l'automne, se montrent alors, après l'hiver, nus et dépourvus de végétation.

On ne doit pas se hâter, au reste, de condamner au printemps les céréales qui quelquefois peuvent encore donner de bonnes récoltes, quoiqu'elles présentent alors la plus misérable apparence. Lorsqu'une récolte a été détruite par les gelées de l'hiver, il importe sans doute beaucoup au cultivateur d'en acquérir la certitude le plus tôt possible, afin qu'il prenne ses mesures pour la remplacer par une autre sur le même terrain. Mais pour l'homme même le plus expérimenté, le sort d'une céréale qui a beaucoup souffert dans ce cas présente une grande incer-

titude pendant un certain temps, et l'on ne peut bien en
juger dans beaucoup de cas que lorsque la terre a été
dégelée à fond déjà depuis quelque temps, et lorsque la
douceur de la température a permis aux plantes qui ne
sont pas entièrement détruites, sinon de végéter, du moins
d'absorber quelque suc dans celles de leurs parties où il
reste de la vie. Dans ces circonstances, si l'on examine
attentivement les plantes qui couvraient la surface d'une
pièce de terre, on distinguera avec assez de certitude
celles qui sont entièrement mortes de celles qui peuvent
encore végéter. Ordinairement, dans les unes comme dans
les autres, les feuilles ont péri entièrement; et l'on n'a-
perçoit à la surface aucune trace de végétation, si ce n'est
un bourgeon très-peu volumineux, et qu'il faut même souvent chercher dans les débris de feuilles mortes qui l'en-
veloppent. Lorsqu'on aperçoit ce germe de vie, que l'on
essaie de le tirer hors de terre, en le saisissant avec les
doigts pour le soulever légèrement : s'il se laisse enlever
sans résistance, on peut être assuré que les racines sont
mortes, et on ne peut fonder sur lui aucune espérance de
végétation. Mais si l'on reconnaît ainsi qu'il tient à la terre
par des radicules, quelque peu nombreuses qu'elles soient,
une température favorable pourra lui faire reprendre en
peu de temps une vigoureuse végétation.

On doit procéder ainsi à l'autopsie d'un grand nombre
des plantes qui couvraient le champ, en les arrachant pour
en examiner les racines ainsi que l'état du germe coronal.
J'ai dit *autopsie*, parce qu'en effet les plantes mêmes qui
sont encore vivantes présentent souvent alors toutes les appa-

rences de la mort; et ce n'est qu'en écartant les enveloppes extérieures avec les ongles ou à l'aide de la pointe d'un canif, que l'on aperçoit au centre ce germe ou bourgeon qui offre encore l'apparence de la vie. S'il en part des racines vivantes aussi, on doit conserver de grandes espérances, lorsqu'on a reconnu que la surface du sol est encore garnie d'un assez grand nombre de plantes en cet état. Il arrive assez souvent qu'une récolte, qui à la première vue paraissait entièrement perdue au 15 mars ou même au commencement d'avril, se trouvera encore suffisamment garnie de plantes dans le courant de mai. Un hersage donné à propos, aussitôt que le sol est assez ressuyé, facilite singulièrement la reprise de la végétation dans les plantes où il restait un germe de vie; mais la continuité des temps froids peut facilement en opérer la destruction complète. Il arrive bien souvent que des cultivateurs se repentent vivement à la fin de mai de s'être hâtés de réensemencer des pièces de terre dont ils croyaient la récolte perdue, parce que d'autres champs qui offraient la même apparence deux mois auparavant se présentent alors sous un aspect favorable; mais d'autres fois on se repent aussi de n'avoir pas voulu réensemencer des champs de froment ou de seigle, qui ne se rétablissent jamais des désastres causés par les gelées. Ce n'est qu'à l'aide d'observations minutieuses, faites comme je viens de l'indiquer, et en réitérant fréquemment ces observations pendant toute la durée de l'incertitude, que l'on peut éviter les fautes de cette nature.

Les alternatives de gel et de dégel occasionnent dans

les récoltes un autre genre de dommage qu'il faut bien distinguer de ceux que je viens d'indiquer, parce que ce dommage est particulier à certain sol : c'est le *déchaussement,* dont l'effet est de faire sortir complétement les plantes de terre ; et on les trouve souvent, à la fin de l'hiver, gisant sur le sol avec leurs racines mises à nu. C'est là un effet mécanique de la gelée dont il est facile de se rendre compte : on sait en effet que l'eau en se congelant augmente de volume ; ainsi, lorsqu'une terre imprégnée d'eau se trouve gelée à une certaine profondeur, la surface du sol est réellement plus élevée qu'elle ne l'était auparavant ; et les plantes se sont élevées avec elles, parce que la surface étant gelée la première, les plantes ont été saisies et comprimées au collet, en sorte que toute la racine se trouve soulevée à mesure que la terre est gelée plus profondément. Mais lorsque le dégel survient, c'est aussi par la surface du sol qu'il commence ; la terre retombe et s'affaisse nécessairement autour de la plante, qui ne peut s'abaisser pour suivre ce mouvement, d'abord parce qu'elle est moins pesante que la terre, mais surtout parce que la partie inférieure de ses racines est saisie et retenue dans la partie de la terre qui n'est pas encore dégelée. Ainsi, lorsque le dégel sera complet, la plante se trouvera déchaussée ou extraite de terre sur une longueur de ses racines égale à l'exhaussement qu'avait pris la surface du sol par l'effet de la congélation. Si une autre gelée survient ensuite, le même effet aura lieu, et la plante se trouvera déchaussée sur une nouvelle longueur de ses racines ; ces dernières peuvent être extraites ainsi entièrement de terre, ce qui fait dire au cultivateur que la terre *crache* les plantes. Cet effet a lieu pour les corps inertes, de même que pour les végétaux; et l'on remarque fréquemment à la fin de l'hiver des galets ou des pierres de la grosseur d'un œuf, ou même davantage, qui ont été ainsi extraites et portées à la surface du sol par l'effet mécanique des gelées et des dégels successifs. Cet effet est tellement rationnel et conforme aux lois de la physique, que si quelque chose doit nous surprendre, c'est qu'il n'ait pas lieu sur les végétaux dans toute espèce de sol, du moins lorsque le terrain était imprégné d'eau au moment de l'invasion des gelées. Cependant ce défaut si grave pour la culture des plantes hivernales ne se fait remarquer que dans certains sols; ou du moins les autres n'y sont exposés que dans les parties où l'eau séjourne à la surface ou très-près de la surface, par le manque de raies ou de rigoles d'écoulement. Il semblerait naturel de croire que les terres que j'ai nommées *gélisses*, en parlant des labours, sont celles qui doivent être le plus exposées au déchaussement des plantes; mais il n'en est rien, et l'on trouve dans la classe des terres gélisses, aussi bien que des terres non gélisses, beaucoup de sols où les plantes ne se dessèchent jamais, ou du moins très-rarement. Ce sont ordinairement les sols légers qui sont le plus exposés à cet accident; mais il est aussi des terrains très-légers qui n'y sont pas sujets, et la composition chimique du sol semble y avoir peu d'influence. Cette propriété tient donc à quelque circonstance particulière qui n'a pas encore été suffisamment étudiée. Il importe du moins beaucoup au cultivateur de connaître, par l'observation des faits, comment se comportent, relativement à cette propriété particulière, les terrains de diverses natures qu'il exploite. Il évitera en conséquence de placer des céréales d'automne dans les terrains qui sont trop sujets à cet accident, s'il ne peut parvenir à y porter remède par des saignées plus efficaces, comme des raies d'écoulement plus rapprochées, ou tout autre moyen que son industrie pourra lui suggérer. Dans tous les cas, les principaux moyens de prévenir le déchaussement, lorsque cela est possible, consistent à approfondir les labours, afin que la terre soit moins imprégnée d'eau à sa surface, et à bien soigner les raies et les rigoles d'écoulement, en les débarrassant promptement des obstacles qui les obstruent souvent pendant le cours de l'hiver, et principalement aux époques des fontes de neige.

Dans les accroissements que les céréales d'automne prennent au printemps, on aime que les plantes tallent pendant longtemps et fortifient leurs racines sans s'élever trop promptement en tuyaux, comme cela arrive lorsque la température est prématurément chaude et sèche; car alors les tiges sont plus rares et plus faibles, et produiront de moins beaux épis. Dans les plantes vigoureuses et dans les circonstances favorables les talles, montrant des feuilles larges et d'un vert foncé, s'écartent du pied principal, en formant sur la surface du sol une rosette bien prononcée. Les tiges s'élèvent ensuite en prenant une hauteur uniforme; et au moment où les épis paraissent, ainsi que plus tard à mesure qu'ils s'élèvent, ils se tiennent à la même hauteur, en formant une surface unie dans toute l'étendue du champ. Le cultivateur dit alors avec orgueil : *on croirait qu'un jardinier a tondu la récolte avec des ciseaux.* C'est là un des indices les plus certains d'une abondante récolte; s'il y a beaucoup d'inégalité dans la hauteur des épis, le produit sera médiocre et contiendra beaucoup de grains de qualité inférieure.

A l'époque où les céréales montrent leurs épis, elles ont généralement atteint environ la moitié de la hauteur qu'elles doivent acquérir. Cela peut varier néanmoins, selon que la température est sèche ou humide dans les diverses périodes de la végétation. Peu après cette époque, il survient une période fort critique pour les céréales : c'est celle de la floraison, qui a lieu pour le froment presque aussitôt que les épis sont sortis, et pour le seigle dix ou quinze jours seulement après cette sortie. Si la floraison est accompagnée de pluies continuelles, le produit en grains est presque toujours faible, parce que beaucoup de fleurs ont *coulé* ou avorté, soit par l'effet mécanique de la pluie, qui entraîne dans sa chute la poussière fécondante ou les étamines très-déliées qui la portent, soit plutôt parce que l'extrême abondance de la séve, qui se porte alors dans les parties de la fructification, nuit à l'accomplissement de la fécondation. Une température trop chaude et trop sèche n'est pas non plus favorable à cet acte de la vie végétale, quoiqu'elle soit généralement moins nuisible que l'excès d'humidité. Les circonstances dans lesquelles la fécondation s'opère le plus parfaitement, sont une température modérément chaude entremêlée de quelques pluies passagères; et si le sol est encore humide, la fécondation s'opère très-bien sans pluie. Si l'on observe les faits avec attention, on trouvera que la température qui a régné pendant la floraison des céréales est la circonstance qui influe le plus sur la grenaison ou rendement des grains au battage, rendement qui varie souvent de la moitié au double, et qui est souvent la source de la disette ou de l'abondance sur de vastes étendues de pays.

Lorsque la période de la floraison est passée, un des principaux accidents qu'ont à craindre les céréales est la _verse_, qui est à redouter principalement dans les terrains d'une haute fertilité, mais qui a souvent pour cause aussi des labours trop superficiels, comme je l'ai dit ailleurs. Une température humide ou de fortes averses accompagnées de grands vents favorisent singulièrement la disposition des récoltes à cet accident. Lorsqu'elle survient peu après l'époque de la floraison, et lorsque le grain n'est pas encore formé, les tiges se relèvent souvent; mais lorsqu'elles restent couchées, l'accident est d'autant plus grave qu'il a eu lieu plus tôt, c'est-à-dire plus longtemps avant l'époque de la maturité des grains. Ces derniers restent petits et retraits, et la récolte en est toujours beaucoup diminuée. On n'appelle pas au reste _blé versé_ celui dont les tiges ne sont qu'appuyées les unes contre les autres, sous un angle de 30 à 50 degrés avec la verticale; et souvent les récoltes en cet état donnent d'excellents produits; mais lorsque des tiges sont entièrement couchées sur le sol, comme cela arrive souvent lorsqu'une forte pluie est venue les frapper, les épis sont dans la plus mauvaise condition pour l'achèvement de la maturation des graines. Cette circonstance est encore bien plus fâcheuse lorsque le sol est infesté de plantes nuisibles, et lorsque la température humide continue, car alors les herbes ne tardent pas à se faire jour à travers les tiges de la récolte versée, et les recouvrent bientôt d'un ombrage qui entretient les épis dans un état continuel d'humidité. Dans cet état, on peut considérer une récolte comme perdue, et il est prudent de prévenir cette perte totale en faisant couper la récolte aussitôt qu'on s'aperçoit que la céréale va être dominée par les herbes, et en quelque état que se trouve alors le grain. S'il était déjà arrivé à sa grosseur, et commençait à prendre de la consistance, il mûrira beaucoup mieux qu'il n'eût pu le faire autrement, en le mettant en javelles que l'on pourra retourner lorsque le besoin l'exigera ; et si le grain n'était pas encore formé, la paille présentera du moins un excellent fourrage, tandis qu'elle aurait été détériorée par la pourriture, en même temps que les grains auraient péri par avortement.

SEPTIÈME SECTION

De quelques maladies des plantes.

Les plantes sont sujettes à un assez grand nombre de maladies dont les causes et la nature sont encore peu connues, et qui sont même définies de la manière la plus vague ; par ce motif, je m'abstiendrai de décrire le plus grand nombre d'entre elles. En traitant de la culture du froment, je parlerai de la *carie,* maladie qui est particulière à cette plante, et contre laquelle nous possédons du moins des préservatifs certains. Je ne parlerai ici que de la *miellée* et de la *rouille,* qui occasionnent souvent de grands ravages dans des récoltes de diverses espèces.

La rouille paraît avoir dans tous les cas pour origine la miellée ; cependant nous n'avons pas jusqu'ici d'observations assez précises pour qu'il soit possible d'avancer quelque chose de très-positif sur les rapports qui lient entre elles ces deux maladies. La miellée se manifeste par une exsudation visqueuse et de saveur douçeâtre, qui couvre les feuilles des végétaux, principalement à leur surface supérieure. Lorsqu'on observe ce phénomène, on est vraiment tenté de croire que c'est une manne ou rosée miellée tombée du ciel, conformément à l'opinion populaire la plus générale. Il est évident toutefois qu'il n'en est pas ainsi, puisque certaines espèces de plantes présentent seules de la miellée, tandis que les plantes voisines en sont exemptes, de même que les corps inertes exposés comme elles à la chute des liquides qui seraient venus de l'atmosphère. Cette substance est donc certainement sortie du végétal lui-même sous forme de sécrétion produite par un état maladif particulier à la plante. On a dit que cette maladie était causée par un refroidissement subit de l'atmosphère ; en sorte qu'on voudrait assimiler ce cas à celui d'une répercussion dans la transpiration cutanée des animaux. Mais l'observation des faits n'est nullement favorable à cette opinion ; et lorsqu'on examine avec attention les circonstances dans lesquelles la miellée se manifeste, on trouve bien plus de probabilité dans l'opinion générale des habitants de la campagne, qui attribuent l'invasion de la maladie à l'influence de certains brouillards dans la saison chaude de l'année.

Les féveroles sont fréquemment attaquées de la miellée, et ensuite les feuilles et les tiges se couvrent d'une poussière brune qui a beaucoup d'analogie avec la rouille du froment. Des effets semblables se manifestent fréquemment sur le houblon. Dans ces deux plantes, la fructification est entièrement, arrêtée par l'invasion de la maladie ; et les récoltes souvent presque nulles sur les plantes qui en ont été attaquées. Parmi les céréales, c'est le froment qui est le plus fréquemment attaqué de la rouille : il paraît vraisemblable que cette maladie est ici, comme sur les houblons, les féveroles, etc., précédée par la miellée, qui est beaucoup moins apparente sur les feuilles des céréales. Mais elle est bientôt remplacée par la présence sur les feuilles, les tiges et les épis, d'une poussière dont la couleur est d'abord celle de l'oxyde de fer, à laquelle cette maladie doit le nom qu'elle porte, mais qui passe bientôt au brun noirâtre. Les naturalistes ont cru reconnaître dans cette poussière une plante cryptogame ou espèce de champignon, à laquelle ils ont donné le nom d'*uredo*. Elle est répandue inégalement sous formes de pointes ou de taches sur la surface des plantes ; sa couleur tourne bientôt au gris foncé et noirâtre, ce qui donne en masse à la récolte qui en est attaquée une teinte enfumée très-facilement reconnaissable, même lorsqu'on observe un champ vu d'une assez grande distance. Les blés blancs en sont attaqués beaucoup plus fréquemment que les rouges, et ceux-ci plus que les gros blés ou blés à barbe. L'épeautre ou froment à balles adhérentes aux grains m'a paru en être attaquée plus facilement qu'aucune autre variété. C'est dans les lieux bas et humides, sur les prairies récemment rompues, et sur les sols doués d'un excès de fertilité par l'abondance et la nature des engrais, que la rouille cause le plus de ravages; mais la température atmosphérique y exerce aussi beaucoup d'influence : dans certains étés très-pluvieux, peu de récoltes de froment en sont totalement exemptes, et celles qui sont défavorablement situées sont presque toujours complétement détruites par cette maladie dans ces circonstances. En effet, les grains produits par les épis rouillés sont toujours petits, retraits, et ne contiennent que peu de farine; et lorsque la maladie est portée à un certain degré d'intensité, non-seulement les grains n'ont aucune valeur, mais la paille même n'est plus propre à servir de nourriture au bétail : elle est couverte d'une poussière noire abondante, et elle se brise entre les doigts comme si elle était altérée par la putréfaction.

On ne connait aucun remède à cette maladie, et les cultivateurs n'ont d'autre moyen de diminuer les dommages qu'elle peut causer, qu'en évitant d'ensemencer en froment les terrains où ils savent que cette plante courrait trop de risque par cette cause; ou du moins on ne doit y placer que du gros blé à épis barbus. Le seigle n'est pas sujet à la rouille, et l'on croit même généralement que sa présence sert de préservatif au froment qui lui est associé sous forme de méteil. Je n'ai pas eu occasion de vérifier cette assertion ; mais elle doit être fondée, du moins jusqu'à un certain point, car c'est une opinion qui se retrouve chez les cultivateurs de plusieurs cantons fort éloignés les uns des autres. Une opinion fort générale aussi dans beaucoup de pays, relativement à la rouille, est que la présence de *l'épine-vinette* dans les haies qui bordent les pièces de terre favorise singulièrement le développement de la maladie sur les froments. Pendant longtemps les savants sont restés incrédules en présence de cette assertion qu'ils ne pouvaient expliquer ; mais des faits si nombreux sont venus la confirmer, qu'il n'est plus guère permis d'élever de doute sur ce sujet. Comme l'épine-vinette est d'ailleurs un arbuste de très-peu de valeur, il est prudent de le détruire dans les haies qui avoisinent les pièces de terres arables.

La rouille fait en Angleterre, dans les récoltes de froment, des ravages encore plus fréquents et plus funestes qu'en France, à cause de l'humidité du climat dans cette contrée ; et l'on trouve, dans plusieurs écrivains anglais, qu'on doit se hâter de couper le froment aussitôt qu'on reconnaît qu'il en est atteint, et dans quelque état que soit alors le grain, parce qu'on sauve au moins la paille, et que le grain continue de grossir dans les javelles qu'on laisse répandues sur le terrain, tandis qu'il ne fait plus que dépérir lorsque les tiges restent debout. J'ai essayé quelquefois ce moyen extrême sur de petits espaces ; mais j'ai reconnu que les parties que j'avais laissé venir en maturité, ont donné le plus souvent une proportion de bons grains assez considérable pour rendre la coupe prématurée peu profitable, à moins que les grains, au moment de l'apparition de la rouille, n'eussent atteint leur grosseur, et n'eussent une consistance ferme ; car, dans ce dernier cas, on peut couper la céréale sans inconvénients. Mais si on la coupe lorsque le grain est encore en lait, on ne peut obtenir qu'un misérable produit.

DEUXIÈME PARTIE

DEUXIÈME PARTIE

DE LA RÉCOLTE ET DE LA CONSERVATION DES PRODUITS

CHAPITRE I

RÉCOLTE DES CÉRÉALES

PREMIÈRE SECTION

Des divers moyens employés pour la coupe des céréales

Diverses méthodes sont employées pour couper les céréales et en opérer la récolte. La plus commune consiste dans l'emploi de la faucille, dont la forme et le poids varient cependant selon les cantons. Ce procédé est vraiment celui qui se plie le mieux aux exigences de tous les états de la récolte ; et comme il procure du travail et des salaires à presque toutes les populations des campagnes, on ne peut désirer qu'il soit abandonné comme pratique générale d'agriculture. Pourtant, il est des cantons où la population serait insuffisante pour opérer en temps convenable la coupe de toutes les récoltes de céréales à l'aide de la faucille. On y supplée le plus souvent par l'emploi de la faux, qui présente l'avantage particulier d'une grande célérité, mais qui ne peut occuper que des ouvriers robustes et exercés à ce genre de travail. Dans beaucoup de cantons, on trouve aussi à la faux l'avantage de couper les tiges plus près de terre, et par conséquent d'accroître la quantité de paille dans le produit de la récolte. Cette observation ne peut, au reste, s'appliquer qu'à la pratique négligée des pays où les moissonneurs coupent fort haut la paille avec la faucille ; mais on peut fort bien couper avec cet instrument presque aussi près de terre qu'avec la faux, comme cela a lieu dans d'autres cantons.

La faux que l'on emploie à la coupe des céréales est, selon les usages des diverses localités, soit garnie d'un *engeray* ou ratelot, soit garnie d'une simple baguette, soit entièrement nue. L'engeray est formé de trois dents ou baguettes un peu moins longues que la lame de la faux et ayant la même courbure, et qui sont assemblées entre elles par un montant en bois fixé sur le manche près du talon de la lame. Les trois baguettes sont placées parallèlement entre elles et avec la lame de la faux au-dessus du rebord extérieur de cette dernière, et elles sont diversement écartées entre elles de manière à donner plus ou moins de hauteur à l'engeray, selon qu'il est destiné à fonctionner dans des céréales plus ou moins élevées. Le montant sur lequel s'assemblent les traverses est soutenu dans sa position par un arc-boutant dont l'extrémité inférieure vient se fixer à une distance suffisante sur le manche de la faux. L'écartement des trois baguettes est en outre ordinairement maintenu par une traverse parallèle au montant, qui les réunit entre elles vers le milieu de leur longueur. Le tout est fait en bois mince et d'une construction légère. La faux nue est entièrement semblable à celle que l'on emploie pour le fauchage des prairies. La baguette que l'on y ajoute dans quelques cantons pour le fauchage des céréales, est fixée par une de ses extrémités au manche de la faux près du talon de la lame; elle se replie ensuite en arrière pour venir se fixer par l'autre extrémité sur le même manche, à 50 centimètres (18 pouces environ) de distance du talon de la lame. La baguette forme ainsi au-dessus de cette partie du manche un cintre plus ou moins élevé qui soutient les tiges de ce côté, à mesure que la faux les coupe, et qui les force à aller tomber assez régulièrement placées à la gauche du faucheur.

Diverses pratiques sont employées aussi pour faire usage de la faux munie d'un engeray ou d'une baguette; quelquefois on fauche *en dedans*, c'est-à-dire que le faucheur travaille ayant à sa gauche la récolte encore debout : en sorte que les tiges, à mesure qu'il les coupe, ne sont pas couchées sur la terre, mais viennent s'appuyer contre la partie de la récolte qui n'est pas encore coupée. Une femme qui le suit prend les tiges dans cette position, et les réunit en javelles qu'elle repose sur le terrain derrière le faucheur. C'est surtout aux récoltes fortes et élevées, spécialement au froment et au seigle, que l'on applique ce procédé. Lorsqu'on fauche *en dehors*, comme on le fait généralement

pour l'avoine et l'orge, et quelquefois aussi pour le fro
ment, le faucheur travaille au contraire en laissant à sa
droite la récolte encore debout; et à chaque coup de faux,
il dépose sur le sol, couchées à sa gauche, les tiges qu'il
vient de couper. Les ouvriers de quelques cantons, qui
manient l'engeray avec beaucoup d'adresse, disposent très-
régulièrement le froment le plus élevé à l'aide d'un tour
de main particulier exécuté à la fin de chaque trait de
faux, en sorte que la releveuse, qui peut ne pas le suivre
immédiatement, comme cela est nécessaire dans le premier
procédé, en fait presque sans travail des javelles régulières. Lorsqu'on emploie la faux nue, c'est toujours en dehors que l'on fauche; et les tiges sont déposées en *andains*
qui n'ont pas autant de régularité que dans les deux méthodes précédentes. Cependant, lorsque les deux releveuses
sont exercées à ce genre de travail, elles forment assez
facilement de ces andains des javelles passablement régulières.

Une autre méthode pour la coupe des céréales consiste
dans l'emploi d'un instrument nommé *sape* ou *piquet*, et
dont l'usage semble particulier aux moissonneurs de la
Flandre. L'instrument est une petite lame de faux armée
d'un manche court en bois et que l'ouvrier manie de la
main droite presque sans se baisser, tandis qu'il tient de la
main gauche un crochet léger en fer, à l'aide duquel il
saisit les tiges du froment qui viennent d'être sapées et
avant qu'elles soient tombées à terre pour en former des
javelles. L'ouvrier, employant ainsi ses deux mains, s'aide
encore de l'action du genou par un mouvement que l'on

ne pourrait faire comprendre par une description. Cette opération s'appelle *saper* ou *piqueter*; et les piqueteurs ou sapeurs flamands qui se répandent chaque année dans quelques parties du royaume pour y faire les travaux de la moisson, sont des ouvriers dont on ne peut se lasser d'admirer la dextérité dans ce genre de travail.

Il est certain que par aucune autre méthode on ne peut disposer les grains en javelles aussi régulières que par l'emploi de la faucille, ce qui permet d'en faire des gerbes où les tiges et les épis sont placés symétriquement; et c'est une considération assez importante pour la perfection du battage. Il se perd moins d'épis restés sur le sol dans des récoltes faucillées que par toute autre méthode. Quant à l'égrenage des épis, quelques personnes craignent beaucoup cet inconvénient dans l'emploi de la faux; mais c'est une erreur : il ne tombe pas plus de grains en fauchant qu'en faucillant. L'usage de la faucille peut s'appliquer à tous les états des récoltes; et des grains décidément versés ne peuvent être coupés que par cet instrument. Il en est de même des récoltes infestées à un certain point de quelques plantes hautes et rameuses qui s'attachent par leurs vrilles aux tiges du froment, par exemple une espèce d'ers (*ervum hirsutum*), qui, dans certains sols, désole quelquefois les cultivateurs par son abondance dans les froments. La main du moissonneur est alors indispensable pour détacher la poignée des tiges qu'il vient de couper du reste de la récolte, auquel elle est encore adhérente par les ramifications des plantes parasites.

La faux munie de l'engeray ne fonctionne convenablement que dans les blés forts et bien debout, par conséquent dans les terrains très-fertiles mais où cependant la récolte n'est pas versée. Dans les sols où la paille, sans se verser, est sujette à s'entremêler, parce que quelques brins ne se soutiennent pas aussi droits que les autres, l'engeray fait une mauvaise besogne, et l'on réussit mieux avec la faux nue ou armée d'une baguette. Les piqueteurs coupent assez bien les froments appuyés ou entremêlés, mais non pas ceux qui sont tout à fait versés. Les avoines et les orges se coupent généralement bien avec la faux armée d'un engeray ou de la baguette. Je ne crois pas que l'on y emploie la faux nue ; mais pour le froment, elle peut être employée avec succès dans des récoltes appuyées ou entremélées, où l'engeray fonctionnerait mal. Comme on trouve partout des ouvriers accoutumés au fauchage des prairies, c'est par l'emploi de la faux nue que l'on pourrait le plus facilement se tirer d'embarras pour la coupe des froments, dans des circonstances où les bras viendraient à manquer. Dans cette méthode, tout dépend de l'adresse des releveuses ; et il importe, lorsqu'on veut l'employer, d'accoutumer des ouvrières à relever promptement les andains, ce qui dépend d'un certain tour de main que l'habitude seule peut faire acquérir : la releveuse saisit de son bras gauche et soulève dans l'andain une certaine portion de tiges, pendant qu'elle détache les épis de cette portion du reste de l'andain, en glissant sa main droite entre les deux. Elle réunit alors cette portion à une autre, en égalisant autant que possible l'extrémité inférieure des tiges, et en forme ainsi une nouvelle brassée qu'elle grossit successivement par le même moyen, jusqu'à ce qu'elle en ait assez pour former une javelle qu'elle dépose sur le sol. Lorsque les ouvrières y sont accoutumées, on peut vraiment faire un aussi bon travail par ce moyen qu'en employant l'engeray ou baguette.

La coupe du grain à la faucille est la plus coûteuse de toutes ; car un faucilleur habile et robuste peut difficilement couper une surface de vingt ares de froment par jour, dans une récolte un peu forte et serrée. Les femmes ne font guère en général que la moitié de cette surface. Le prix du faucillage, qui se paie presque partout à la tâche, varie dans diverses localités de 10 à 18 fr. par hectare pour le froment, et de 8 à 12 ou 15 fr. pour l'avoine et l'orge. Un faucheur coupe dans beaucoup de cas de 50 à 80 ares par jour, selon la nature des récoltes. Aussi, quoique sa journée se paie toujours plus cher que celle d'un faucilleur, et quoiqu'on doive y ajouter le salaire des releveuses, le fauchage est généralement moins cher que le faucillage. On a pour compensation dans ce dernier travail plus de perfection et de régularité dans la disposition des javelles et des gerbes, une certaine diminution dans la perte des épis, mais surtout l'avantage de donner de l'occupation à toute la population ; tandis que le fauchage est réservé aux ouvriers les plus robustes, le relevage ne procurant aux femmes que peu de travail. Quant au piquetage, il occupe à peu près un terme moyen entre le fauchage et le faucillage, relativement à l'étendue de terrain qu'un ouvrier peut couper dans un jour.

DEUXIÈME SECTION

Epoque de maturité, soin des javelles

Il n'est pas nécessaire que les grains des céréales soient parfaitement mûrs au moment où l'on coupe la récolte. Quelques personnes prétendent même que le froment est plus pesant, plus coulant à la main, et donne plus de farine, lorsqu'il a été coupé quelques jours avant sa complète maturité. Ce qui est certain, c'est qu'on évite par là une perte assez considérable qu'occasionne l'égrenage; surtout pour certaines espèces de froment et d'avoine dont les grains se détachent très-facilement de l'épi lorsqu'ils sont parfaitement mûrs. D'ailleurs, comme la moisson ne peut presque jamais s'exécuter en quelques jours, et qu'elle est souvent retardée par les mauvais temps, il est toujours prudent de la commencer le plus tôt qu'il est possible. Cependant il faudrait bien se garder d'exagérer le principe de la coupe prématurée des grains; et si on les moissonnait lorsqu'ils sont en lait ou encore très-mous, on n'obtiendrait que des grains retraits et de qualité inférieure. L'époque la plus favorable est celle où la paille a presque complétement perdu sa teinte verdâtre, et où les grains de la majeure partie des épis ne se laissent plus écraser en les pressant entre les doigts, mais où l'ongle s'imprime encore dans la substance du grain comme dans un morceau de cire.

Lorsque les grains sont ainsi coupés prématurément, ils

se détérioreraient infailliblement si on les liait immédiatement en gerbes ; mais il faut les laisser pendant quelques jours déposés en javelles sur le sol, en les retournant
une ou deux fois pendant cet intervalle, ou mieux encore
disposés en *meulons* comme je l'expliquerai tout à l'heure.
On ne doit lier les céréales que lorsque les grains sont
parfaitement durs, la paille très-sèche, et les herbes que
pouvaient contenir les javelles, presque aussi sèches que
la paille. Ce n'est que dans les saisons très-chaudes et
sèches, dans les récoltes exemptes d'herbes et parfaitement
mûres au moment de la coupe, que l'on peut se permettre
de lier les gerbes derrière les moissonneurs, surtout lorsqu'on fait de grosses gerbes, ou lorsqu'on veut entasser
immédiatement les petites. A plus forte raison ne doit-on
jamais lier en gerbes les javelles, quelque peu humides
qu'elles soient de pluie ou de rosée. Lorsque les grains
ont été mal rentrés sous ces divers rapports, la masse
s'échauffe et sue ; et même si l'humidité n'était pas suffisante pour occasionner une altération très-grave dans la
paille et dans les grains, du moins le grain perdrait sa belle
couleur claire et deviendrait raide et peu coulant à la main,
ce qui lui enlève une partie de sa valeur aux yeux des
acheteurs expérimentés.

Lorsque la température est favorable, c'est-à-dire
chaude et sèche à l'époque de la moisson, les opérations
marchent avec facilité ; mais le cultivateur ne doit pas perdre pour cela un seul instant l'occasion de mettre sa récolte en sûreté. Il doit déployer toute son énergie pour
accélérer autant qu'il le peut la besogne : car le temps peut

changer en un seul jour, et il éprouvera ensuite de grands embarras pour toute la partie de la récolte qui est encore sur terre. Une température à la fois pluvieuse, humide et chaude, est la circonstance la plus embarrassante pour le travail des moissons, parce que les grains coupés ne peuvent se sécher assez pour être liés ; et la germination, que favorisent l'humidité et la chaleur, ne tarde pas à se manifester dans les javelles. J'ai vu quelquefois des circonstances de température si désastreuses sous ce rapport, que les graines de froment germaient dans les épis encore debout, dans des récoltes qui n'étaient nullement versées ni même appuyées. Dans de telles circonstances, il est entièrement impossible que l'on se garantisse de toute perte lorsqu'on a à rentrer une récolte considérable ; mais le cultivateur actif, et qui sait employer avec intelligence les bras dont il dispose, n'éprouvera que bien rarement des accidents de ce genre ; et, dans une multitude de cas, il parviendra à rentrer ses récoltes en bon état, tandis que ses confrères éprouveront des pertes plus ou moins considérables par l'effet des intempéries.

Lorsque les grains sont en javelles, on ne doit pas épargner le travail pour retourner fréquemment ces dernières dans les temps pluvieux. Quand le temps est beau, c'est communément vers dix heures du matin qu'il convient de retourner les javelles, lorsque la rosée s'est dissipée et que le dessus des javelles est complétement desséché. Alors elles sont ordinairement sèches dans toutes leurs parties, trois ou quatre heures après, et on pourra les lier pourvu qu'elles ne contiennent pas d'herbes encore vertes.

Mais, dans les temps pluvieux, on ne peut plus fixer aucune heure pour ces travaux : toutes les fois que les javelles sont restées pendant environ deux jours dans une position, il faut nécessairement les retourner, parce qu'après cette opération, la paille et les épis étant plus soulevés se dessèchent plus facilement. On change alors les javelles de place, si la terre est plus ressuyée à côté qu'au lieu qu'elles occupaient. Cette opération est indispensable après chaque forte averse qui a foulé et tassé les javelles; car les épis, étant alors pressés contre la terre et quelquefois même recouverts de cette dernière par la chute de la pluie, se trouvent dans la circonstance qui favorise le plus puissamment la germination des grains. Souvent même on est forcé, dans cette circonstance, de retourner les javelles sans attendre que la partie supérieure soit sèche, lorsque le temps reste obstinément humide et chaud. En général, quand une récolte est dans cette position, ce n'est qu'en manœuvrant les javelles activement et à propos, que l'on peut se garantir des pertes qu'occasionne toujours la germination des grains.

Dans beaucoup de cantons, on paie à la tâche le travail nécessaire pour soigner les javelles et lier les gerbes, de même que le travail du faucillage et du fauchage; mais il est fort difficile d'exiger, dans cette combinaison, que le travail soit toujours fait à propos; car les moissonneurs n'ont ici d'autre intérêt que de lier les gerbes le plus tôt possible, et d'y employer le moins de travail qu'ils le peuvent. D'ailleurs, lorsque chaque famille de moissonneurs est chargée ainsi de lier les gerbes dans le billon qu'elle a

coupé, il est fort difficile de régler ce travail de manière
que les attelages ne perdent pas beaucoup de temps en
allant charger un petit nombre de gerbes çà et là dans l'é-
tendue d'une grande pièce de terre; parce qu'on n'obtiendra guère que les moissonneurs quittent leur travail au
moment où il le faudrait, pour que toutes les gerbes se
trouvent confectionnées à la fin sur les points où cela serait le plus commode pour le travail des chargements des
chariots. Aussi, tout cultivateur qui veut être maître de
son affaire, et qui connaît le prix de l'ordre et de la préci-
sion dans l'exécution des travaux, préférera former un
atelier à part composé d'hommes et de femmes payés à la
journée, pour exécuter tous les travaux de la moisson qui
suivent la coupe des grains; car pour cette dernière, c'est
incontestablement à la tâche qu'il est le plus convenable
de la faire exécuter, comme cela est d'usage partout. Il en
coûtera peut-être un peu plus cher pour faire exécuter les
autres travaux par des journaliers; mais cet excédant de
dépense sera amplement compensé par la sécurité que
ce moyen donnera, pour la rentrée des grains en bon
état. Au reste, là où il est d'usage de payer en nature,
c'est-à-dire par une portion du produit, le salaire des
ouvriers à tâche, il y aura presque toujours économie à
remplacer ce mode par un salaire en argent à la journée;
car lorsqu'on y regardera de près, on trouvera qu'il n'y a
pas de salaire plus coûteux pour les cultivateurs que ceux
qui se paient ainsi en nature. La difficulté de surveiller ou
de faire surveiller un atelier de journaliers est souvent le
motif qui détermine les cultivateurs à donner les travaux à

exécuter à la tâche. Mais pour les opérations qui exigent un soin particulier, et qui doivent être exécutées au moment précis, comme celles dont je parle ici, il est encore bien plus difficile d'établir une surveillance utile sur le travail fait à la tâche. Lorsqu'il s'agira de retourner des javelles plusieurs fois, toujours en temps convenable et avec les soins requis, lorsqu'il faudra choisir, dans une pièce de terre, les parties qui peuvent être actuellement liées en gerbes, soit parce que les javelles sont suffisamment sèches, soit parce qu'elles sont plus exemptes d'herbes que dans d'autres parties, rien ne sera plus difficile que d'exercer une surveillance efficace sur des ouvriers à la tâche travaillant par petits ateliers isolés. Par ce moyen, on pourra bien s'assurer que le travail sera fait, mais jamais qu'il sera bien fait; et c'est sur le marché, lorsqu'on y conduira son grain, qu'on trouvera la peine attachée à la mauvaise exécution des travaux de la moisson. C'est parce qu'on apporte généralement une grande négligence à ces opérations, que l'on trouve presque partout sur les marchés si peu de grains de belle qualité; et du froment mal rentré vaudra souvent deux ou trois francs par hectolitre de moins qu'il n'eût valu s'il eût été bien soigné. Le mauvais travail est donc ici comme toujours le plus cher de tous.

Lorsqu'on trouvera établi l'usage d'exécuter certains travaux à la tâche, on rencontrera toutefois beaucoup de difficultés à le déraciner : c'est un résultat que l'on ne doit chercher à atteindre qu'avec beaucoup de ménagement et de lenteur; car les habitants de la campagne ne croyant pas généralement qu'on puisse faire autrement qu'ils sont dans l'habitude de faire, on risquerait de les effaroucher gravement dans toutes les innovations brusques que l'on voudrait apporter aux opérations qui exigent le concours d'un grand nombre d'ouvriers, surtout lorsque ces changements touchent directement à leurs intérêts ; et pour tout ce qui se rapporte aux travaux des récoltes, il faut avant tout s'assurer du concours des bras dont on a besoin.

TROISIÈME SECTION

Divers procédés pour soigner les céréales sur le terrain après la coupe

On trouve établie de temps immémorial, dans quelques cantons, une pratique qui contribue essentiellement à la bonne conservation des grains, depuis l'instant où ils sont coupés jusqu'à leur rentrée dans la grange. Cette pratique consiste à disposer les tiges coupées en tas réguliers que l'on nomme *meulons, vilottes* ou *moyettes.* Lorsque ces tas sont convenablement exécutés, les grains s'y conservent fort bien pendant un mois, s'il est nécessaire, et même davantage, et sont à l'abri de presque toutes les intempéries. J'ai adopté cette méthode, que j'ai suivie pendant longtemps, et je lui ai trouvé des avantages incontestables ; cependant elle accroît la dépense de main-d'œuvre, et l'on peut considérer que le travail ordinairement nécessaire pour lier les gerbes est à peu près doublé par l'emploi de ce procédé; mais aussi on est dispensé de retourner les javelles. C'est principalement pour le froment et l'orge, lorsque cette dernière est haute, que l'on emploie le procédé des meulons, qui s'exécute comme je vais le décrire.

On choisit, pour l'emplacement de chaque meulon, un lieu sec et élevé dans le billon, au centre de l'espace qu'occupent les javelles qui doivent le composer. Un homme exercé à ce travail est chargé de dresser le meulon, et quatre femmes lui apportent les javelles à mesure qu'il les emploie. Quelques femmes actives et intelligentes sont très-propres à remplacer ici le chef ouvrier; mais il faut toujours qu'une personne seule arrange le meulon : sans cela il serait impossible d'obtenir une exécution convenable. On commence par placer sur la terre, au centre du lieu que doit occuper le meulon, une javelle dont on plie avec force les tiges vers la moitié de leur longueur, de manière que les épis placés par-dessus viennent se coucher à l'extrémité opposée de la paille. On dispose autour un rang de javelles placées circulairement de manière que tous les épis viennent reposer sur la javelle centrale, sans qu'aucun soit en contact avec la terre, les tiges formant une espèce d'éventail du centre à la circonférence où se trouve placée l'extrémité inférieure de toutes les tiges. On égalise avec soin l'extrémité extérieure des brins de cette couche, que je suppose présenter 8 centimètres (3 pouces) environ d'épaisseur, et qui forme un cercle d'un diamètre double de la longueur des tiges. Sur cette première couche on en dispose une seconde, puis d'autres ainsi successivement, en plaçant toujours les épis au centre, et en ayant soin d'égaliser et de tenir bien verticale la surface extérieure, qui est formée par l'extrémité inférieure de tous les brins de paille. Lorsqu'on a ainsi élevé le meulon jusqu'à 65 centimètres (2 pieds) environ de hauteur, on commence à en diminuer graduellement le diamètre, en avançant un peu les tiges des nouvelles couches vers le centre, de telle sorte que les épis se croisent toujours un peu davantage sur ce point. Par l'effet de cette superposition des épis, le centre du meulon s'élève plus facilement que la circonférence ; et lorsque cette dernière est arrivée à la hauteur qu'elle doit avoir, c'est-à-dire à 1 mètre 45 centimètres (4 pieds ou 4 pieds 1/2), le centre doit former un cône arrondi à son extrémité. L'inclinaison des tiges dans cette partie ne doit pas être assez forte pour que celles-ci puissent glisser vers l'extérieur, mais elle doit l'être assez pour que l'eau des pluies qui pourrait tomber sur la surface supérieure du meulon soit toujours ramenée vers la circonférence, en suivant les brins de paille dans l'épaisseur où elle aurait pu pénétrer. On complète le travail en recouvrant la pointe du meulon par une gerbe qu'on lie près de l'extrémité inférieure et que l'on renverse sur le centre du meulon, en arrangeant avec soin les brins de cette gerbe, de manière qu'ils couvrent également toutes les parties de la surface supérieure du meulon, mais principalement du côté d'où vient le plus communément la pluie.

Lorsqu'un meulon est bien exécuté, sa surface extérieure doit être unie, régulièrement conique, sans cavité ni retraite brusque des assises de la paille par où l'eau puisse s'insinuer, et les épis de la gerbe renversée viennent retomber près de l'extrémité inférieure des brins de paille de la dernière assise. Un tel meulon peut supporter de longues pluies sans en être pénétré à plus de 5 ou 6 centimètres (2 pouces) de profondeur; et lorsque le beau temps revient, cette partie est bientôt desséchée sans qu'on y touche. Cependant, après une forte averse, on fera bien de visiter tous les meulons; et s'il en est quelques-uns dans lesquels l'eau a pénétré au-dessous de la gerbe renversée qui forme le chapeau, on enlèvera ce chapeau par un beau temps, on le renversera sur la terre à côté du meulon, afin qu'il se sèche intérieurement, en même temps que le soleil et le vent dessécheront la surface supérieure du meulon. Le soir, ou à la première apparence de pluie, on remet le chapeau en place. Il arrive quelquefois aussi qu'un violent ouragan renverse les chapeaux, surtout lorsque les meulons viennent d'être faits et n'ont pas encore eu le temps de se tasser : on ne doit pas perdre alors de temps pour les remettre en place. J'ai eu souvent des meulons de froment et d'escourgeon exposés à des pluies presque continuelles pendant fort longtemps et qui ont été rentrés ensuite dans un état parfait; et je n'ai jamais eu de grains de plus belle qualité que ceux qui avaient été ainsi disposés en meulons. Tout le succès de l'opération dépend, au reste, de la régularité avec laquelle les meulons ont été exécutés. Dans la même pièce de terre où presque tous les meulons auront résisté aux plus fortes pluies, on trouvera percés à une grande profondeur par des gouttières ceux qui n'auraient pas été dressés avec des soins convenables. Aussi, lorsqu'on n'a pas d'ouvriers habitués à ce genre de travail, il est prudent de n'exécuter d'abord qu'un petit nombre de meulons, afin d'y dresser quelques ouvriers. Il ne faut d'ailleurs qu'un petit nombre de ces derniers, puisqu'on peut, comme je l'ai dit, employer à la confection des meulons des personnes entièrement inexpérimentées, excepté pour l'ouvrier qui est chargé de dresser le meulon. Avec trois ou quatre ouvriers de ce genre, que l'on fait servir chacun par quatre ou cinq femmes, on peut suffire à une moisson considérable.

Lorsqu'on a coupé les grains avant leur maturité complète, on peut les mettre en meulons immédiatement, pourvu qu'ils soient bien exempts d'eau de pluie ou de rosée, et pourvu que les javelles ne contiennent pas une trop grande proportion d'herbes vertes; et si ces herbes ne se rencontrent que dans le bas des tiges, comme c'est le cas pour le trèfle et la luzerne qui ont été semés avec le froment, elles se sèchent très-bien dans les meulons, parce qu'elles se trouvent placées à la circonférence. La maturité des grains s'achève parfaitement dans cette position. On met aussi immédiatement en meulons les grains qui ont été coupés entièrement mûrs, à moins qu'ils ne contiennent une très-grande quantité d'herbes vertes presque aussi hautes que la paille. Dans ce cas, il conviendrait d'attendre pour faire les meulons que ces herbes aient éprouvé un commencement de dessiccation. Si les javelles ont été surprises par la pluie sur le sol, on devra aussi attendre qu'elles soient ressuyées pour les mettre en meulons ; mais dans tous ces cas on pourra toujours de cette manière les mettre à l'abri des intempéries, bien avant qu'elles soient assez sèches pour qu'on puisse sans inconvénient les lier en gerbes.

Dans les pays où l'orge est destinée à la fabrication de la bière, c'est à cette récolte surtout qu'il convient d'appliquer la pratique des meulons : la belle couleur blanche de l'orge est une des qualités qui donnent le plus de valeur à ce grain aux yeux des brasseurs, parce qu'ils savent qu'elle est une garantie contre les altérations que le grain peut avoir éprouvées à la moisson, soit par l'effet des pluies qu'il aura reçues pendant qu'il était en javelles, soit par l'échauffement après l'entassement des gerbes. Dans tous ces cas, la couleur presque blanche de l'enveloppe des grains se change en une nuance jaune, qui prend une teinte rougeâtre lorsque l'altération est plus avancée. Les brasseurs expérimentés n'hésitent pas à payer 15 ou 20 pour 0/0 plus cher l'orge dont la couleur les satisfait. Dans les années pluvieuses, à l'époque de la moisson, il est fort difficile d'obtenir des récoltes d'orge de belle couleur ; mais on n'aura jamais d'orge plus blanche et plus coulante que celle qui aura été coupée un peu avant sa complète maturité, et qui aura été conservée en meulons, même pendant des pluies continuelles. On ne peut, au reste, mettre convenablement en meulons que l'orge dont les tiges sont un peu élevées.

Lorsqu'on veut lier en gerbes les grains disposés en meulons, on étend à côté d'un de ceux-ci une toile de 1 à 2 mètres (4 à 5 pieds) de largeur sur 2 à 3 mètres (8 à 9

pieds) de longueur, afin qu'on puisse y établir trois gerbes
à la fois. L'ouvrier lieur est aidé ici par quatre femmes, de
même qu'en élevant les meulons. Il pose trois liens sur la
toile, et les femmes apportent sur chacun d'eux par grosses
poignées la quantité de tiges nécessaires pour composer
une gerbe. L'ouvrier ne fait autre chose que de serrer et
nouer les liens, déplacer les gerbes à mesure qu'elles sont
liées, pour les mettre sur le sol à côté et étendre sur la
toile un nouveau lien à la place qu'occupait chaque gerbe
qu'il vient de lier. L'opération marche de cette manière avec
une grande promptitude et sans perte de grains. Chaque
lieur ainsi servi peut faire au moins mille gerbes dans sa
journée ; et en pays plat, si la distance n'est pas de plus
de 1 kilomètre ou 1 kilomètre 1/2, un fort cheval pourra
charrier cette quantité jusqu'à la grange, pourvu que l'on
ait un nombre suffisant de petits chariots pour que le
cheval n'attende jamais le déchargement, mais trouve à
son arrivée un chariot vide avec lequel il retourne immédiatement au champ. On charge les chariots d'environ cent
gerbes, si les chemins sont beaux. Chaque meulon de froment produit une trentaine de gerbes du poids de 10 à 15
kilogrammes, selon la longueur de la paille de la récolte.
Je suppose les gerbes faites avec des liens d'une double
longueur de paille de seigle. Afin de ne pas s'embarrasser
en transportant d'un meulon à l'autre les épis et les grains
qui sont tombés sur la toile, on emploie la gerbe qui avait
servi de chapeau à chaque meulon pour enfermer dans
son intérieur tous les débris tombés sur la toile. Cette
gerbe offre dans son centre, par la position qu'elle avait,

une cavité très-propre à cet usage ; et l'on y enferme tous ces débris, en réunissant les brins qui composent cette gerbe du côté des épis et en les assujettissant là par un second lien.

Selon les cantons, on emploie pour les gerbes des liens de diverses espèces. Quelquefois ce sont des brins de bois souples et pliants ; mais il résulte souvent de cet usage des abus très-pernicieux pour la conservation des forêts, car on ne peut guère éviter que les brins les plus droits et les mieux venants ne soient constamment coupés pour cet usage dans les taillis. Là où l'on fait de très-petites gerbes, on emploie ordinairement pour les lier une petite poignée de brins pris dans la gerbe même ; mais on ne peut éviter la perte de beaucoup de grains en serrant et nouant ces liens. Le plus communément, on emploie des liens composés de deux longueurs de paille de seigle préalablement battu, et que l'on noue en réunissant les extrémités supérieures des deux parties de la poignée. On se sert ici de préférence de paille de seigle, non-seulement parce qu'elle est généralement plus longue que celle du froment, mais aussi parce que la récolte en étant faite plus tôt, on a le temps de battre ou plutôt de chauber, comme je l'ai expliqué en parlant de la préparation des semences, la paille dont on a besoin pour lier les gerbes du froment et des autres céréales. Toutefois, cette opération est assez embarrassante et coûteuse dans une grande exploitation, parce que c'est à l'époque où les bras sont rares et chers, qu'il faut employer beaucoup de temps pour chauber et peigner la paille et faire les liens : il serait bien à désirer que l'on

trouvât un moyen plus commode et plus économique pour
préparer les liens de gerbes. J'ai entendu vanter par quelques propriétaires de la Normandie une pratique qui y est
suivie dans certains cantons, et qui consiste à employer
à cet usage du chanvre que chaque fermier cultive dans ce
but. Les liens se font avec les tiges du chanvre de même
qu'avec la paille de seigle; mais comme le premier est plus
nerveux et moins cassant, ces liens durent pendant plusieurs années, et l'on a soin de conserver à cet effet les
liens, à mesure qu'on bat les gerbes. Il suffit, dit-on, de
remplacer chaque année le quart ou le cinquième de la
totalité des liens.

On ne doit en général lier les gerbes, surtout lorsqu'on
les fait grosses, que lorsque le grain est en état d'être rentré; cependant il arrive souvent, par l'effet de diverses
causes, que l'on est forcé de laisser momentanément séjourner dans les champs des gerbes déjà liées. On doit
alors les disposer convenablement pour que la pluie ne les
pénètre pas; car, si cela arrive, la dessiccation est fort difficile. Quelquefois on en place plusieurs debout serrées les
unes contre les autres, et on couvre leur sommet par une
gerbe renversée en forme de chapeau. La méthode qui
m'a paru la plus efficace pour garantir les gerbes des intempéries est celle que je pratique depuis fort longtemps,
et qui consiste à placer douze gerbes en croix, en les recouvrant d'une treizième en forme de chapeau. Ces croix
s'établissent de la manière suivante : on couche d'abord,
sur une partie élevée du billon, deux gerbes disposées sur
la même ligne dont les gros bouts des gerbes forment les

extrémités, pendant que les épis d'une des gerbes couvrent
ceux de l'autre. On dispose deux autres gerbes de même,
en croix sur les deux premières ; c'est-à-dire que la ligne
qu'elles forment croise la première au milieu de sa longueur, en sorte que les épis des quatre gerbes se trouvent
placées au centre de cette croix, les épis de la dernière
gerbe placée recouvrant ceux des trois autres. On place
ensuite deux gerbes couchées sur les deux de la première
ligne et disposées entièrement de même ; ensuite deux autres au-dessus des gerbes de la seconde ligne, puis deux
autres paires de gerbes successivement au-dessus de celles
qui forment les deux lignes. Douze gerbes sont ainsi placées, formant quatre croisillons composés chacun de trois
gerbes superposées exactement les unes aux autres. On
recouvre le tout d'une treizième gerbe renversée en forme
de chapeau sur le centre de la croix où sont réunis tous
les épis des douze gerbes. Il importe de croiser suffisamment les épis des quatre premières gerbes dont on forme
la croix, pour que celle-ci étant terminée, les quatre gerbes se trouvent un peu plus élevées vers le centre de la
croix qu'à leur extrémité, afin que l'eau des pluies ne
tende pas à s'écouler vers le centre. Si l'on a joint à cette
précaution celle de placer la seconde et la troisième gerbe
de chaque croisillon exactement au-dessus de la première,
de grandes pluies ne peuvent pénétrer dans l'intérieur des
gerbes ainsi disposées ; et il faut peu de temps pour que
leur extérieur se dessèche, lorsqu'il a été mouillé. Les
grands vents ont d'ailleurs très-peu de prise sur ces croix.

QUATRIÈME SECTION

Battage et conservation

Lorsqu'on n'opère pas immédiatement le battage des céréales, comme cela se pratique dans les pays méridionaux, on loge les gerbes dans des granges ou dans des meules. L'usage de ces dernières offre une économie importante dans la construction des bâtiments ; et les grains se conservent fort bien dans des meules convenablement exécutées, mieux même que dans les granges, puisqu'ils y sont plus à l'abri des dégâts des souris et des rats. Mais la construction des meules exige beaucoup d'habitude et de soins de la part des ouvriers qu'on y emploie : il n'y a rien de pire qu'une meule mal exécutée, car elle donnera vraisemblablement naissance à de graves avaries. Aussi, lorsqu'on voudra introduire la construction des meules de grains dans un canton ou l'on n'en connait pas l'usage, il sera prudent de faire venir des lieux où l'on construit bien ces meules un ouvrier expérimenté, dans les soins duquel on puisse placer une entière confiance. En Angleterre, on construit fréquemment les meules de grains sur des plates-formes en charpente, que l'on élève sur des piliers en fonte combinés de manière à prévenir l'accès des animaux rongeurs. Des meules ainsi construites sont souvent conservées sans altération pendant plusieurs années.

Quant à la dépense, c'est seulement pour la première mise de fonds que l'on peut trouver de l'économie dans l'usage des meules; car, si l'on calcule la dépense qu'entraînent chaque année la construction et la couverture en chaume de ces dernières, on trouvera que ces sommes dépassent, dans la plupart des cas, l'intérêt du capital que l'on aura placé en construction de grange ; et il est certain que ces dernières donnent bien plus de sécurité pour la rentrée des gerbes, lorsque la saison est pluvieuse. Pendant qu'on décharge la voiture à couvert dans les granges, on est souvent dans un grand embarras pour éviter qu'une meule ne soit mouillée par les pluies avant que la construction soit terminée, ou avant qu'elle soit couverte de manière à la mettre en sûreté. Les meules à toit mobile, par lesquelles on a voulu remédier à cet inconvénient, sont une mauvaise construction qui exige beaucoup de solidité et dont l'usage est incommode.

La bonne conservation des gerbes dans les granges dépend beaucoup des soins avec lesquels on y dispose les gerbes : elles doivent être arrangées avec soin une à une, dans toute la masse du *tesseau*, de manière qu'elles ne laissent entre elles aucun vide. Par ce soin, on peut loger un bien grand nombre de gerbes dans la même capacité ; mais aussi on prévient autant que possible les altérations, car c'est toujours dans les vides où l'air peut avoir accès, que se manifeste la moisissure, lorsque les gerbes n'ont pas été rentrées suffisamment sèches. C'est donc une pratique très-vicieuse que de vouloir favoriser la dessiccation de la masse, en pratiquant soit dans les meules, soit dans les tesseaux des granges, des cheminées ou courants d'air, par des fagots que l'on y interpose ou par tout autre moyen. Il est certain que la bonne conservation des gerbes dans les meules est due, en grande partie, à la nécessité où l'on est de disposer avec beaucoup de soin toutes les gerbes pour assurer la solidité de la masse sur tous les points. C'est aussi par ces motifs que les souris se logent très-difficilement dans ces masses, où elles ne trouvent pas d'interstices pour pénétrer. Il est donc fort utile de prendre les mêmes soins dans la construction des tesseaux des granges, quoique cela ne soit pas nécessaire pour la solidité, puisque la masse est soutenue de tous côtés par les murailles. Au reste, il est encore plus important dans les granges que dans les meules de veiller scrupuleusement à ce que les gerbes soient parfaitement sèches au moment où on les entasse, parce qu'un peu d'humidité se dissipe plus facilement dans les meules, dont toutes les faces sont exposées à l'air. Toute la partie conique des meules doit être couverte soigneusement en paille, par un procédé analogue à celui dont on fait usage pour la construction des toitures en chaume.

Sous les climats méridionaux, l'usage est de battre les grains en plein air immédiatement après la récolte. Quelquefois, ce battage s'opère à bras à l'aide de fléaux; le plus souvent, c'est en faisant piétiner les gerbes déliées par les pieds des chevaux ou des mulets sur une aire circulaire disposée à cet effet, opération qu'on appelle *dépiquer* les grains. Dans quelques cantons, on remplace ce piétinement par l'action du rouleau en pierre, dont la forme varie. Toutes ces opérations offrent, dans les grandes exploitations, le grave inconvénient de forcer à les exécuter dans une saison où les bras sont rares et le travail coûteux ; et lorsqu'il survient des orages pendant qu'on les exécute, il en résulte souvent des avaries dans les produits en grain ou en paille. Dans les pays méridionaux, la paille est bien plus nutritive que dans le nord, et forme une partie importante de la nourriture des bestiaux ; à mesure que ces derniers se multiplient, on comprend combien il importerait de pouvoir leur distribuer pendant l'hiver de la paille fraîchement battue, qui leur est bien plus agréable que celle qui a été longtemps entassée après le battage. On ne peut d'ailleurs dans la méthode actuelle tirer qu'un très-faible profit des balles du froment, qui forment une ressource très-importante pour la nourriture du bétail, lorsqu'on les obtient à mesure des besoins par des battages successifs. Enfin, les divers modes de dépiquage sont non-seulement très-imparfaits, parce qu'ils laissent une proportion importante des grains dans les épis, mais ils sont fort coûteux : il résulte des calculs établis par un grand nombre de cultivateurs, que l'opération revient généralement à environ deux francs par hectolitre de froment. On conçoit que ces méthodes se soient introduites, à une époque reculée, dans les pays où les circonstances atmosphériques y mettent rarement obstacle, lorsque les récoltes de céréales étaient de peu d'importance, parce qu'une partie seulement du sol était mise en culture. Mais aujourd'hui, les cultivateurs éclairés en sentent vivement les inconvénients. Il est donc vraisemblable que ces méthodes seront changées

dans nos départements du midi à mesure que l'art agricole
y fera des progrès.

Le fléau est presque exclusivement employé pour le
battage des grains dans les pays où ce travail s'opère à
l'intérieur des habitations, presque toujours dans le cours
de l'hiver qui suit la récolte. Selon les localités, on emploie
des fléaux plus ou moins pesants, avec lesquels les batteurs
frappent à coups plus ou moins précipités. Il ne parait pas
que l'une ou l'autre de ces méthodes offre des avantages
décidés sur les autres ; et il serait bien rarement utile d'essayer de changer sous ce rapport la pratique à laquelle
sont accoutumés les ouvriers du canton qu'on habite ; mais
il est essentiel d'exercer sur eux une surveillance très-
active, pour qu'ils laissent dans les épis le moins de grains
qu'il est possible ; car ils peuvent accroître sensiblement le
rendement de la journée en battant imparfaitement un
plus grand nombre de gerbes. Le battage s'exécute presque toujours à la tâche, et le plus souvent le salaire des
ouvriers consiste en une portion déterminée du grain qu'ils
ont battu et nettoyé. Dans quelques cantons, les batteurs
reçoivent la dix-huitième mesure, quelquefois la vingtième,
plus souvent la quatorzième ou seizième. Cela peut varier,
au reste, selon le rendement des gerbes ; car les ouvriers
exigent une plus forte proportion lorsqu'elles rendent peu,
le travail étant le même dans tous les cas pour un cent
de gerbes. Quatre ouvriers robustes, travaillant depuis
deux heures du matin jusque vers deux heures de l'après-
midi, usage assez généralement adopté pour les travaux
des granges, battent communément 180 gerbes de froment

du poids de 10 à 15 kilogrammes, selon la longueur de la paille, et qui rendent de 6 à 10 hectolitres de grain, selon la grenaison. Il résulte de renseignements pris dans un grand nombre de localités que, d'après les prix moyens du froment, la dépense du battage de ce grain au fléau peut s'élever de 80 cent. à 1 fr. 20 cent. par hectolitre.

La machine à battre, dont l'invention est due à l'Ecossais Meikle, et dont l'usage est général en Angleterre depuis fort longtemps, n'a été introduite en France que vers 1822; mais elle est déjà répandue dans plusieurs de nos départements, et elle ne peut manquer de se propager à mesure que l'agriculture fera plus de progrès en France. Il est certain toutefois que cette machine offre encore un plus haut degré d'intérêt pour l'agriculture britannique, où les exploitations sont en général étendues, que pour beaucoup de localités en France, où la propriété est plus divisée. Cette considération explique l'espèce d'enthousiasme avec lequel a été accueillie cette invention, que les agriculteurs anglais ont souvent regardée comme comparable, sous le rapport de l'importance, à l'invention de la charrue. En effet, non-seulement les petites exploitations ne peuvent souvent pas supporter la dépense qu'entraîne l'établissement d'une machine à battre; mais si l'on y en établit de petites que l'on regarde comme mieux appropriées à leurs besoins, on perd en grande partie les avantages de la machine à battre, car le travail des grandes machines est toujours plus profitable que celui des petites, comme je l'ai expliqué en parlant de cette machine dans le chapitre des instruments. On trouvera là aussi l'indication des résultats les plus importants du travail des machines à battre.

Dans les localités où les machines de ce genre ne sont pas encore introduites, on éprouve beaucoup de difficultés, non-seulement pour obtenir une bonne construction de la machine et pour faire exécuter les réparations qu'elle exige, mais aussi pour obtenir des valets les soins de détail sans lesquels le battage est mauvais, et qui peuvent seuls assurer la conservation d'une machine mue par un puissant moteur, et dont le mouvement est très-accéléré. On comprend facilement en effet que dans de telles circonstances, un très-léger défaut de soin peut occasionner de graves accidents. Pour se garantir autant qu'il est possible de ces inconvénients, il est indispensable que le même homme soit toujours chargé de la conduite de la machine dans une exploitation; et cet homme doit avoir entièrement sous ses ordres, pendant l'opération, tous les ouvriers qui concourent au travail, ainsi que l'attelage que forme le moteur. Si cet homme a été bien choisi, c'est-à-dire s'il est intelligent et naturellement soigneux, il arrivera bientôt, sans être mécanicien, à connaître le jeu de toutes les parties de la machine, ainsi que les précautions de détail qui sont nécessaires pour qu'elles fonctionnent convenablement. Mais je ne conseillerais à aucun cultivateur de songer à établir chez lui une machine à battre, s'il n'est lui-même disposé à faire une étude spéciale de la construction de cette machine et des soins qu'elle exige pour sa conduite, et s'il ne se détermine pas à surveiller assidûment ce travail, du moins dans les commencements; car ce n'est qu'à ces conditions qu'il peut être en état d'apprécier, non-seulement la

perfection ou les défauts de la machine dont il fait l'acquisi-
tion, mais aussi les soins et l'intelligence que met à la conduire l'homme qu'il en a chargé. En général, il n'y aura
d'opérations bien conduites dans une exploitation rurale que
celles que le maître connaît bien lui-même ; mais cette vérité s'applique surtout aux pratiques nouvelles ou à l'action
des nouveaux instruments qu'il veut introduire chez lui ; et
cela devient bien plus important encore, lorsqu'il est question de l'introduction d'une machine dont le travail sort
entièrement du cercle des habitudes de tous les agents de
la culture.

Lorsque les grains sont battus, on doit les transporter
immédiatement sur le plancher d'un grenier, sans les laisser séjourner dans des sacs, même pour un petit nombre
de jours. Les couches que l'on en forme peuvent être plus
ou moins épaisses, selon l'état de dessiccation du grain.
S'il est encore humide ou tendre, les couches ne doivent
avoir que quelques centimètres d'épaisseur, et on doit les
remuer, en les changeant de place, deux ou trois fois par
semaine dans les premiers temps. Quoique les grains paraissent parfaitement secs après le battage, ils ne peuvent
encore être placés sans danger de fermentation en couches de plus de 25 à 40 centimètres (10 à 12 pouces) d'é-
paisseur ; et pendant les premiers mois on devra remuer
ces couches, d'abord chaque semaine, puis à des plus longs
intervalles de deux ou trois mois, à moins qu'il ne s'y manifeste des traces d'insectes, comme les charançons, les
alucites ou la teigne. Dans ces derniers cas, ce n'est qu'en
remuant et en criblant très-fréquemment les grains que l'on

peut affaiblir du moins le ravage de ces insectes. Dans les exploitations bien soignées, on n'épargne pas le travail sur les greniers pour bien nettoyer, cribler et ventiler les grains, à l'aide des tarares, des cribles, des cylindres en fil de fer, etc., dont la construction varie quelque peu selon les localités. Il importe beaucoup, toutefois, que l'on se procure les instruments de ce genre les plus parfaits ; car l'accroissement du prix que l'on peut obtenir, sur les marchés, des grains bien nettoyés, compense toujours amplement les dépenses que l'on a faites en instruments et en main-d'œuvre pour atteindre à cette perfection.

On a proposé divers moyens pour éloigner des greniers les insectes qui attaquent les grains ; mais la plupart de ces moyens méritent peu de confiance. On ne doit compter en aucune manière, par exemple, sur l'efficacité de l'emploi des substances végétales qui répandent des odeurs fortes. On peut bien faire périr, au moyen de l'acide sulfureux, tous les charançons qui seront vivants dans un tas de froment. On fait usage pour cela d'un tonneau dans lequel on fait brûler une mèche soufrée, comme le font les tonneliers ; on emplit ensuite de grain le tonneau à l'aide d'un entonnoir ; on le vide, et l'on recommence en soufrant le tonneau de nouveau. Il est certain que ce moyen ferait également périr les alucites et les teignes, soit à l'état de larves, soit à l'état d'insectes parfaits, car l'acide sulfureux tue instantanément tous les insectes. Mais il est vraisemblable que les œufs non encore éclos ne périraient pas ; pour que la destruction fût complète, il faudrait recommencer l'opération quelque temps après, lorsque les œufs seraient éclos, et les insectes à l'état de larves, mais avant qu'aucun d'eux n'ait passé à l'état d'insecte parfait, seul état dans lequel ces animaux puissent se reproduire. On ne doit pratiquer cette opération que dans un lieu très-aéré, parce que le gaz sulfureux qui sort du tonneau à mesure que ce dernier s'emplit de grains incommoderait vivement les ouvriers, s'il n'était entraîné par un courant d'air. Le grain conserve une odeur de soufre sensible après cette opération ; mais cette odeur se dissipe bientôt, si l'on remue fréquemment le tas de grain.

Lorsque des greniers sont infestés de charançons, on éprouve beaucoup de peine à les en débarrasser. On doit, pour y parvenir, faire enduire ou crépir de nouveau les murailles, et remanier les planchers inférieurs et supérieurs, afin de supprimer tous les joints, fissures ou crevasses dans lesquelles ces insectes trouvent une retraite. Il est fort utile, par ce motif, que les planchers supérieurs soient plafonnés ou enduits de plâtre, dans les greniers destinés à contenir du froment ; mais on doit éviter avec grand soin d'établir à cet effet un plancher sur les traverses, comme on le fait pour les appartements, car l'intervalle entre les deux planchers forme une retraite trop commode pour les rats et les souris. Les plafonds des greniers doivent donc être exécutés comme l'étaient il y a un siècle ceux des habitations, c'est-à-dire en laissant apparentes par-dessous dans toute leur épaisseur les traverses revêtues de plâtre. On peut faire périr tous les charançons qui se trouvent dans un grenier, en y faisant brûler du soufre après avoir fermé exactement les croisées et toutes les autres issues, et en prenant les précautions convenables pour écarter tout danger d'incendie. On laisse les greniers pendant une journée entièrement clos. Cette opération ne peut être complétement efficace qu'en supposant que le grenier est entièrement vide ; car s'il contenait du froment, même en petite quantité, les œufs des insectes que pourraient contenir les grains reproduiraient bientôt le mal.

CHAPITRE II

RÉCOLTE DES FOURRAGES

PREMIÈRE SECTION

Du fauchage

J'exposerai dans un chapitre spécial les soins à donner aux prairies naturelles, et je traiterai à part, dans la culture, des diverses plantes qui peuvent composer les prairies artificielles; mais je vais réunir ici tout ce qui se rapporte à la récolte des fourrages secs de diverses espèces. Cette récolte est une des plus importantes opérations d'une exploitation rurale, et elle exige beaucoup de soins et d'activité, parce qu'il n'en est aucune où des pertes considérables résultent plus facilement de la négligence ou des fautes commises dans la conduite des travaux. Le cultivateur doit donc, aux approches de cette récolte, y porter toute son attention, faire nettoyer d'avance les fenils, en réparer les toitures, si cela est nécessaire, mettre en état les chariots et les équipages de transport du foin, observer fréquemment l'état des prairies, afin de saisir le moment le plus opportun d'y mettre la faux, et s'assurer à l'avance d'un nombre suffisant de faucheurs, de manouvriers et de faneuses, pour que les travaux n'éprouvent pas de retards et soient toujours conduits avec activité.

L'époque la plus favorable pour le fauchage des prairies naturelles peut varier, selon le but que l'on a en vue : dans les prairies qui ne donnent qu'une seule coupe, il est bon d'attendre que la majeure partie des meilleures plantes qui composent la prairie soit en pleine floraison, car en fauchant plus tôt, il peut y avoir quelque chose à perdre sur la quantité du fourrage; mais on ne doit pas passer cette époque, car on perdrait beaucoup alors sur la qualité. Là où l'on peut raisonnablement compter sur une seconde coupe ou regain, il convient ordinairement de devancer cette époque d'une huitaine de jours : on obtiendra ainsi un fourrage de meilleure qualité, et ce que l'on pourra perdre sur la quantité sera compensé par un excédant dans la coupe suivante. L'époque de la pleine floraison des herbes des prairies arrive généralement dans le nord de la France, du 15 au 25 juin, mais elle peut être avancée d'une huitaine de jours ou retardée d'autant par les circonstances atmosphériques du printemps et du commencement de l'été.

On est souvent fort embarrassé pour fixer l'époque de la seconde coupe des prairies non arrosées, dans les années où les pluies sont survenues un peu tard après une saison sèche qui a suivi la première coupe. L'herbe pousse fort vite dans ce cas; et l'on peut voir de beaux regains dans des prairies d'un sol fertile qui auront été desséchées et comme brûlées par le soleil après la première coupe,

mais qui auront été détrempées par des pluies abondantes
du 10 au 15 août. Mais alors la coupe du regain est nécessairement tardive, et il devient si difficile d'en opérer la
dessiccation dans les journées courtes et souvent humides
de l'automne, qu'il convient souvent de mettre la faux
dans la prairie à une époque où l'on pourrait espérer que
la quantité de l'herbe pourrait encore s'accroître sensiblement. Dans nos climats, lorsque la coupe du regain dépasse le 10 ou le 15 septembre, la dessiccation de la
récolte est soumise à de périlleuses casualités, et la dessiccation est fort lente, même dans les beaux jours.

Pour les prairies artificielles, l'époque du fauchage ne
se règle pas entièrement de même que pour les prés naturels : le sainfoin doit se couper lorsqu'il est en pleine floraison, et avant la maturité des semences les plus avancées. Pour la luzerne, la floraison n'est pas un indice
certain de l'époque convenable pour le fauchage; car dans
beaucoup de circonstances, lorsque la luzerne ne montre
encore qu'un petit nombre de fleurs, ou même n'en montre pas du tout, on remarque que la croissance des plantes
s'arrête; et, si on les observe avec attention, on trouve que
les tiges se dégarnissent de leurs feuilles par le bas et sur
une partie de leur longueur, ou que les plantes poussent
de nouveaux jets du collet des racines. Quelquefois aussi,
pour les coupes à la fin de l'été, les feuilles des plantes
sont piquées, c'est-à-dire présentent des points noirs qui
indiquent une suspension de leur végétation. Dans tous ces
cas, on ne peut que perdre à retarder la coupe; et les
plantes repousseront vigoureusement après le fanage, si la

saison le permet encore, tandis qu'elles n'eussent aucune-
ment profité, si l'on eût laissé les anciennes tiges debout.

Le trèfle doit se couper lorsque les plantes sont en
pleine floraison; cependant, lorsqu'il arrive que la récolte
est versée et que les feuilles inférieures jaunissent et tombent, on ne doit pas retarder la fauchaison. Dans les vesces, la floraison dure pendant fort longtemps; et les premières siliques sont souvent déjà mûres, lorsque les tiges
s'allongent encore et produisent de nouvelles fleurs. Si la
récolte n'est pas trop fortement couchée, il convient d'attendre pour faucher que les premières siliques approchent
de la maturité. La dessiccation sera plus facile et le fourrage plus abondant et plus substantiel. Quant aux prairies
artificielles composées d'une seule espèce de graminées,
comme celles que l'on forme de ray-grass d'Italie, de fro-
mental, de dactyle pelotonné, etc., on doit les couper de
très-bonne heure, aussitôt que les épis ou panicules sont
bien développés et que la floraison commence; sans cela
on n'en obtient qu'un fourrage dur et de qualité inférieure.

Dans tout ceci, au reste, les circonstances atmosphériques du moment viennent se combiner avec l'état de maturité des plantes, pour fixer la détermination du cultivateur relativement à l'époque où il lui convient d'opérer la
coupe de ses prairies. Aucune circonstance n'est plus fâcheuse que la persistance des pluies pendant la durée de
la fenaison. Il est donc des cas où le cultivateur expérimenté retarde le fauchage, quoique la récolte soit en état
d'être coupée; mais il faut bien se garder alors de laisser

s'échapper de beaux jours que l'on ne retrouvera peut-être plus ensuite.

Les faucheurs emploient, suivant les localités, des faux dont la lame est plus ou moins longue, et il y aurait presque toujours beaucoup d'inconvénients à essayer de changer sous ce rapport les habitudes des ouvriers qu'on emploie. Pour chaque faucheur, le meilleur outil est celui qu'il est accoutumé à manier ; et il ne faut pas croire que l'on expédie beaucoup plus d'ouvrage avec une faux longue qu'avec une faux courte. D'ailleurs, le plus important ici n'est pas de faire faucher dans la journée d'un ouvrier la plus grande étendue de prairie ; mais c'est d'obtenir qu'il la fauche bien, c'est-à-dire également et le plus près de terre qu'il est possible ; car 3 centimètres (1 pouce) de longueur de l'herbe à sa base représente une bien plus grande masse de fourrages que la même longueur à 35 centimètres (1 pied) de hauteur. Cette considération est encore bien plus importante dans les récoltes très-courtes, comme le sont souvent les regains : dans ce cas, un faucheur négligent ou inhabile peut facilement laisser perdre par sa faute un tiers ou un quart de la récolte. Le fauchage ne peut être bon si l'ouvrier prend un andain trop large, comme sont disposés à le faire ceux qui travaillent à la tâche, car alors l'herbe est coupée très-imparfaitement à l'extrémité gauche de l'andain, où se termine le coup de faux. On ne reconnaît cette imperfection qu'en détournant l'herbe de l'andain qui couvre précisément la ligne sur laquelle la faux n'a pu raser près de terre.

Le fauchage s'exécute généralement à tâche : cette méthode est bonne, pourvu qu'on surveille exactement le travail des ouvriers ; cependant, l'emploi des faucheurs à la journée présente aussi quelques avantages particuliers, car on obtient plus facilement ainsi une bonne exécution ; et dans des cas pressants, on peut faire quitter aux faucheurs leur travail pour les employer aux autres travaux de la fenaison. Dans les prairies naturelles bien garnies, mais où l'herbe n'est pas roulée ou versée, un faucheur robuste coupe ordinairement de 30 à 40 ares dans sa journée ; il n'en fait pas davantage dans les regains, même lorsqu'ils sont fort courts, parce que le travail y exige plus de soins ; mais dans les trèfles et les luzernes, un homme fauche communément de 40 à 60 ares, à moins que l'état de la récolte ne présente des difficultés particulières.

DEUXIÈME SECTION

Du fanage

Pour le fanage des premières coupes dans les prairies naturelles, on calcule généralement que l'atelier doit être composé d'un nombre de femmes quadruple de celui des faucheurs, pour que le travail marche avec régularité, sans retard et sans interruption pendant plusieurs jours consécutifs. Si les ouvrières sont très-actives et dirigées avec intelligence, on pourrait diminuer un peu ce nombre, et le réduire à trois femmes par faucheur ; cependant, comme la bonne qualité du foin dépend essentiellement de l'à-propos avec lequel sont exécutées les diverses opérations de cet atelier, on fera toujours bien, lorsqu'on le pourra, de l'établir plutôt au-dessus qu'au-dessous du nombre rigoureusement nécessaire. Un homme intelligent, actif et très-expérimenté, doit être placé à la tête de cet atelier. Dans ce nombre de faneuses je ne comprends pas les ouvriers nécessaires pour charger les voitures, décharger et arranger le foin sur les meules ou dans les granges. Cet atelier doit être composé d'hommes robustes et actifs et presqu'en nombre supérieur à celui des faucheurs, si la récolte est abondante.

Les instruments dont se servent les faneuses sont la fourche et le râteau. La fourche est simplement un brin naturellement bifurqué que l'on coupe dans les taillis de six ou huit ans, et auquel on enlève son écorce. On laisse aux *fourchons* une longueur de 27 à 35 centimètres (10 à 12 pouces) ; la longueur totale de la fourche est d'environ 1 mètre 60 centimètres (5 pieds). Les râteaux les plus commodes pour le fanage sont ceux dont la tête est assemblée obliquement avec le manche, parce que l'ouvrière, râtelant devant elle, peut tirer à volonté le foin de sa droite ou de sa gauche à une assez grande distance, sans aucune gêne dans ses mouvements. Je ne pense pas qu'on puisse construire d'instrument plus convenable et plus économique pour ce service, que ceux qui se fabriquent en très-grand nombre dans les Vosges et qui se distribuent dans les départements environnants. On en trouvera la figure à la fin de ce volume.

Ces râteaux sont fort légers et fonctionnent très-bien. Le manche est en sapin, long de 1 mètre 60 centimètres (5 pieds) ; la tête se fait d'un bois qui ne se fende pas facilement : les meilleurs sont en hêtre. Cette tête à 50 centimètres (20 pouces) de longueur, et porte au milieu de cette longueur une mortaise oblique dans laquelle s'assemble l'extrémité du manche, taillé en forme de tenon. L'obliquité est maintenue au moyen de deux chevilles formant arc-boutants et qui s'assemblent dans le manche et dans la tête, du côté de l'angle aigu, qui est de 50 à 60 degrés. Le morceau qui forme la tête du râteau a environ 3 centimètres (1 pouce) d'équarrissage vers le milieu de sa longueur et va en s'amincissant un peu vers les extrémités, mais en conservant toujours la même largeur prise sur les deux faces où sont implantées les dents. Ces dents sont de simples chevilles en bois de 9 millimètres (4 lignes) de diamètre qui sont fixées dans des trous percés dans la tête du râteau, et qui sont distantes entre elles de 5 centimètres (2 pouces). Ces chevilles, ordinairement au nombre de treize, ont 14 centimètres (5 pouces) de longueur, et dépassent d'une égale longueur des deux côtés la tête du râteau, en sorte qu'elles présentent un double rang de dents de 5 centimètres (2 pouces) de longeur, 2 ou 3 centimètres (1 pouce) environ de la longeur de la cheville étant noyés dans le bois de la tête. L'ouvrière peut ainsi travailler indifféremment à sa droite ou à sa gauche, en conservant la même obliquité à la tête du râteau. Les dents se font ordinairement en bois de saule très-sec. Celle du milieu sert de cheville pour consolider le tenon du manche dans la mortaise de la tête. Il n'entre aucune partie de fer dans toute cette construction; et ces râteaux coûtent de trois à quatre francs la douzaine, selon le soin avec lequel ils sont exécutés. Chaque faneuse doit être munie de sa fourche et de son râteau.

Dans les cantons où l'on attache de l'importance à faire du foin de bonne qualité, le fanage s'exécute d'une manière méthodique. Je vais décrire le procédé que mon expérience me fait considérer comme le plus propre à la préparation du foin de bonne qualité: ce que je vais dire ne se rapporte qu'au foin des prairies naturelles; je parlerai ensuite de celui des prairies artificielles.

Aucun travail de fanage ne se fait le matin avant que la rosée ne soit entièrement dissipée. Alors, c'est-à-dire vers huit heures, on étend, le premier jour du fanage, tous les andains fauchés dans la journée de la veille, ainsi que ceux qui l'ont été le matin de ce jour; toute l'herbe fauchée après huit ou neuf heures restant en andains pour être étendue le lendemain. On retourne une fois avant midi l'herbe ainsi étendue; on la retourne encore deux fois dans l'après-midi; et le soir, avant que la rosée ne monte, on met l'herbe en chevrottes ou en petits tas, selon l'état de dessiccation où elle se trouve. Les chevrottes sont formées de la quantité d'herbe qui peut produire 5 ou 6 livres de foin; et 4 ou 5 chevrottes forment un petit tas. En principe général, on réunit le foin en tas plus ou moins gros, à mesure que sa dessiccation est plus avancée; et on ne met en chevrottes que celui qui, à cause de la nature des herbes ou de leur abondance, ou à cause de l'état de l'atmosphère, n'a perdu dans la première journée qu'une petite partie de son eau de végétation. Le travail de cette journée n'exige pas que l'atelier soit complet, puisqu'on n'a pas encore à s'occuper du foin de plusieurs journées.

Pour retourner le foin étendu sur terre, les ouvrières se placent l'une derrière l'autre en ligne diagonale : la première, se plaçant par exemple à droite de la pièce, s'avance le long de ce côté, en jetant un peu à sa droite le foin qui se trouve devant elle, comme si elle voulait débarrasser le sentier dans lequel elle va passer ; celle qui la suit à quelques pas de distance prend à côté une seconde bande de foin, qu'elle jette en la retournant sur l'espace qui vient d'être découvert par la première, et de même pour toutes les autres ; en sorte que l'opération marche fort régulièrement, et que sur toute la surface de la prairie, aucune portion d'herbe ne reste sans avoir été déplacée. Cette opération se fait avec la fourche, si l'herbe est longue, et avec le râteau si elle est courte et rare. Lorsque la récolte est très-claire ou l'herbe très-courte, comme cela arrive dans les prés secs ou pour les secondes coupes, le râteau laisserait perdre beaucoup de brins de foin aussi clair-semés. Alors, au moment où l'on étend les andains, on réunit l'herbe en la concentrant avec le râteau sur des espaces circonscrits, assez étendus néanmoins pour que la dessiccation puisse bien s'opérer.

Le second jour, vers huit heures, on étend de même qu'on l'a fait la veille tous les andains fauchés jusqu'à ce moment ; ensuite on étend les chevrottes, puis les tas. Dès

que cette opération est terminée, on commence à retourner la première herbe étendue, puis successivement tout
le reste. On recommence ainsi dans le même ordre cette
opération pendant toute la journée, jusque vers quatre
heures du soir. Plus souvent on retourne le foin, plus
promptement il se sèche. Dans les temps chauds et secs,
surtout s'il fait du vent, le foin des andains étendus la
veille est ordinairement bon à être rentré dans l'après-
midi de cette seconde journée. S'il n'est pas suffisamment
sec, il le sera du moins presque toujours assez pour pouvoir être mis en gros tas, c'est-à-dire en tas dont trois ou
quatre forment la charge d'un chariot à un cheval. S'il
n'était qu'aux trois quarts sec, on le mettrait en moyens
tas dont huit à neuf forment la charge d'un chariot. Le
foin des andains étendus le matin sera mis le soir en
chevrottes ou en petits tas, selon l'état de la dessiccation.

Le troisième jour et les jours suivants, les opérations
sont les mêmes que dans le second, à la réserve des gros
ou moyens tas, s'il en existe, que l'on étend toujours les
derniers dans la matinée. Le foin qui était en moyens tas
n'a besoin communément que d'être étendu sur un espace assez resserré autour de la place qu'occupait le tas,
et retourné une fois ou deux dans le milieu du jour pour
pouvoir être chargé ou mis en gros tas. Quant au foin qui
a passé la nuit en gros tas, il ne faut ordinairement qu'ouvrir et élargir ces derniers sans étendre complétement le
foin, pour qu'il soit bientôt suffisamment sec. Les gros tas
peuvent même rester pendant plusieurs jours en cet état,
et la dessiccation du foin s'y achève par l'effet de la fer-

mentation insensible qui s'y opère. Si ces tas ont été faits avec soin, le foin y est à peu près aussi en sûreté contre les pluies que s'il était logé dans le fenil.

On doit mettre une grande attention dans la construction des tas de toute dimension ; et c'est par là que l'on pèche le plus généralement dans le travail des fenaisons, excepté dans quelques cantons où ces opérations sont particulièrement bien entendues. C'est principalement de la manière dont les tas sont construits que dépend le salut du foin, quand le temps devient pluvieux ; car on trouvera dans une prairie que les tas mal exécutés ont été pénétrés par la pluie jusqu'au centre, tandis que l'eau a glissé sur la surface de ceux qui avaient été bien faits, et n'a pénétré qu'une épaisseur de quelques centimètres qui se desséchera ensuite promptement sans qu'on y touche.

Les tas doivent être régulièrement coniques, en forme de pain de sucre, sans s'incliner d'un côté ou de l'autre, et sans que leur surface présente dans aucune partie des retraites ou des enfoncements par où l'eau pénètre toujours. On ne doit donner à la base, selon la hauteur du tas, que le diamètre nécessaire pour que ce dernier soit bien solide, et que les vents ne puissent le renverser. Toutes les parties du tas, mais surtout le pourtour, doivent être tassées uniformément depuis la base jusqu'au sommet. Il est nécessaire de tasser ainsi fortement le foin en construisant le tas, parce qu'il se tasserait ensuite de lui-même, surtout s'il survient de la pluie, en sorte que le tas prendrait une forme aplatie et serait facilement pénétré par l'eau. Ainsi, si le tas est trop élevé pour que l'ouvrier qui le construit puisse tasser le foin avec les bras en restant à terre, il doit monter sur le tas et y arranger et tasser le foin, à mesure que d'autres ouvriers le lui donnent. Lorsque le tas est presque terminé, on en peigne avec soin la surface extérieure avec le râteau, et l'on place sur le sommet le foin que l'on a fait tomber par cette opération, ainsi que celui qui provient du râtelage soigné que l'on exécute aux environs du tas. Le tout est tassé comme le reste au sommet, et l'ouvrier n'en descend que lorsque le tas est complétement terminé. Dans une grande fenaison, le chef des travaux doit surveiller et diriger la construction de tous les tas, sans s'attacher lui-même à en construire quelques-uns, pendant que tous les autres seront mal exécutés.

Le fanage méthodique que j'ai décrit suppose que le temps reste constamment au beau; mais s'il est pluvieux ou incertain, il faut bien faire plier la régularité des opérations aux exigences du moment. On doit alors se proposer comme règle invariable qu'il ne se trouve jamais de foin étendu sur terre lorsque la pluie survient, non plus que pendant la nuit, même par les beaux temps. Toute herbe fauchée, doit être, dans ces deux circonstances, en andains, en chevrottes, ou en tas plus ou moins gros, selon l'état de sa dessiccation. Si le foin a été surpris une seule fois par la pluie, étendu sur le sol, il perdra beaucoup de la belle couleur verte et de l'arome qui caractérisent le foin de bonne qualité. Il y a néanmoins ici une considération qu'il importe de ne pas perdre de vue : l'eau des pluies nuit d'autant plus à la bonne qualité du foin, qu'il était déjà

plus avancé dans sa dessiccation. Tant que l'herbe conserve encore ses sucs et en quelque sorte sa vie, l'eau ne
fait que glisser sur sa surface; tandis qu'elle en pénètre
toute la substance comme une éponge, lorsqu'elle était
déjà presque sèche. En cas de pluie imprévue, c'est donc
toujours le foin le plus avancé dans sa dessiccation qu'il
faut se hâter de soustraire à son influence en le mettant
en tas. L'herbe, tant qu'elle est en andains, souffre peu de
l'action des pluies même prolongées; mais, au bout de
trois ou quatre jours, elle commence ordinairement à
jaunir dans le dessous des andains, qui est privé du contact
de l'air. On doit alors retourner les andains avec le
manche du râteau en les faisant changer de place, mais
sans déranger la disposition de l'herbe dans l'andain. Après
une forte averse qui a battu et collé les andains contre le
sol, on se contente de les soulever avec le manche du
râteau, sans les déranger et sans les changer de place. Si
les chevrottes ont été pénétrées par l'eau de la pluie, on
laisse d'abord bien se dessécher le dessus, puis on les
retourne sans les étendre, si la pluie est encore menaçante.

Dans les temps incertains, on se garde bien d'étendre
les tas petits ou gros, mais on les visite souvent; et s'il s'y
manifeste une trop forte chaleur, ou si l'on craint qu'ils
ne contractent intérieurement de la moisissure, on les démonte pour les reformer immédiatement, en s'efforçant
de saisir pour cette opération un instant où l'extérieur du
tas est ressuyé, afin d'éviter de renfermer dans l'intérieur
l'humidité que contenaient ses parties. On suspend le fau-

chage, lorsqu'on a sur terre les andains de vingt-quatre heures de travail ; car quoique l'herbe coure peu de risque par l'effet de la pluie dans ces andains, il se trouverait qu'on en aurait une trop grande quantité à manœuvrer au moment où le retour du beau temps permettra de reprendre les opérations du fanage : on ne doit jamais avoir à la fois sur terre que la quantité de foin que l'on peut cultiver avec perfection et mettre en tas promptement, si les circonstances l'exigent, à l'aide de l'atelier dont on dispose. On profite de tous les intervalles de beau temps pour cultiver le foin des andains que l'on a étendus, pour étendre momentanément les petits tas, afin d'en former ensuite de moyens, si la dessiccation est suffisamment avancée ; et l'on s'efforcera d'obtenir par les mêmes moyens, dans le foin qui compose ces derniers, une dessiccation suffisante pour qu'on puisse le mettre en gros tas, qu'on laisse subsister jusqu'à ce qu'il soit possible de les rentrer. Sans doute il est des saisons tellement défavorables, qu'il est impossible au cultivateur le plus soigneux d'obtenir du foin d'excellente qualité, surtout dans la saison avancée où doivent se faner les secondes coupes ; mais si l'on conduit toutes les opérations avec activité et discernement, on n'aura presque jamais de foin gâté, et l'on pourra rentrer des fourrages de très-bonne qualité dans les circonstances où les cultivateurs négligents, ou trop parcimonieux sur l'emploi des bras, n'obtiendront que des fourrages avariés, de peu de valeur sur les marchés, ou nuisibles à la santé de leurs bestiaux.

Dans les saisons très-sèches et très-chaudes, on a à

craindre un inconvénient opposé, si le foin n'est pas cultivé convenablement; car s'il reste pendant trop longtemps étendu sur le sol, il se dessèche avec excès et perd une grande partie de son arome; et s'il n'est pas retourné à-propos, le foin fait n'aura pas cette égalité de couleur qui constitue un de ses principaux mérites aux yeux des connaisseurs. Il est quelques prés bas et marécageux qui font entièrement exception relativement à la manière de traiter le foin qui en provient : ce foin, dans lequel dominent les carex, les canches et autres herbes de cette nature, est toujours de médiocre qualité; mais les bestiaux le mangent plus volontiers, et il devient plus salubre, lorsque l'herbe a été mouillée, même assez longtemps, pendant sa dessiccation. Aussi laisse-t-on cette herbe sur le sol pendant huit jours ou même davantage, après que les andains ont été étendus et l'on aime qu'il survienne quelques pluies dans cet intervalle. Ensuite on met les andains en tas par un beau temps, avant qu'ils soient parfaitement secs, et on laisse la fermentation s'y manifester avant de rentrer le foin.

Le foin des prairies artificielles de graminées se traite entièrement de même que celui des prairies naturelles. Mais pour celui des prairies artificielles composées de légumineuses, comme le trèfle, la luzerne, le sainfoin, les vesces, etc., le traitement doit être dirigé tout autrement. Les feuilles, qui sont la partie la plus précieuse de ces végétaux, se détachent très-facilement dans le fanage et restent perdues sur le sol en s'échappant entre les dents du râteau, tandis que les feuilles longues des graminées, se

pelotonnant entre elles, se laissent facilement amasser par
cet instrument : pour éviter cette perte, on ne doit jamais
étendre sur le sol les légumineuses après le fauchage,
mais procéder à leur dessiccation en les laissant constamment en andains, en chevrottes, ou en tas plus ou moins
gros, selon l'état de dessiccation où le foin se trouve.
Ainsi, on laissera en andains pendant un, deux ou trois
jours, selon les circonstances, l'herbe fauchée; et lorsque
les andains seront desséchés à peu près à moitié de leur
épaisseur, on les retournera sans les étendre, ou on en
formera des chevrottes qu'on laissera encore pendant un
jour ou deux, pour en former des tas petits ou moyens,
selon que la dessiccation sera plus ou moins avancée.

Les petits tas seront vraisemblablement assez secs après
une couple de jours pour être mis en gros tas. Quand
même on trouverait que le foin des andains ou des chevrottes semble très-sec, comme cela arrive par des temps
très-chauds et venteux, on ne devra jamais le rentrer
sans l'avoir mis en tas, qu'on laisse subsister pendant
quelques jours. Il arrive presque toujours alors que les
feuilles, qui se brisaient sous les doigts ou sous le râteau
au moment où l'on a mis le foin en tas, reprennent de
l'humidité peu de temps après, parce que les tiges grosses
et charnues de ces plantes n'étaient pas sèches jusqu'au
cœur; et l'humidité qu'elles contenaient se communique
aux autres parties, lorsque la masse a été tassée pendant
quelque temps. Si le foin eût été rentré en cet état, il
n'eût pu se bien conserver; mais l'humidité surabondante,
lorsqu'elle n'est pas trop considérable, se dissipe dans

l'espace de quelques jours, par l'effet de la chaleur modérée que produit la fermentation dans une masse de
faibles dimensions où les gaz qui se dégagent trouvent
promptement leur issue à l'extérieur. Lorsqu'on juge que
le foin d'un tas qui a ainsi subsisté pendant vingt-quatre
heures au moins est suffisamment sec pour être rentré,
on peut être assuré qu'il n'y a pas d'illusion, et que l'intérieur des tiges n'est pas plus humide que les feuilles et
les parties extérieures qui se mettent les premières en
contact avec la main de l'observateur. La dessiccation des
fourrages de cette espèce s'opérant en grande partie
pendant qu'ils sont en tas, il est encore plus important
que pour le foin des prairies naturelles, d'établir ces
tas avec les soins que j'ai indiqués.

Pour le foin de toutes les espèces, il est fort important
de saisir le degré de dessiccation convenable pour le
rentrer. Cette dessiccation ne doit pas être complète, car
alors il ne pourrait plus s'opérer aucune fermentation dans
la masse ; et cette fermentation est toujours utile pour la
bonne qualité des fourrages, lorsqu'elle est modérée et ne
produit qu'un degré de chaleur peu élevé. D'ailleurs, pour
les légumineuses, on ne peut éviter de perdre beaucoup
de feuilles dans le chargement et le déchargement, lorsque la dessiccation est poussée au point extrême. Lorsqu'on saisit une poignée de foin, il ne doit présenter
aucune humidité ; mais il doit conserver encore une
certaine souplesse. L'habitude apprend bientôt à juger
de cet état : c'est un point sur lequel un chef d'exploitation doit diriger particulièrement son attention et sa

surveillance, afin d'éviter que l'on ne rentre du fourrage trop sec ou trop humide. Ce dernier excès est toutefois de beaucoup le plus nuisible; il suffit que quelques voitures aient été rentrées trop humides, pour que la masse de fourrage dans laquelle on les a placées participe bientôt à l'humidité qui tend à s'en dégager, et pour que sa conservation soit compromise.

Dès qu'on charrie le foin sec, il est nécessaire d'avoir dans le fenil ou sur la meule un atelier suffisant pour que le déchargement s'opère avec promptitude, et pour que le foin soit à mesure transporté et distribué dans les diverses parties du local et convenablement tassé. Cet atelier doit être composé d'hommes robustes; car ce travail est fort pénible, et il importe beaucoup qu'il soit exécuté avec soin. Pour un travail régulier, il faut que tous les ateliers soient dans un rapport exact entre eux, c'est-à-dire que les chargeurs, les déchargeurs, les attelages employés, ainsi que les faucheurs et les faneuses, soient en nombre suffisant dans chaque atelier pour que tout marche avec ordre, sans qu'il y ait engorgement dans aucune partie du service, et sans perte de temps pour personne. C'est principalement au discernement avec lequel il distribue ses moyens d'action dans une circonstance de cette nature, que l'on reconnaît le cultivateur judicieux et actif; car l'activité consiste surtout à savoir bien employer ses forces. Partout on trouve des bandes nombreuses d'ouvriers employés aux travaux des fenaisons; mais, si l'on y regarde de près, on reconnaîtra combien il est rare que cette population ouvrière soit distribuée et dirigée de

manière à exécuter la plus grande masse de travail possible avec un nombre donné de bras et d'attelages. On
ne doit employer au chargement des voitures que des
hommes très-exercés à ce genre de travail; car un bon
chargeur place sur un chariot un bien plus grande quantité de foin, et puis une voiture mal chargée court grand
risque de se renverser avant d'arriver au fenil.

TROISIÈME SECTION

Conservation des fourrages

On loge le foin soit dans des meules, soit dans des fenils, qui sont ou des greniers placés au-dessus des étables,
ou des granges spécialement destinées à cet usage. L'épargne des frais de construction des bâtiments est le principal
motif que l'on puisse faire valoir en faveur du système des
meules; mais si l'on calcule ce qu'il en coûte chaque année en frais de construction des meules, et surtout pour
l'établissement de la toiture en paille qui doit les couvrir,
on trouvera que cette dépense dépasse de beaucoup l'intérêt du capital employé à la construction des fenils et les
frais d'entretien de ces bâtiments. Quelquefois, il est vrai,
on diminue la dépense de construction des meules en se
dispensant de les couvrir en paille; mais on éprouve alors
un dommage bien plus important par la perte d'une masse
considérable de fourrages qui compose toute la couche

extérieure, nécessairement avariée par l'effet des intempéries auxquelles la meule est exposée.

D'ailleurs, dans les temps incertains, et même pendant les pluies, à l'aide de dispositions convenables, on peut décharger dans des fenils les voitures qui ont été chargées du foin des tas formés dans la prairie, ou que l'on a rentrées par le beau temps, tandis que l'on n'ose pas travailler aux meules tant que la pluie est menaçante ; et s'il survient un orage pendant qu'on les construit, on ne peut guère éviter d'avoir beaucoup de foin mouillé. On a dit, en faveur des meules, que le foin que l'on conserve ainsi est de meilleure qualité que celui qui l'a été dans des fenils ; mais cela vient uniquement de ce que l'on est forcé de tasser très-également dans toutes ses parties le foin qui forme les meules ; car sans cela ces dernières n'auraient aucune solidité. Mais, pour le foin qu'on loge dans les fenils, on ne prend guère cette peine, et l'on se contente de le jeter négligemment dans le fenil, sans prendre soin de l'étendre uniformément par couches dans toute l'étendue du fenil, et de tasser avec égalité tous les points de chaque couche. Si on veut le disposer ainsi avec précaution, on verra qu'il se conservera encore mieux et pendant plus longtemps dans les granges que dans les meules. On construit quelquefois des meules de forme ronde, mais plus souvent en forme de carré long, en orientant la meule de manière qu'un des petits côtés se trouve exposé au sud-ouest, d'où viennent généralement les pluies. Pour la consommation, on entame la meule par l'autre extrémité, en la coupant verticalement à l'aide d'une hache. Au reste, dans les cantons où l'usage des meules n'est pas connu, les cultivateurs qui voudront l'introduire feront bien de s'adjoindre un ouvrier habitué à ce genre d'opération, car ils risqueraient d'éprouver de grandes pertes, s'ils voulaient se livrer à des constructions d'après des descriptions toujours très-imparfaites pour une opération de cette nature.

Pour les fénils placés au-dessus des étables, il existe une cause particulière de détérioration du foin : c'est la pénétration dans la masse des vapeurs qui se dégagent des étables. On s'en préserve à l'aide de bons planchers, et en entretenant les *couvres* dans le pourtour des greniers, car c'est principalement par là que s'introduisent les vapeurs des étables. Rien n'est moins judicieux que de chercher à introduire dans les masses de foins des courants d'air, à l'aide de diverses dispositions que l'on a souvent recommandées dans ce but. On doit au contraire s'efforcer de tenir la masse, autant qu'il est possible, à l'abri du contact de l'air pendant la durée de la fermentation du foin, en tenant fermés les volets et toutes les issues du fenil. Si la fermentation développe une chaleur un peu considérable, les parties extérieures s'humecteront, et se dessécheront ensuite, par l'effet de la chaleur elle-même, tandis que la moisissure s'y manifestera dans les parties qui auront été en contact avec l'air. Cet inconvénient est moins à craindre dans les meules, parce que l'air étant entièrement libre, et constamment renouvelé sur les surfaces extérieures, enlève promptement l'humidité ; mais dans les fénils, ou dans les ouvertures qu'on pratique quelquefois à l'intérieur des meules, l'air ne se renouvelle pas assez pour opérer

cette dessiccation, et la moisissure en est la conséquence.
Le seul moyen applicable ici est de soustraire au contraire,
autant qu'on le peut, les surfaces au contact de l'air. Si le
développement de la chaleur est assez fort pour qu'il y ait
possibilité d'inflammation dans la masse, c'est toujours au
contact de l'air qu'elle se manifeste. Des meules peuvent
s'échauffer très-fortement, et même jusqu'au point que le
foin y est comme carbonisé, sans qu'il y ait inflammation,
parce que les parties extérieures étant constamment refroi-
dies par l'air, la température des gaz inflammables qui se
dégagent de l'intérieur se trouve assez abaissée pour ne
pouvoir s'enflammer, lorsqu'ils ont traversé les couches
extérieures. Dans un fenil bien clos, ces gaz remplissent
l'intervalle entre la masse et la toiture ; et ils sont assez re-
froidis pour ne pouvoir plus s'enflammer, lorsqu'ils se trouvent en contact avec l'air extérieur. Mais, dans ces deux cas,
on détermine à coup sûr l'inflammation, si l'on ouvre la
masse pour y introduire l'air extérieur. Il en serait de
même, si, à l'aide de certaines dispositions, prises au moment où on a construit la masse, on avait facilité l'introduction de l'air dans son intérieur : l'expérience a montré que
la moisissure se manifeste principalement dans le voisinage
des conduits que l'on avait ménagés dans ce but, lorsque la
chaleur déterminée par la fermentation n'a pas été assez
forte pour produire l'inflammation. Je dirai ici que la couverture en chaume des fenils est infiniment préférable pour
la conservation du foin aux toitures en tuiles, qui laissent
toujours pénétrer de l'humidité ; et il est bien fâcheux que
la prudence condamne les premières, à cause du danger

de communication des incendies. Elles peuvent toujours trouver leur application dans des bâtiments isolés. Dans tous les cas, on doit entasser le foin dans les fenils de manière qu'il reste le moins d'espace vide qu'il est possible au-dessous de la toiture.

Lorsque le foin a subi par l'effet de la fermentation un degré de chaleur qui en a fait passer la couleur au brun, il n'a pas pour cela perdu ses propriétes nutritives, et il est encore de bonne qualité, pourvu que cette fermentation ait eu lieu à l'abri du contact de l'air, en sorte que le foin n'ait pas contracté de moisissure. On croit même que le foin de cette espèce convient mieux aux bœufs à l'engrais en particulier. Par ce motif, on prépare, dans quelques parties de l'Allemagne, ce qu'on nomme du foin brun, en le mettant en meules au moment où il conserve encore assez d'humidité pour que la masse s'échauffe fortement. La meule s'affaisse alors beaucoup, et le foin qui en provient est de couleur et de consistance assez semblables à celles de la tourbe. On ne pourrait pas le botteler en cet état, mais on coupe la masse en morceaux avec des haches ou des bêches bien tranchantes. La préparation du foin brun est au reste une opération fort délicate, et dans laquelle on peut facilement détériorer tout le fourrage, si l'on n'a pas assez d'expérience pour bien déterminer le degré de dessiccation auquel il convient d'entasser le foin. Il faut, en effet, que la chaleur qui se développera dans la masse soit suffisante pour faire évaporer toute l'humidité que celle-ci contient; et si cette humidité est trop considérable pour que cet effet puisse avoir lieu, la masse ne se desséchera pas et sera nécessairement avariée. Il m'est arrivé une fois d'être entraîné par les circonstances à essayer de faire du foin brun, en formant une meule de regain imparfaitement sec, en une saison où il m'était impossible d'en espérer la dessiccation. Afin de corriger l'excès d'humidité, j'y fis mêler une quantité presque égale de paille bien sèche. La fermentation fut très-forte, et la chaleur assez intense pour me donner de vives inquiétudes pendant plusieurs jours : le matin et le soir on voyait la vapeur se dégager de la meule sous forme d'une colonne épaisse de fumée. Le résultat fut néanmoins favorable, et j'eus du foin brun, dans quelques parties presque entièrement noir, comme carbonisé et se pulvérisant entre les doigts, mais que les vaches mangèrent avec plaisir. Je ne serais pas, au reste, tenté de renouveler cet essai fort hasardeux. Le mélange de paille avec le regain est toujours, quoi qu'il en soit, une bonne opération, parce qu'on ne peut presque jamais le rentrer parfaitement sec, et que la fermentation s'y développe beaucoup plus énergiquement que dans le foin de première coupe. Lorsque la dessiccation du regain a été suffisante, l'addition de la paille modère la fermentation, et la paille elle-même prend par ce mélange une saveur plus agréable au bétail, et probablement aussi des propriétés plus nutritives. Malgré la ressource que l'on a dans cette addition pour modérer la fermentation du regain, il est toujours prudent de ne le rentrer qu'après qu'il a séjourné pendant une huitaine de jours dans la prairie en gros tas, où il jette son premier feu. On ne doit négliger cette précaution que dans les cas, bien rares, où la dessiccation du regain est entièrement complète par l'effet des opérations du fanage.

C'est encore par une forte fermentation dans la masse que l'on prépare ce qu'on appelle en Allemagne *foin à la Klapmayer*, du nom du cultivateur qui a fait connaître ce procédé. C'est principalement au foin de légumineuses que l'on applique ce procédé, et on l'a indiqué comme convenant spécialement dans les saisons pluvieuses, où la dessiccation des fourrages de cette espèce est fort difficile. Dans ce procédé, on met en tas ou petites meules de 2 mètres 60 centimètres à 3 mètres 25 centimètres (8 à 10 pieds) de diamètre, sur autant de hauteur, le trèfle, la luzerne ou les vesces, lorsqu'elles ont encore une grande partie de leur eau de végétation : par exemple, le lendemain du jour du fauchage, et après avoir laissé subsister les andains jusqu'à ce moment. On tasse uniformément la masse dans toutes ses parties, et on l'abandonne à la fermentation, qui y développe une forte chaleur dans l'espace d'un, deux ou trois jours, selon les circonstances. On surveille avec soin cette fermentation, dont on reconnaît les progrès par l'odeur de miel très-prononcée qui se dégage du tas, et par la chaleur que l'on éprouve en y introduisant la main plus ou moins profondément. Lorsque cette chaleur est parvenue au point que l'on ne peut plus y tenir la main dans l'intérieur du tas, on se hâte de le démonter, et d'en répandre le foin à l'entour en le soulevant. Il se dessèche très-promptement en cet état, d'abord à cause de la chaleur qui entraîne l'humidité avec elle, à mesure que le foin se refroidit, et aussi parce que les

plantes ayant perdu leur principe de vie par l'espèce de
coction qu'elles ont éprouvée dans l'opération, l'eau n'y est
plus retenue avec autant de force que lorsqu'elle entrait
dans la composition d'un corps organisé. Il est certain
qu'en peu d'heures de beau temps, et en le retournant une
couple de fois, le trèfle ainsi traité se trouve suffisamment
sec pour pouvoir être rentré. Mais aussi il est indispensable de démonter la meule sans retard, lorsque la fermentation est parvenue à un certain degré ; et si le temps est
pluvieux alors, on peut se trouver dans un grand embarras.
D'ailleurs, la fermentation ne marche pas toujours assez
régulièrement pour que la masse entière du tas se trouve
dans un état uniforme : le plus fréquemment la chaleur se
manifeste beaucoup plus fortement d'un côté du tas que
de l'autre, et c'est toujours le côté exposé au vent qui s'é-
chauffe le moins. Souvent, ce côté est encore froid à une
certaine profondeur, tandis que l'herbe que l'on tire de
l'intérieur de la masse de l'autre côté est très-chaude, et a
perdu sa couleur verte pour prendre une teinte brune,
comme elle doit le faire dans cette opération. Si l'on démonte le tas en cet état, les parties qui n'ont pas pris part
à la fermentation ne se dessècheront pas aussi promptement que le reste, et il est fort difficile de les séparer.
Afin de remédier à cet inconvénient, on a proposé de
revêtir le tas, après qu'il est terminé, seulement du côté
d'où vient le vent, d'une espèce d'enveloppe de 33 centimètres (1 pied) d'épaisseur environ de la même herbe,
que l'on peut ensuite séparer facilement de la masse. Mais
cette enveloppe aurait bien peu de solidité contre les vents,

et se laisserait facilement pénétrer par la pluie. On a essayé aussi de reconstruire immédiament le tas à mesure qu'on le démonte, en plaçant au centre les parties restées vertes, afin qu'elles subissent une nouvelle fermentation. Ce moyen serait vraisemblablement le meilleur mais il entraîne un surcroît de dépenses de main-d'œuvre dans une opération qui, en la réduisant à sa simplicité, en exige déjà beaucoup plus que le fanage ordinaire. Au total, d'après divers essais que j'ai faits de cette méthode, il me semble que les avantages qu'elle peut présenter ne compensent pas les difficultés et les dépenses qu'elle entraîne.

On a bien souvent indiqué la proportion dans laquelle l'herbe verte diminue de poids par sa conversion en foin, ainsi que la diminution de poids qu'éprouve le foin depuis le moment où il a été rentré jusqu'à celui de la consommation. Mais ces rapports sont extrêmement variables selon les circonstances : les plantes encore jeunes, et croissant dans un terrain frais, se réduisent beaucoup plus par la dessiccation que celles qui approchent le plus de la maturation des semences, ou qui ont végété sous l'influence d'une température fort sèche. On peut dire qu'en général, il faudra, selon les circonstances, de 4 à 6 quintaux de plantes vertes pour produire un quintal de foin rentré au fenil. Le foin se réduira encore de 10 à 15 pour 100 dans l'espace d'un mois ou deux, par l'effet de la fermentation qu'il éprouvera dans la masse ; et si l'on attend à l'été suivant pour le soumettre à l'opération du bottelage, le poids du foin livré au marché ne sera, dans la plupart des cas, que de 80 kilogrammes au plus par quintal de foin rentré.

CHAPITRE III.

RÉCOLTE ET CONSERVATION DES RACINES

PREMIÈRE SECTION

De l'arrachage et de l'emmagasinement

Une partie de ce que j'ai à dire dans cette section aurait pu trouver place aussi convenablement dans les articles spéciaux sur la culture de chaque espèce de récolte racine; mais comme plusieurs parties, des procédés sont les mêmes pour les diverses racines, j'ai cru devoir réunir ici tout ce qui se rapporte à ces diverses récoltes, afin d'éviter des répétitions ou des renvois.

C'est toujours en automne que se récoltent les racines destinées à la nourriture des bestiaux; et, dans beaucoup de cas, ces racines continuent de végéter et de grossir jusqu'au commencement de l'hiver. Il y a donc en général à gagner en quantité à attendre le plus tard qu'on le peut pour exécuter la récolte. Mais on rencontre, d'un autre côté, l'inconvénient des difficultés que font éprouver les temps froids et pluvieux et les journées courtes de l'arrière-

saison, pendant lesquelles les ouvriers ne font avec beaucoup de peine que très-peu de besogne, pendant lesquelles
les charriages sont fort difficiles, et les racines arrachées
courent grand danger d'être surprises par les gelées, qui
les détruisent plus ou moins complétement. Ces inconvénients varient, au reste, selon la nature du sol et selon la
quantité de bras dont on est assuré de pouvoir disposer au
moment du besoin. Les terres sablonneuses et graveleuses
se ressuient promptement après la pluie, et sont dans tous
les cas peu adhérentes aux racines. Dans de tels sols, et si
l'on peut employer à la fois un grand nombre d'ouvriers à la
récolte, on peut la retarder beaucoup, et de manière qu'on
l'ait terminée vers le 20 ou le 25 octobre, dans le nord de
la France. Il arrivera du moins bien rarement que ce retard entraîne des pertes graves ; et il en résultera chaque
année une augmentation importante dans le produit des
récoltes. Mais, dans les sols argileux tenaces, la récolte des
racines devient extrêmement dispendieuse, et même presque impossible, s'il survient des pluies durables dans le
mois d'octobre ; dans ces sols, il est toujours prudent
d'arranger les choses de manière à terminer ces récoltes,
dans le climat dont je parle, pour la fin de septembre ou le
10 octobre au plus tard.

Dans tout ceci je ne considère que la convenance des
récoltes elles-mêmes, et nullement celle de la préparation
du terrain pour la récolte qui suit. Si cette récolte est du
froment, on peut dire que, sous ce rapport, il faudrait procéder à la récolte des racines le plus tôt qu'il serait possible ; car l'unique cause du peu de réussite du froment

qui suit les récoltes racines tient à l'époque tardive de la semaille, par suite des retards dans l'arrachage des racines.

Lorsqu'on a à récolter des racines de plusieurs espèces, par exemple des pommes de terre, des betteraves et des carottes, il convient presque toujours que les récoltes se succèdent dans l'ordre dans lequel je viens de nommer ces trois plantes. Pour plusieurs espèces de pommes de terre, la maturité a même lieu beaucoup avant les époques que j'ai indiquées : dès que toutes les tiges de pommes de terre sont complétement desséchées, les tubercules ne peuvent plus croître, et l'on peut procéder à la récolte ; mais jusqu'à ce moment, et lorsque les tiges des feuilles sont déjà jaunes et flétries, les tubercules grossissent encore, parce que, dans cette saison de l'année, les fonctions de la vie végétale tendent à reporter vers les racines les sucs et les principes nutritifs qui s'étaient accumulés dans les feuilles et les tiges des végétaux herbacés, où la nature forme ainsi une espèce de dépôt temporaire de ses principes. Le même effet se manifeste très-clairement dans les betteraves, où les feuilles extérieures, à mesure qu'elles jaunissent et se flétrissent, s'épuisent, au profit de la racine, des principes qu'elles contiennent.

Un autre motif pour engager aussi à retarder la récolte des pommes de terre, même lorsque les tiges sont complétement sèches, c'est l'élévation de la température de la saison : car il importe beaucoup, pour la bonne conservation des racines de toute espèce, qu'elles soient entassées par une température aussi fraîche qu'il est possible. On

comprend fort bien que la masse sera naturellement portée
au degré de température qu'avait l'atmosphère au moment
où les racines ont été entassées, puisque ces racines prennent en peu de temps cette température pendant leur
exposition sur le terrain après l'arrachage, et dans les
diverses opérations du transport; et cette opération ne
pourra plus éprouver de variations que très-lentement,
dans une masse considérable. Mais aucune circonstance
n'influe plus puissamment que la température originaire
de la masse sur la conservation des racines, lorsqu'elles
ont été entassées en grande masse, soit dans les silos, soit
dans les celliers. Lorsque cette température a été chaude,
les pommes de terre commencent souvent déjà à germer
peu de temps après qu'elles ont été entassées. Pour les
betteraves, la végétation se manifeste également par la
pousse des feuilles au collet, et les principes de la racine
sont altérés par les réactions qui s'opèrent dans cette circonstance, de manière à nuire considérablement à l'extrac-
tion du sucre.

Ce n'est pas seulement parce que les pommes de terre
sont plus sensibles à la gelée que les deux autres espèces
de racines, qu'il est convenable de les arracher avant les
autres, même dans le cas où elles n'auraient pas encore
atteint le terme de leur maturité; mais c'est aussi parce que
les racines étant d'un moindre volume, la terre y adhère
davantage, et il est plus difficile de les nettoyer et aussi de
les chercher dans un sol pétri par l'humidité. Les carottes
étant encore moins sensibles aux gelées que les betteraves,
on peut les arracher les dernières; et les variétés dans

lesquelles le collet de la racine se trouve un peu enfoncé en terre résistent fort bien à des gelées même assez fortes. Cependant, si elles sont arrachées et éparses sur le terrain, elles sont facilement détruites par les gelées, fussent-elles faibles.

Pour les pommes de terre, c'est à la main, à l'aide du crochet à trois pointes, qu'il me paraît le plus profitable de les arracher dans presque toutes les circonstances. Cependant, là où l'usage est d'arracher à la bêche, ou à l'aide d'un instrument à trois dents en forme de bêche, il sera rarement convenable de s'efforcer de changer la pratique à laquelle sont accoutumés tous les ouvriers que l'on emploie. J'ai fait, à diverses reprises, des essais pour remplacer ici le travail manuel par celui de la charrue ou d'autres instruments tirés par des chevaux, et j'ai apporté une grande attention à calculer l'économie qui pouvait en résulter ; mais j'ai toujours renoncé à ces méthodes, parce que j'ai constamment trouvé qu'elles présentent peu d'épargne de bras, dans un travail où il faut nécessairement prendre à la main les tubercules un à un pour les étendre sur le terrain, afin qu'ils s'y ressuient ; et j'ai trouvé que cette épargne est plus que compensée par la perte inévitable de beaucoup de tubercules qu'on laisse en terre par ces procédés. Dans un sol sablonneux, il suffit de les laisser épars pendant quelques heures sur le terrain après l'arrachage, si le temps n'est pas pluvieux, pour qu'on puisse les amasser et les transporter au lieu où ils doivent être conservés. Ils ne doivent pas être entassés humides, et surtout couverts d'une terre humide adhérente à leur surface, car alors la pourriture se manifeste promptement dans la masse. Mais si les tubercules sont bien propres et exempts de terre, il n'est pas nécessaire que la dessiccation soit complète pour qu'ils se conservent bien : on peut fort bien amasser les pommes de terre lorsque la surface exposée à l'air est bien sèche, et quoique le côté qui pose sur le sol montre encore un peu d'humidité.

Le transport des pommes de terre est une opération assez embarrassante, de quelque manière qu'on s'y prenne. Après bien des tâtonnements sur des moyens divers pour opérer ce transport, j'en suis revenu à l'usage des sacs, que j'avais auparavant abandonnés comme coûteux. Il est vrai que les sacs que l'on emploie à cet usage sont promptement détériorés, si l'on n'apporte pas un grand soin dans les diverses opérations du charriage; mais aussi leur usage est très-commode, parce qu'il permet de charger promptement les voitures des sacs que l'on a emplis d'avance sur le terrain, de décharger également les voitures avec une grande promptitude, et de transporter les sacs pour déposer les tubercules précisément à l'endroit où ils doivent rester dans la masse que l'on forme; et toutes ces opérations s'exécutent en occasionnant aux tubercules aussi peu de blessures ou de contusions qu'il est possible dans un travail de cette nature. Lorsqu'on transporte les pommes de terre dans des tombereaux, le chargement et le déchargement sont des opérations longues et pénibles, et les tubercules sont fort maltraités par le travail de la pelle qu'il faut employer pour le déchargement, car il serait beaucoup trop long de prendre les tubercules à la main pour les placer dans les hottes et les paniers qui doivent servir à les transporter jusqu'au lieu de leur destination. Dans quelques grands établissements, on transporte les pommes de terre dans des tombereaux à bascule se vidant d'un seul coup à l'orifice d'un soupirail qui les conduit dans le cellier où elles doivent être emmagasinées ; mais il faut que le local rende cette disposition praticable ; d'ailleurs, le soupirail ne les conduit que sur un point du magasin souterrain et il faut bien les manœuvrer encore à la pelle pour les répartir dans toutes les parties du local. Il est fort difficile d'éviter que beaucoup de tubercules soient blessés dans un tel traitement ; et rien ne nuit davantage à la conservation des racines de tout genre que les contusions qu'elles reçoivent ainsi au moment où on les entasse.

Les sacs que j'emploie au transport des pommes de terre sont de dimensions suffisantes pour contenir environ un hectolitre, ce qui forme un poids de 75 à 80 kilog., en sorte qu'ils peuvent être facilement maniés et portés à dos par les ouvriers ordinaires des campagnes. Il faut en employer un nombre suffisant pour qu'il y en ait toujours d'emplis à l'avance sur le terrain, de manière que les voitures puissent être chargées au moment où elles arrivent. On en charge uniformément dix sur chaque chariot à un cheval, avec un cheval d'aide pour conduire tous les chariots chargés hors de la pièce de terre. Le déchargement se fait également en un instant. Pour rendre les opérations plus faciles, on ne garnit pas le chariot d'échelages, mais on place seulement au fond un châssis composé de deux pièces rondes en sapin réunies par deux traverses, comme pour le transport des futailles de vin. Il est facile, avec un peu d'habitude, de charger dix sacs entre les quatre bras d'un chariot ainsi disposé sans qu'aucun d'eux coure risque d'être atteint par les roues, précaution la plus importante ici, car c'est toujours par le froissement des roues que sont endommagés les sacs que l'on emploie à ce service. Des échelles ou ridelles les en garantiraient, mais rendraient infiniment plus pénibles le chargement et le déchargement, parce qu'il faut élever tous les sacs au-dessus de leur hauteur, ou décharger seulement par le derrière du chariot.

Lorsque les betteraves ont été semées ou plantées en lignes, la charrue est d'un grand secours pour en faciliter l'arrachage. Il en est de même des carottes semées en lignes. La charrue, pour cet usage, ne doit pas porter de coutre et ne doit pas être munie d'un versoir complet, mais seulement d'un morceau de bois triangulaire placé immédiatement derrière le soc, et représentant la partie antérieure du versoir ordinaire. Ce morceau doit soulever un peu la terre, mais sans la renverser en aucune façon. Les charrues à soc américain du modèle qui a été adopté dans la fabrique de Roville peuvent être employées à cet usage sans aucune addition, mais seulement en démontant le versoir : l'avant-corps en fonte, qui forme dans ces charrues la partie antérieure du versoir, remplit l'office du morceau de bois dont je viens de parler. Pour ce travail, la charrue doit être tirée par un fort attelage, attendu que le soc doit pénétrer au-dessous des racines, c'est-à-dire ordinairement à la profondeur de 27 à 30 centimètres (10 à 12 pouces). Quatre chevaux sont généralement nécessaires ; mais, avec cet attelage, on exécute facilement le travail sur deux hectares de betteraves par jour, les lignes étant supposées à la distance de 73 centimètres (27 pouces.) On fait piquer la pointe du soc un peu à gauche de la ligne des plantes, de manière que la lame du soc passe sous toutes les racines. Ces dernières sont un peu soulevées par cette opération, et assez détachées de la terre pour qu'on les enlève ensuite sans efforts en les prenant par les feuilles. On ne doit pas déraciner les betteraves à l'avance lorsque la pluie est menaçante, mais les ouvriers doivent suivre immédiatement les charrues, pour tirer les racines hors de terre. En effet, lorsque la pluie survient après que la charrue a soulevé les racines, l'eau, pénétrant par les fissures, y forme de la boue qui est ensuite beaucoup plus adhérente aux racines. Ce travail n'est pas nécessaire pour les betteraves de la variété qui croit hors de terre, car en saisissant avec force la partie supérieure de la racine, on l'arrache assez facilement sans le secours d'aucun instrument ; mais lorsque les racines des autres variétés ont été soulevées par la charrue comme je viens de le dire, on les arrache à la main avec encore plus de facilité.

Lorsque la terre qui adhère aux racines de betteraves ou de carottes est humide, il est nécessaire de les laisser s'aérer pendant quelques heures sur le sol, afin qu'on puisse débarrasser les racines de cette terre, soit par le travail de la main, soit en s'aidant d'un couteau si elle est trop adhérente. Les ouvriers sont naturellement disposés dans ce cas à faire tomber la terre en saisissant une racine de chaque main par les feuilles, et en les frappant l'une contre l'autre. C'est une pratique très-vicieuse, car il en résulte pour toutes les racines des contusions plus ou moins fortes qui nuisent beaucoup à leur) conservation. J'ai été à portée d'en observer les mauvais effets avec la plus grande évidence sur des récoltes considérables. On coupe ensuite les feuilles près du collet, et l'on peut charrier les racines aussitôt que ces opérations sont terminées. Quant aux betteraves, il n'est pas nécessaire pour leur conservation que les racines soient parfaitement sèches à l'extérieur ; et si le soleil est ardent, il vaut mieux les charrier immédiatement après qu'elles ont été arrachées et nettoyées, que de les laisser éparses sur le sol où elles contracteraient un degré de chaleur qui nuirait beaucoup à leur conservation, si on les entassait en cet état. Au reste, à part cette circonstance d'échauffement des racines produite par le soleil, il est toujours préférable de les rentrer bien sèches, si on le peut. Je sais que l'on a dit quelquefois qu'il vaut mieux les rentrer humides que sèches, mais c'est là certainement l'effet de l'observation que l'on a faite des mauvais résultats obtenus en rentrant des betteraves échauffées par le soleil. Les carottes étant beaucoup plus exposées à la pourriture que les betteraves, il est encore beaucoup plus important pour elles d'éviter de les rentrer chaudes ou humides.

Afin d'éviter ces deux inconvénients, j'emploie presque toujours, depuis longtemps, une méthode dont je n'ai jamais eu qu'à m'applaudir, excepté dans les années où de fortes gelées surviennent longtemps avant la saison ordinaire. Dans cette méthode, on amasse les betteraves et les carottes à mesure qu'elles ont été soulevées par la charrue, et on les dispose en meulons en forme de pain de sucre de 1 mètre (3 pieds) de diamètre environ à la base sur 1 mètre 30 centimètres (4 pieds) de hauteur, en arrangeant avec soin les racines du pourtour, en sorte que les collets garnis de leurs feuilles se trouvent à l'extérieur du meulon et lui forment un abri. Si on le peut, on fait couper les feuilles à mesure de l'arrachage, et l'on entasse les racines en meulons, comme je viens de le dire, sans s'occuper de les nettoyer de la terre qui est adhérente. On couvre ensuite les meulons au moyen des feuilles qui ont été coupées. Les racines ainsi disposées sont parfaitement garanties contre les plus fortes pluies, et contre les gelées qui ne dépassent pas 2 à 3° Réaumur. Elles s'y ressuient parfaitement, et, quoique la terre ait été originairement humide et adhérente, elle se détache avec la plus grande facilité, lorsque les racines ont séjourné pendant quatre ou cinq jours dans les meulons. On peut alors les nettoyer et les charrier bien sèches, même par les temps humides et lorsque la terre étant détrempée on éprouve beaucoup d'embarras pour les racines que l'on veut charrier immédiatement après l'arrachage.

Dans nos climats, il est fort rare qu'il survienne avant le 10 novembre des gelées assez fortes pour endommager les racines disposées en meulons. Ce cas s'est présenté néanmoins en 1829, où une gelée de 6° s'est fait sentir dès le 25 octobre, et où les gelées, variant d'intensité, n'ont pas cessé jusqu'au mois de mars. J'ai eu alors beaucoup de betteraves surprises en meulons. Cependant, la perte n'a pas été très-considérable, précisément à cause de la continuité du froid, car quoique tous les meulons fussent gelés à fond, on en rentrait chaque jour une portion que l'on plaçait dans les étables, et on la découpait pour la faire consommer aussitôt qu'elle était dégelée. Cet accident s'est encore renouvelé en 1835, quoique les gelées n'aient pas été tout à fait aussi précoces. Cette fois, j'avais environ un quart de ma récolte en meulons qui fut également gelé à fond, et j'en perdis une partie, parce que le dégel survint avant que cette portion pût être consommée.

Au reste, de quelque manière qu'on s'y prenne, il faut se résigner aux pertes de cette nature dans les grandes cultures de betteraves, lorsque les gelées sont prématurées. On ne pourrait en effet éviter ces pertes qu'en devançant tous les ans l'époque de la récolte : on tomberait alors dans des inconvénients encore plus graves, car d'une part les betteraves grossissent presque toujours encore beaucoup dans le mois d'octobre, et de l'autre il importe infiniment de retarder autant qu'on le peut la rentrée des racines, afin de les entasser par la température la plus basse. Aussi, dans les deux années que je viens de citer, les personnes qui cultivent en grand les betteraves, et qui ne font pas usage des meulons, ont généralement éprouvé aussi de grandes pertes. L'usage des meulons n'accroît pas cette chance défavorable, car on peut arracher plus tôt et par des temps doux, pendant lesquels il serait fort dangereux de rentrer, et charrier ensuite promptement par une température fraîche, quel que soit l'état d'humidité du sol, circonstance qui importe peu lorsque l'arrachage a été exécuté auparavant.

Le charriage des betteraves et des carottes s'exécute dans de grands tombereaux ou des chariots garnis de ridelles, en plaçant en travers une botte de paille sur le devant et sur le derrière du chariot pour contenir les racines, si les ridelles ne sont pas construites de manière à être assemblées sur le devant et sur le derrière par des châssis qui complètent l'encadrement. Si les ridelles ne sont pas assez élevées pour contenir la quantité de racines dont on veut charger le chariot, on les exhausse en plaçant de chaque côté, au-dessus d'elles, un simple madrier de bois léger que l'on appuie contre les bras, et qui est maintenu en place par la pression des racines. Des chariots ainsi disposés sont, d'après mon expérience, beaucoup plus commodes pour ce service que les tombereaux. On charge en jetant à la main les betteraves ; pour le déchargement, deux ou trois hommes se placent sur le chariot, et emplissent à la main des hottes en sapin ou en osier que l'on pose sur un madrier disposé à côté du chariot, et que d'autres ouvriers transportent, à mesure qu'elles sont pleines, dans les celliers ou dans les silos. Dans toutes ces opérations, on doit apporter un grand soin pour éviter que l'on meurtrisse les racines, soit en les jetant de plus haut qu'il n'est nécessaire dans les hottes ou dans le magasin, soit en marchant sur la masse avec des souliers ferrés. Tout ce que je viens de dire pour les betteraves s'applique également aux carottes, que l'on traite entièrement de même pour l'arrachage, la formation des meules et le charriage.

DEUXIÈME SECTION

Usage des celliers et des silos pour la conservation des racines

On peut loger les pommes de terre, les betteraves et les carottes, soit dans des celliers, soit dans des silos. Je désigne ici sous le nom de celliers tout magasin placé dans des bâtiments, et construit de manière à le mettre à l'abri de la gelée. Les silos sont placés en plein air, soit dans la pièce de terre qui a produit les racines, soit dans un terrain plus rapproché des bâtiments d'exploitation. Les silos entraînent une dépense de main-d'œuvre assez importante, puisqu'ils donnent lieu chaque année à un mouvement de terre considérable pour couvrir les racines d'une épaisseur qui puisse les garantir des pluies et des gelées. Si l'on réduit cette dépense par la négligence avec laquelle on construit les silos, on s'expose à éprouver de grandes pertes par l'avarie des récoltes qu'on y a déposées. C'est seulement dans des silos exécutés avec beaucoup de soin que la conservation des racines est assurée ; mais avec cette condition elles s'y conservent mieux et pendant plus longtemps que dans les meilleurs celliers.

Pour la commodité du service et pour la conservation des racines, il n'est pas convenable que les silos soient creusés profondément en terre; quelquefois même on ne les creuse pas du tout, et l'on dépose les racines en tas sur le sol, en creusant alentour afin d'extraire la terre nécessaire pour les couvrir. Il n'y a, comme on le voit, rien ou du moins bien peu de chose à gagner en main-d'œuvre en se dispensant de creuser le silo, puisqu'il faut toujours se procurer par des fouilles la terre qu'on en aurait tirée. D'un autre côté, on loge beaucoup moins de racines dans le même espace par ce procédé; il ne doit donc être adopté que dans les terres où l'on aurait lieu de craindre le séjour des eaux souterraines dans le fond du silo, si on le plaçait au-dessous du niveau du sol. Dans les autres circonstances, il convient de creuser le silo à 27 ou 32 centimètres (10 ou 12 pouces) de profondeur, en sorte que la terre qu'on en a tirée, jointe à celle que l'on extraira des fossés latéraux, soit suffisante pour former la couverture des racines.

Lorsqu'on n'a qu'une petite quantité de racines à loger ainsi, on peut faire des silos circulaires isolés, en leur donnant 1 mètre 60 centimètres ou 2 mètres (5 ou 6 pieds) de diamètre. Mais, pour loger des récoltes considérables, les silos longs sont beaucoup plus commodes, et il convient pour la facilité du service de les placer parallèlement à un chemin. Cette circonstance est tellement importante, qu'il deviendrait indispensable, dans une grande exploitation, d'exécuter un chemin bien empierré régnant près du silo et dans toute sa longueur s'il n'en existait pas : sans cela, les charriages deviennent bientôt inexécutables, lorsqu'un grand nombre de voitures chargées se succèdent dans la même voie, dans les temps pluvieux de l'automne et de l'hiver. On creusera le silo à une couple de mètres de distance du chemin, parallèlement à celui-ci, et dans la même forme que les jardiniers creusent la fosse d'une couche chaude. On peut lui donner 1 mètre 60 centimètres à 2 mètres (5 à 6 pieds) de largeur pour les betteraves; 1 mètre 30 centimètres à 1 mètre 60 centimètres (4 à 5 pieds) pour les pommes de terre; et seulement 1 mètre à 1 mètre 30 centimètres (3 à 4 pieds) pour les carottes, attendu qu'il existe plus de danger de pourriture pour les pommes de terre que pour les betteraves, et encore plus pour les carottes; mais le danger de pourriture s'accroît à mesure que la masse que l'on forme est plus considérable. On jette des deux côtés la terre que l'on tire de la fosse, en ayant soin toutefois de ménager d'espace en espace, du côté du chemin, des passages pour la circulation des ouvriers entre le silo et les voitures qui stationnent sur le chemin. On pourrait sans doute jeter la terre de l'autre côté, et laisser celui-ci entièrement libre pour le service; mais cela exigerait de plus grands mouvements de terre et par conséquent plus de main-d'œuvre. Quelques personnes ont voulu essayer de faire arriver jusque sur le bord du silo des tombereaux à bascule que l'on y décharge d'un seul coup; mais cette manière d'opérer se concilie très-difficilement avec le soin qu'il est nécessaire de mettre à l'arrangement des racines dans le silo. On les arrange bien mieux lorsque les ouvriers viennent déposer le contenu de chaque hotte à la place même où il doit rester. Un homme suffit alors pour compléter l'arrangement. On emplit d'abord la fosse, et on amoncèle ensuite les racines au-dessus, de manière à donner à la masse totale à peu près autant de hauteur qu'elle a de largeur à sa base. Cette masse forme au sommet une arête placée sur toute la longueur au milieu de la largeur, et d'où partent deux plans inclinés, en sorte que le tout présente la forme d'une longue toiture dont les gouttières se trouvent à la ligne supérieure des grands côtés de la fosse primitive. Ces deux plans doivent avoir une assez forte inclinaison; pas assez cependant pour que la masse de terre dont on doit les couvrir glisse le long des pentes, accident d'où il résulterait vers le sommet une fissure par où l'eau des pluies pourrait pénétrer.

Lorsque les racines sont ainsi disposées sur une partie de la longueur du silo, on couvre cette partie de terre, pendant qu'on continue d'emplir le silo; et on le couvre ainsi à mesure qu'on l'emplit, afin de le mettre à l'abri des mauvais temps inopinés. Avant de jeter la terre sur les racines, il est bon de couvrir ces dernières d'une couche de quelques centimètres d'épaisseur de paille. Si l'on a de la paille de colza, de cameline, etc., qui a peu de valeur pour la nourriture du bétail, on peut l'employer à cet usage, pourvu qu'elle soit bien sèche. Cette couverture a pour but beaucoup moins de servir d'abri contre les gelées, que d'empêcher la terre de s'insinuer dans la masse. Cet inconvénient serait assez grave pour les pommes de terre; mais pour les betteraves, dont les racines sont plus grosses, et qu'il faudra toujours prendre une à une pour les enlever lorsqu'on évacuera le silo, le mélange d'une petite quantité de terre serait fort peu important, et l'on peut fort bien se dispenser de la couverture de paille, si l'on ne peut s'en procurer à peu de frais. Pendant plus de dix ans, je n'ai pas employé d'autre couverture que la terre pour mes silos de betteraves.

Pour mettre les racines complétement à l'abri de l'atteinte des gelées dans nos climats, la couverture de terre doit avoir 65 centimètres (2 pieds) d'épaisseur pour les pommes de terre, qui sont les plus sensibles de toutes à la gelée; 50 centimètres (1 pied 1/2) suffisent pour les betteraves et les carottes. Si le sol est argileux, on peut encore diminuer cette épaisseur, parce que les terres de cette espèce sont beaucoup moins pénétrables à la gelée que les terres sablonneuses ou graveleuses : je suis persuadé qu'il n'arrivera pas une fois dans dix ans que des betteraves ou des carottes, couvertes de 32 centimètres (1 pied) d'épaisseur de terre de consistance moyenne, aient à souffrir de la gelée. La prudence conseille, au reste, de se tenir ici plutôt en dessus qu'en dessous du strict nécessaire.

Les racines ainsi amoncelées auront presque toujours à se débarrasser d'une portion d'humidité qui était adhérente à leur surface : cette humidité se dégage par l'effet d'une fermentation accompagnée de chaleur qui se manifeste dans ce cas, et qui est d'autant plus forte que l'humidité était plus abondante. Il est donc nécessaire de ménager des issues aux vapeurs qui se dégageront d'une masse ainsi enfermée. A cet effet, on dispose d'espace en espace, le long du sommet du silo, des soupiraux que l'on construit économiquement à l'aide de deux tuiles creuses que l'on dresse verticalement l'une contre l'autre, et dont la base repose sur la masse des racines. On amoncèle la terre autour de ce conduit, qui a son issue au dehors. Si les tuiles n'ont pas assez de longueur pour traverser toute l'épaisseur de terre, on en place une seconde paire au-dessus de la première pour continuer le conduit. Si les racines sont passablement sèches, on pourra espacer les soupiraux de 5 mètres à 6 mètres 1/2 (15 à 20 pieds) sur la longueur du silo. On diminuerait cette distance, si les racines avaient été rentrées humides. Lorsque les gelées prendront un peu d'intensité, on fermera ces soupiraux, en y introduisant de la paille.

La terre que l'on a tirée de la fosse ne serait pas suffisante pour couvrir le silo : on complète la couverture en creusant de chaque côté, ou seulement d'un seul, un fossé placé à 60 ou 70 centimètres (2 pieds) de distance de la masse des racines, et auquel il est nécessaire de donner un peu plus de profondeur qu'à la fosse, en sorte qu'il serve de saignée à cette dernière. Ce fossé doit avoir un écoulement libre à son extrémité inférieure, de manière que l'eau des pluies ne puisse jamais y séjourner.

A mesure que l'on confectionne le silo, on doit le terminer complétement sur la longueur déjà emplie, creuser le fossé latéral, égaliser la terre sur les deux pentes, et les battre fortement avec des pelles de bois, afin que la pluie n'y pénètre pas. Ce battage ne s'opère bien, au reste, que lorsque la terre est humide : si la température est sèche, il faudra le compléter à la première pluie qui surviendra,

car c'est du soin avec lequel cette opération est exécutée,
que dépend principalement la conservation des racines
pendant les fortes pluies qui pénètrent facilement la terre,
si les plans inclinés ne forment pas des surfaces bien unies
et bien tassées, présentant une arête régulière à leur sommet. Au moyen de ces précautions, on est toujours en
mesure contre les mauvais temps inattendus, pendant la
construction des silos; et il suffit dans ce cas de garantir
avec de la paille l'extrémité où l'on travaillait pour le
continuer.

Dans une récolte un peu considérable, on ne peut guère
éviter de rentrer quelques portions de racines dans un état
qui ne donnerait pas une complète sécurité sur leur conservation. Il est fort important alors de ne pas les mélanger à la masse des racines saines : on les place dans un
silo à part préparé à cet effet, ou à une des extrémités du
grand silo, et on les enlève les premières pour les livrer à
la consommation. Telles sont les racines qui ont reçu des
blessures un peu fortes pendant l'arrachage, et que l'on
doit séparer à mesure du chargement, celles que l'on serait forcé de rentrer enveloppées dans une terre humide,
et surtout celles qui auraient été un peu atteintes par la
gelée. Les betteraves, tant qu'elles ne sont pas arrachées,
supportent assez bien des gelées de trois ou quatre degrés,
surtout lorsque le feuillage est abondant; mais il arrive
cependant quelquefois que le collet de la racine est atteint
dans cet état par la gelée. D'ailleurs, il arrive assez souvent
dans l'arrière saison que l'on est surpris par la pluie au
moment où beaucoup de racines sont sur terre, et que l'on

est forcé de quitter le travail. S'il vient à geler dans la nuit suivante, les racines ainsi mouillées en sont facilement endommagées. Pour les pommes de terre, le dommage se reconnaît facilement, parce que toute la portion de la racine qui a été pénétrée par la gelée devient molle, et cède sous la pression du doigt aussitôt qu'elle est dégelée. Mais, pour les betteraves, cela ne se reconnaît pas aussi facilement, parce que la portion de chair qui a été gelée reste ferme. Cependant, avec un peu d'habitude, on distingue les portions atteintes par la gelée, soit au collet, soit à la surface de la racine, à l'aide d'une transparence particulière qui se remarque surtout lorsqu'on enlève, à l'aide d'un couteau, une portion de la chair à la surface. On distingue alors l'épaisseur à laquelle la gelée a pénétré, quand elle ne serait que de 1 millimètre (1/2 ligne) et même moins. Les betteraves ainsi atteintes ne se conserveront pas bien; toutefois, lorsque les portions gelées ne sont que superficielles et peu étendues, on peut encore emmagasiner les racines en les mettant à part pour les faire consommer le plus tôt qu'on le pourra. Lorsqu'on reconnaît que quelques racines sont dans ce cas, on doit regarder comme suspectes, et loger à part, toutes celles qui ont été placées dans les mêmes circonstances. Pour les pommes de terre, on doit éviter avec le plus grand soin d'entasser celles qui ont été atteintes de la gelée, quelque légèrement que ce soit, car elles se pourrissent promptement en totalité; et les pommes de terre, en se pourrissant, se résolvent en grande partie en un liquide fétide qui humecte les parties avoisinantes, en sorte que la pourriture gagne bientôt toute la masse. Il en est de même des carottes. Les betteraves, au contraire, du moins celle de la variété blanche, en se pourrissant restent encore fermes, et ne laissent pas s'écouler de liquide, en sorte que la putréfaction se communique beaucoup moins facilement aux racines avec lesquelles elles sont en contact.

Tant qu'on n'aura pas acquis une grande habitude de la conservation des racines en silo, on fera bien de visiter ces derniers un mois environ après leur construction, et avant l'invasion des fortes gelées, afin de s'assurer de l'état dans lequel se trouvent les racines : pour cela, on creuse au pied du silo quelques ouvertures, jusqu'à ce qu'on soit parvenu à la masse des racines, et l'on en extrait quelques-unes pour les examiner. Lorsque la température devient chaude au mois d'avril, on ne doit plus laisser dans les silos les racines qui s'y trouvent encore, mais on les rentre dans les celliers, qui alors sont toujours vides : elles s'y conservent pendant beaucoup plus longtemps que celles qui y ont séjourné pendant tout l'hiver. Avec les précautions que je viens d'indiquer, on pourra être assuré de conserver les betteraves parfaitement saines pour la nourriture du bétail, jusque dans le mois de juin et même plus tard. Il m'est arrivé fréquemment d'en avoir encore de très-bonnes jusqu'en août et septembre. Quant aux pommes de terre, celles que l'on extrait des silos en avril sont toujours plus saines, et préférées, pour les usages de la table, à celles qui ont été conservées dans les meilleurs celliers.

Je n'ai pas parlé ici de la conservation des raves ou navets et des rutabagas, parce que cette conservation est à peu près impossible en grandes masses, la pourriture s'y manifestant promptement. De petites quantités peuvent cependant se conserver dans des silos isolés, comme on le fait en Alsace ; mais ces racines doivent toujours être consommées les premières, et il est bon de les appliquer principalement à la consommation de l'automne et du commencement de l'hiver, à mesure qu'on les arrache.

TROISIÈME PARTIE

TROISIÈME PARTIE

DES PRAIRIES

PREMIÈRE SECTION

Degré d'utilité des prairies permanentes

Je parlerai des prairies artificielles destinées à être fauchées ou pâturées dans les articles spéciaux sur la culture de chacune des plantes qui peuvent les composer, et j'ai déjà dit quelques mots des pâturages naturels, en parlant de la nourriture du bétail à cornes et de celle des bêtes à laine. Il ne sera donc question ici que des prairies à faucher composées de plantes mélangées, dont les graminées font généralement la base, et qui sont dans la plupart des cas formées par la nature, c'est-à-dire composées des plantes que le sol produit spontanément. L'art peut néanmoins les créer, mais ce n'est guère que dans le but d'abréger le travail de la nature. Dans les anciennes méthodes de culture, les prairies naturelles avaient un très-haut degré d'importance, puisque c'était uniquement sur leurs produits qu'était fondée la nourriture du bétail. On remarque encore que l'on attache un très-haut prix à la possession des prairies dans tous les cantons où les procédés de culture sont arriérés ; mais leur valeur relative diminue, à mesure que l'on sait cultiver, pour la nourriture des bestiaux, les plantes de diverses espèces introduites dans la culture moderne. Il est positif cependant que les prairies naturelles ont toujours un certain degré d'importance dans les meilleurs systèmes de culture, et il est beaucoup de situations où l'on pourrait difficilement tirer du sol un parti plus profitable qu'en le laissant en prairies. Il est fort remarquable, au reste, que si l'on excepte un petit nombre de cantons où la culture des prairies est bien entendue, ce genre de propriété, si précieux pour les cultivateurs qui restent attachés aux anciennes méthodes, est généralement négligé, à tel point que les prairies ne donnent souvent qu'une bien faible partie des produits qu'on pourrait en obtenir, ou qu'on ne recueille que du fourrage de mauvaise qualité sur les terres où, à l'aide de travaux judicieux, on pourrait obtenir d'excellent foin. Ainsi, c'est encore à la culture moderne que l'on doit d'avoir introduit, dans une multitude de localités, les moyens d'améliorer considérablement les prairies naturelles.

D'après les principes de la culture alterne, on ne devrait pas à la rigueur laisser subsister de prairies permanentes, puisque, dans le principe fondamental, ce système agricole consiste à consacrer alternativement les mêmes terrains à

la production des fourrages et à celle des récoltes destinées à la nourriture de l'homme, ou du moins à ses divers
usages. Cependant cette règle doit être soumise à beaucoup
d'exceptions : dans certaines positions, des terrains qui
forment d'excellents prés présenteraient de graves inconvénients si on voulait les convertir en terres arables; je
citerai, par exemple, le fond des vallées assujetties aux débordements des rivières ou des ruisseaux. Dans les endroits
où l'on peut établir un système d'irrigation à l'aide d'un
cours d'eau d'un volume suffisant, on peut dire aussi
qu'une prairie offrira généralement un produit plus élevé
qu'on ne pourrait l'obtenir en soumettant alternativement
ce sol à la charrue. Je ferai remarquer ici que l'usage de
l'irrigation est incompatible avec l'alternat du sol, car,
quoique les arrosements puissent en principe être utiles à
la végétation de beaucoup d'autres plantes que celles qui
composent les prairies, l'application devient pour elles im-
·possible ou du moins extrêmement difficile, parce que la
conduite de l'eau et sa distribution sur la surface du sol
exigent un nivellement et des dispositions préalables qu'on
ne peut économiquement exécuter que dans un terrain destiné à rester pendant fort longtemps dans l'état où on le met
par ces travaux. Plusieurs autres obstacles encore se présentent à l'application des irrigations à la culture des plantes
annuelles ou bisannuelles. Ainsi, si l'on soumet à la culture un terrain disposé pour l'irrigation, l'eau deviendra
sans utilité pendant le temps que le sol sera en nature de
terre arable, et il faudra recommencer sur nouveaux frais
les travaux de nivellement, de régalement, et le creusement

des rigoles, lorsqu'on voudra rétablir la prairie. Il est bien peu de circonstances où cette combinaison puisse être économique.

Mais pour les prés qui ne peuvent être soumis convenablement à l'irrigation, et dont la surface n'est jamais couverte par les débordements, on pourra dans un grand nombre de cas les mettre en culture avec beaucoup de profit pendant quelques années, pour les rétablir ensuite à l'état de prairies permanentes, car les terrains de ce genre donnent généralement des produits très-considérables pendant les premières années, lorsqu'on les soumet à l'action de la charrue. On pourra être déterminé aussi à entreprendre cette opération par le besoin de changer la nature des herbes de la prairie, surtout dans le cas où un pré, jusque là marécageux, a été assaini par des travaux convenables : alors, en effet, les plantes de terrains marécageux ne disparaîtront qu'après un très-long espace de temps, si l'on n'en opère pas la destruction en mettant le terrain en culture pendant quelques années. Il ne convient, au reste, de remettre en prairies un terrain ainsi mis en culture, que dans le cas où, en raison des circonstances de la localité, on attache plus de prix au foin des prairies naturelles qu'à celui qu'on peut obtenir du sainfoin ou de la luzerne, ou lorsque les terrains dont il est question ne peuvent admettre la culture de ces plantes ; car, si le sol est favorable à la luzerne, on en obtiendra généralement ainsi un produit plus élevé que celui d'une prairie naturelle placée dans les mêmes conditions. On peut en dire autant du sainfoin, parce qu'il ne pourrait être question de placer cette récolte que dans un sol sec et élevé qui ne donnerait qu'un faible produit à l'état de pré naturel. Il est certain toutefois qu'un pré composé d'un mélange d'un grand nombre de plantes est beaucoup plus durable qu'une prairie artificielle de luzerne ou de sainfoin. Ainsi, il pourra convenir de se déterminer pour une prairie mélangée, dans le cas où l'on ne voudrait pas la rompre de très-longtemps.

DEUXIÈME SECTION

Formation de nouvelles prairies permanentes

Lorsqu'on veut former une prairie naturelle, il importe de diriger d'abord son attention sur la nature et la situation du sol, car tous les terrains ne sont pas propres à former des prairies offrant un produit satisfaisant. La richesse du sol est une des premières conditions d'une bonne prairie ; mais il faut aussi que le terrain ait, par sa position, un certain degré de fraîcheur : aussi, si l'on rencontre de bons prés ailleurs que dans les vallées des rivières ou des ruisseaux, c'est toujours dans des situations un peu enfoncées, quoique placées sur les collines qui séparent ces vallées, et où les eaux pluviales sont amenées de divers points par la pente du terrain. Dans une telle position, le sol est ordinairement riche et profond, et il sera propre alors à former une bonne prairie. Si le terrain était en culture depuis longtemps, et s'il a été épuisé par un grand nombre de récoltes successives, on ne pourra y former qu'un pré médiocre, à moins qu'on ne l'amène préalablement à un haut degré de fertilité par plusieurs fumures successives, dont la dernière devra être appliquée dans l'année même de l'ensemencement de la prairie. On doit aussi diriger les cultures des années qui précèdent l'ensemencement de manière à nettoyer complétement le sol de toutes les plantes vivaces qu'il contenait, et en particulier du chien-dent, qui nuirait beaucoup aux produits de la prairie pendant les premières années. Il faut toutefois excepter de cette règle certains sols, qui jouissent d'une aptitude parti-culière à se couvrir promptement d'herbes de bonnes espèces, et qu'il suffit en quelque sorte d'abandonner à eux-mêmes pour en former promptement de bons prés ; mais ce sont des exceptions rares, et, dans la plupart des cas, on ne doit compter pour former une prairie que sur les plantes dont on y répandra les semences. Il est certain aussi que cette facilité du sol à s'enherber dépend beau-coup du vice des procédés de culture dont on y a fait usage, et qui n'ont jamais détruit complétement les plantes naturelles au sol ; d'où il suit nécessairement que les ré-coltes qu'on y a placées ont toujours dû partager avec elles la place et les principes féconds du terrain.

Le terrain ayant été porté par des fumures à un haut degré de fertilité, et bien exempt de plantes de mauvaises espèces, il faut procéder au choix des graines dont on veut l'ensemencer. Ce choix est fort important, et n'est pas aussi facile que le croient quelques personnes, car la durée de la prairie dépendra essentiellement d'un choix de plantes bien appropriées à la nature du terrain ; et l'on rencontre tant de variétés de sols, qu'il est entièrement impossible d'indiquer à l'avance un mélange de plantes que l'on puisse conseiller de préférence. Dans un très-grand nombre de cas, des prés qui ont été ensemencés par un mélange de trois ou quatre espèces de plantes ont donné un produit satisfaisant pendant un petit nombre d'années ; et ce produit a ensuite considérablement diminué. C'est que le même sol ne peut pas nourrir pendant longtemps la même espèce de plante ; et les prés naturels doivent leur longue durée au grand nombre d'espèces qui les composent. Le sol ne s'épuise jamais ainsi pour une plante en particulier, parce qu'il ne la produit qu'en très-petite proportion : si le terrain se lasse d'une espèce, il s'en trouve toujours là une autre prête à la remplacer. De bons observateurs assurent même avoir remarqué, à diverses époques successives, des changements évidents dans les espèces d'herbes qui dominent dans la même prairie ; en sorte que c'est la nature même qui règle l'assolement de la prairie, c'est-à-dire la rotation d'après laquelle les plantes se succèdent respectivement. Mais, pour qu'elles puissent le faire, on comprend qu'il faut que les éléments de cette rotation soient présents sur le terrain, c'est-à-dire qu'il y existe constamment un assez grand nombre de plantes pour que le terrain lui-même puisse choisir celles qu'il lui convient le mieux de produire, à chaque période de la rotation.

On peut conclure de là que l'on ne peut former une bonne prairie permanente qu'en y mélangeant un grand

nombre de sortes de plantes : l'expérience montre en effet
que lorsque la prairie n'est composée que d'un petit nombre d'espèces, son produit diminue après deux ou trois
années de fauchage; et ce ne sera peut-être qu'après une
période de dix ou quinze ans que l'on verra le produit de
la prairie s'accroître de nouveau, parce qu'elle deviendra
une véritable prairie naturelle, lorsque quelques circonstances fortuites y auront apporté les germes d'une variété
suffisante de plantes pour que la rotation naturelle puisse
s'y exercer. On peut juger, par ce que je viens de dire,
combien serait difficile l'énumération des espèces de plantes
qui doivent composer l'ensemencement d'une prairie,
car ce sont toutes les plantes qui entrent dans les bonnes
prairies naturelles d'un sol de même nature que celui que
l'on veut ensemencer et le nombre en est partout très-
considérable.

C'est pour cela que l'on réussit généralement mieux
pour former une nouvelle prairie en employant le moyen,
tout grossier qu'il puisse paraître, de prendre pour semence les balayures ou débris de foin qui se trouvent au
fond des fenils, lorsqu'on en a enlevé le fourrage. Ces
balayures sont composées pour la plus grande partie de
débris de feuilles ou de tiges; mais ils contiennent aussi
beaucoup de semences des diverses plantes qui compo-
saient le foin, parce que ces semences tendent toujours à
descendre, et s'échappent en grande partie chaque fois
qu'on enlève le foin pour la consommation. Cependant,
on comprend facilement que si l'on ne connaît pas bien
l'espèce de foin dont ces débris ont été extraits, c'est le

hasard qui décidera s'ils ne contiendront pas beaucoup de graines de plantes mauvaises en elles-mêmes, ou peu appropriées au sol auquel on les applique. La quantité de graines qui s'y rencontrera dépendra beaucoup aussi de l'époque à laquelle les prairies auront été fauchées : si la récolte du foin a été faite de bonne heure dans la saison, le foin ne contiendra que peu de graines en maturité, et seulement des espèces de plantes les plus hâtives. Enfin, il est fort difficile de déterminer la quantité de ces débris qu'il faut répandre sur une surface donnée; car on ne connaît guère la quantité de graines qu'ils contiennent réellement, à moins qu'on ne prenne le soin de séparer les graines des débris de plantes, ce qu'il est presque impossible de faire complétement.

Thaër indique le moyen suivant pour se procurer les graines nécessaires à l'ensemencement de nouvelles prairies, et c'est en effet le meilleur que l'on puisse employer : il consiste à choisir pour la récolte de la graine un bon pré naturel, aussi semblable que possible au terrain que l'on veut ensemencer, tant par la nature du sol que par sa situation. Si l'on fauchait tout ce terrain à la fois, on perdrait nécessairement les semences d'une partie des plantes qui y croissent, parce que dans tous les prés on rencontre un mélange de plantes dont les graines mûrissent à diverses époques. On fauchera donc la moitié de l'étendue de ce pré, lorsque les plantes les plus hâtives parmi les espèces qui le composent seront sur le point d'arriver à maturité; et l'on fauchera le reste huit ou quinze jours plus tard, à l'époque convenable pour récolter les semences des espèces tardives. On pourrait même faucher en trois ou quatre fois, afin d'être mieux assuré d'obtenir les semences de toutes les espèces. En effet, presque toutes les plantes des prairies, principalement parmi les graminées, laissent perdre leurs semences avec une grande facilité dès qu'elles sont mûres ; et il faut saisir avec adresse l'instant favorable pour chaque espèce, si l'on ne veut pas en perdre beaucoup. Il faut bien se garder d'attendre pour faucher la maturité complète des espèces de graminées que l'on désire particulièrement recueillir ; lorsque les graines les plus avancées ne sont plus en lait et commencent à prendre de la consistance sans être encore dures, c'est l'instant le plus favorable : la maturité s'achèvera pendant la dessiccation. On laissera en andains pendant plusieurs jours l'herbe fauchée dans ce but, on la mettra ensuite en chevrottes, puis en tas successivement plus gros à mesure qu'elle se desséchera, mais sans jamais l'étendre et la retourner sur le sol, ce qui ferait perdre une grande partie des semences. Après la dessiccation, on bat cette herbe au fléau, on nettoie le mieux qu'on le peut les semences qui en proviennent par le criblage et le ventement, on mêle ensemble les semences provenant des diverses coupes successives, et l'on emploie ce mélange pour l'ensemencement de la nouvelle prairie. Il serait fort difficile de déterminer avec exactitude, au poids ou à la mesure, la quantité de semences ainsi recueillie qu'il convient d'employer, parce que, selon les espèces, les semences varient considérablement de volume et de pesanteur ; mais presque toujours, si les semences sont convenablement nettoyées, c'est-à-

dire, séparées des débris de feuilles et de tiges, 50 kilogrammes suffiront pour ensemencer un hectare. Au
reste, comme l'excès ne peut jamais nuire dans ce cas,
on fera bien d'en mettre de 75 à 100 kilogrammes, si
on le peut. En général, dans tous les ensemencements de
prairies, il est bon d'être plutôt prodigue qu'avare de semence ; un ensemencement de pré ne peut guère lever
trop épais : toutes les plantes ne prospéreront pas, mais le
terrain conservera les espèces qui lui conviennent le
mieux.

Les plantes de la famille des graminées forment générale-
lement la base des mélanges qui composent les prairies
naturelles ; cependant elles y sont toujours associées à
beaucoup de plantes d'autres familles, en particulier de
celles des légumineuses ; et ce mélange est aussi utile à la
bonne qualité du foin qu'à l'abondance du produit. Parmi
les légumineuses des prairies, on peut indiquer surtout le
trèfle commun, la lupuline, le trèfle blanc, le lotier corni-
culé, etc. Ces deux dernières plantes, quoique rampantes
et ne s'élevant pas autant que beaucoup d'autres, tendent
essentiellement à accroître beaucoup le produit des prairies ; car l'expérience a fait reconnaître à tous les praticiens
que l'abondance des produits d'un pré dépend beaucoup
moins de la hauteur des herbes qui le composent que de
leur *tassé :* la coupe d'un pré n'est jamais bien productive, si l'herbe n'est pas *bien garnie au pied.* Parmi les
graminées, quelques-unes s'élèvent beaucoup, et ont par
ce motif attiré particulièrement l'attention ; aussi ce sont
celles qu'on a multipliées de préférence. Tels sont le *fro-*

mental ou *avoine élevée*, le *dactyle pelotonné*, etc. Ce sont de très-bonnes plantes de prairies ; mais les espèces plus basses et beaucoup moins apparentes contribuent au moins autant qu'elles à l'abondance du produit et à la bonne qualité du foin.

On trouve dans le commerce les graines de quelques espèces de graminées des prairies. Il est rare qu'elles soient bien pures ; mais, si elles ne sont mélangées que d'autres bonnes espèces, on peut juger par ce que j'ai dit que l'inconvénient n'est pas grave. On peut aussi faire récolter à part par des femmes ou même par des enfants, sur le bord des prairies ou dans des haies, les graines des espèces de graminées qu'on leur a appris à connaître ; et on peut, dans beaucoup de cas, se procurer ainsi ces semences à des prix qui ne sont pas très-élevés. On peut en former des mélanges, en leur associant des plantes d'autres familles, pour l'ensemencement des prairies ; mais, lorsqu'on adoptera ce moyen, il conviendra, par les motifs que j'ai exposés, de réunir ensemble un grand nombre d'espèces ; et l'on arrivera encore bien difficilement à produire le même effet que l'on obtient en employant pour semence des graines de foin, parce qu'on n'aura jamais un mélange aussi varié. Cependant, pour l'usage des personnes qui voudraient entreprendre des semailles de ce genre, je vais indiquer la quantité de semence qu'il convient d'employer par hectare, pour les espèces du moins qui se trouvent dans le commerce, ou que l'on pourrait le plus facilement se procurer en en faisant recueillir les graines à part. Pour les graminées, j'emprunterai les chiffres que je vais donner à l'excellent travail sur ce sujet qu'a fait insérer M. Vilmorin dans le *Bon Jardinier*. Pour chaque espèce, la quantité de graines est indiquée comme si elle devait être semée seule : ainsi, si c'est un mélange de six espèces que l'on veut faire, c'est le sixième de la quantité indiquée que l'on doit prendre pour chacune, à moins que par quelque motif on ne veuille faire prédominer une espèce sur d'autres.

Quantité de semence par hectare.

Trèfle commun	15	kilogrammes.
Trèfle blanc ou rampant	8 à 10	—
Lupuline ou minette dorée	10 à 13	—
Ficurin ou agrostis stolonifer	5	—
Fromental ou avoine élevée	100	—
Brôme des prés	45 à 50	—
Dactyle pelotonné	40	—
Fétuque des prés	50	—
Fétuque ovine	30	—
Fétuque traçante	35	—
Fléau des prés ou phléole	7 à 8	—
Houque laineuse	20	—
Ivraie vivace ou ray-grass commun	50	—
Paturin des prés	18	—
Paturin des bois	20	—
Vulpin des prés	20	—

La saison la plus favorable pour l'ensemencement des prairies est, dans le nord et le centre de la France, la fin d'août ou le commencement de septembre, parce qu'on est ainsi garanti du danger des sécheresses, qui détruisent fréquemment les ensemencements de printemps. Il ne faudrait pas reculer cette époque, si ce n'est peut-être dans les terrains extrêmement riches où la végétation est très-prompte, parce qu'il importe que les plantes soient déjà fortes et bien enracinées pour être en état de supporter les rigueurs de l'hiver. Les semences de prairies se répandent alors seules, et non en mélange avec une céréale, comme on le fait au printemps pour les ensemencements de prairies artificielles. La complète préparation du sol exige presque toujours une jachère pendant l'été qui précède l'ensemencement. Comme les semences de prairies ne veulent être que très-peu enterrées, on herse le terrain avant l'ensemencement, on l'égalise avec soin dans toutes ses parties, on répand les semences, puis on les couvre par un léger trait de herse. L'action d'un rouleau pesant, et surtout du rouleau-squelette, convient très-bien après le hersage, et peut même le remplacer dans beaucoup de cas : pourvu, en effet, que ces graines soient fortement appuyées à la surface du sol, elles ont à peine besoin d'être recouvertes de terre pour germer parfaitement dans cette saison. Si le sol est riche et a été bien préparé, on aura déjà une coupe passable dès l'année suivante et dans la seconde année le pré sera en plein produit. Si l'on peut donner une fumure abondante en couverture aussitôt après l'ensemencement, on aura communément une riche récolte dès l'année suivante, et le produit du pré s'en accroîtra beaucoup pendant plusieurs années. Dans les sols qui n'étaient pas déjà portés à un très-haut degré de fertilité, cet emploi du fumier est un des plus profitables ; car il a pour résultat une grande reproduction d'engrais par l'accroissement des récoltes de fourrages. S'il se trouvait, à la surface, des pierres qui pussent gêner le fauchage, on ne devrait pas manquer de les faire enlever avec soin pendant l'hiver ou au printemps qui suit l'ensemencement. Les Anglais aiment à faire pâturer très-ras par des moutons une prairie nouvellement établie, aussitôt que les plantes sont bien enracinées, c'est-à-dire dans l'année qui suit celle de l'ensemencement. Cette opération est très-favorable en particulier aux graminées, parce qu'elle en favorise le tallement ; en sorte que la prairie se trouvera mieux garnie par la suite. Il convient, du moins, de ne pas négliger l'emploi de ce moyen après l'enlèvement de la première coupe.

TROISIÈME SECTION.

Amélioration des prairies naturelles

Une des plus importantes améliorations que l'on puisse apporter aux prairies déjà existantes consiste dans l'*assainissement*, c'est-à-dire dans les opérations qui ont pour but de débarrasser des eaux les parties où elles séjournent. Quelquefois ces eaux sont amenées par les débordements d'une rivière ou d'un ruisseau, ou y sont dirigées par la pente du terrain pendant les pluies abondantes; d'autres fois, ce sont des eaux souterraines qui forment de fausses sources, souvent sur des points fort élevés, et dans des terrains qui ont beaucoup de pente. Dans tous les cas, ces eaux nuisent infiniment à la qualité des herbes que le terrain produit, et l'on ne doit rien négliger pour leur procurer un écoulement constant, soit par des rigoles et des fossés ouverts, soit pas des saignées couvertes, selon les circonstances. On peut consulter ce que j'ai dit sur ce sujet en parlant du défrichement des terrains marécageux; car le besoin est le même, soit qu'on veuille laisser le terrain en nature de prés, soit qu'on veuille le soumettre à la culture. Les moyens d'exécution sont aussi les mêmes, à la réserve de quelques circonstances spéciales que l'intelligence fera facilement reconnaitre à chacun. On pourra aussi quelquefois combler les fonds assujettis au séjour des eaux, au moyen de transports de terre judicieusement calculés; mais ce sont là des opérations fort coûteuses, et auxquelles il est prudent de ne se livrer qu'avec beaucoup de circonspection. Il est rare qu'avec un peu d'intelligence on ne puisse assainir complétement, sans avoir recours à ce moyen, un terrain déjà en nature de pré.

Les prairies marécageuses quoique élevées laissent souvent écouler une eau d'une nature particulière, que l'on reconnait aux couleurs irisées dont se couvre sa surface sur les points où elle est stagnante. C'est l'indice de la présence de quelque substance nuisible dans le sol, probablement de l'oxyde de fer dissous par un acide. Quoique assainies, ces prairies pourront ne pas être amenées immédiatement à produire avec abondance des herbes d'une bonne nature. On corrige ordinairement ce vice en répandant à la surface de la chaux, des cendres ou de la marne ; mais l'assainissement doit toujours être le premier moyen à employer, car sans lui tous les autres seraient inefficaces.

La surface d'une prairie doit être parfaitement unie, pour la facilité du fauchage. Il faut donc étendre avec soin les taupinières qui s'y forment : rien n'accuse davantage l'incurie d'un cultivateur qu'un pré couvert de ces monticules durcis par le temps. Lorsqu'on prend le soin d'étendre les taupinières, ce qui n'est pas très-coûteux, les taupes, loin de nuire aux prairies, leur sont fort utiles, parce qu'elles ramènent sans cesse à la surface une terre neuve très-favorable à la végétation des plantes. Ces animaux sont le moyen dont se sert la nature pour renouveler graduellement la surface des terrains meubles. Les taupes sont sans doute fort nuisibles aux cultures de nos jardins, et même à quelques ensemencements dans la grande culture ; mais dans les prés on peut dire qu'elles ne font de tort qu'aux négligents.

La saison la plus favorable pour étendre les taupinières est celle de la pousse des herbes, lorsque celles-ci n'ont encore que peu de hauteur ; car, si l'on y procédait plus tôt, il se formerait encore beaucoup de nouvelles taupinières, tandis qu'il ne s'en formera que bien peu entre le commencement ou le milieu d'avril et l'époque du fauchage. Si les taupes sont abondantes dans le pré, il conviendra de réitérer l'opération quelque temps après la

coupe de la première herbe ; car il importe beaucoup de
ne pas laisser les taupinières se consolider et se durcir, ce
qui rend ensuite l'opération plus difficile. Si elles ne sont
pas très-nombreuses, on les étend à la pelle, en répandant
uniformément au loin la terre qui les formait.

Dans les prairies d'une grande étendue, et couvertes
d'un grand nombre de taupinières, on emploie avec
avantage un instrument tiré par des chevaux, et que l'on
nomme *étaupinoir*. C'est un cadre en bois auquel on peut
donner 2 mètres (6 pieds) de longueur sur 1 mètre 30
centimètres (4 pieds) de largeur ou un peu plus. Les deux
grands côtés sont formés de pièces de bois de 16 centimètres (6 pouces) de hauteur sur 13 centimètres (5 pouces) de largeur. Un des petits côtés, qui forme le devant
de l'instrument, se compose d'une traverse de 8 centimètres (3 pouces) d'épaisseur sur 11 centimètres (4 pouces)
de largeur environ, et qui est assemblée à mortaises dans
les deux grands côtés, de manière que la face supérieure
de ces pièces est arasée ; ainsi, la face inférieure de la traverse se trouve élevée de 8 centimètres (3 pouces) au-dessus du sol, lorsque les grands côtés glissent sur le terrain
à la façon d'un traineau. Cette traverse est garnie au-dessous, dans toute sa longueur, d'une lame de fer de 7
millimètres (3 lignes) d'épaisseur et de 11 centimètres
(4 pouces) de largeur, tranchante par son bord antérieur,
et dont le tranchant fait saillie de 11 ou 14 millimètres (5 à
6 lignes) en avant de la pièce de bois. La lame est assu-
jettie sous la traverse par des clous solides. Cette lame
tranche donc à 8 centimètres (3 pouces) au niveau du sol

toutes les taupinières que l'instrument rencontre. Une seconde traverse semblable à la première, mais à laquelle on ne donne que 5 centimètres (2 pouces) d'épaisseur, et qui est garnie de même en dessous d'une lame de fer tranchante, est assemblée entre les deux grands côtés au milieu de leur longueur, mais de manière que le tranchant de la lame est placé à 9 centimètres (2 pouces 1/2) plus bas que celui de la première, en sorte qu'il ne reste que 13 millimètres (1/2 pouce) de vide au-dessous d'elle, lorsque l'instrument glisse sur un plan uni. Cette seconde traverse tranche, presque au niveau de la surface du pré, la partie inférieure des taupinières qui n'auraient pas été coupées par la première traverse, et elle brise aussi les mottes qui auraient pu être détachées par les deux traverses, et qui sont écrasées en passant sous la seconde. S'il y avait quelques mottes un peu trop grosses, elles passent par-dessus cette traverse, et sont écrasées par la dernière dont je vais parler : celle-ci, qui forme le quatrième côté et la partie postérieure du cadre, est composée d'une pièce de bois semblable à celle des deux grands côtés, et glissant sur le sol comme elles. Elle pousse devant elle les portions de terre détachées par les deux autres traverses, et les force à se loger dans les cavités que présente toujours la prairie qui semble le plus unie : les mottes qu'elle charriera pendant quelque temps trouveront enfin des cavités dans lesquelles elles s'engageront en partie, ce qui facilitera leur écrasement. Dans certains terrains qui formeraient des mottes très-résistantes, il pourrait convenir d'évider un peu le dessous de cette traverse sur le devant, afin que les mottes s'y engagent plus facilement. Tout l'instrument doit être construit en chêne ou autre bois dur. La traction s'opère de même que dans les herses à losange figurées parmi les instruments, c'est-à-dire à l'aide d'une chaîne fixée par ses deux extrémités à deux crochets placés aux deux angles antérieurs. Le crochet de la volée se fixe au milieu de cette chaîne. Un attelage de quatre chevaux est nécessaire pour faire fonctionner cet instrument; mais il égalise en peu de temps de grandes surfaces. Quoique son effet soit plus complet sur des taupinières récentes, on peut cependant l'employer pour abattre de vieilles taupinières déjà durcies et couvertes de gazon; seulement alors il convient mieux que la traverse postérieure soit élevée de 13 millimètres (1/2 pouce) ou de 27 millimètres (1 pouce) au-dessus de la face inférieure des grands côtés, parce que, si elle glissait sur le sol, elle charrierait souvent devant elle trop de mottes.

Pour les vieilles taupinières déjà couvertes de gazon, il est un moyen de les aplanir avec toute la perfection possible, si l'on ne craint pas le travail manuel que donne cette opération : il consiste à couper verticalement en croix la taupinière avec le tranchant d'une bêche. On détache ensuite avec la bêche, sur deux de leurs côtés, les quatre triangles de gazon que l'on a ainsi formés, en les renversant en dehors de la taupinière, du côté où ils restent attachés au sol. Lorsque le monticule est ainsi découvert, on enlève la terre qui le forme et on la répand à l'entour ; on creuse même un peu le terrain, de manière qu'en repliant les gazons pour les remettre à la place qu'ils occupaient, la surface soit bien unie. Ils ont bientôt repris racine, et il ne reste ainsi aucun espace vide à la place qu'occupait la taupinière. Au reste, les places vides que l'on forme par les autres procédés sont bientôt garnies, dans un pré vigoureux, par les drageons des plantes qui les entourent.

La surface des prairies sèches est souvent couverte en grande partie de mousse : il en est de même des prés trop humides, quelquefois aussi de ceux qui ne sont ni dans l'un ni dans l'autre de ces deux cas, mais dont le sol a été épuisé par une trop longue succession de récoltes de foin sans qu'on leur ait appliqué des engrais. Dans toutes ces circonstances, la mousse ne nuit pas directement à la prairie, comme beaucoup de personnes le croient, mais elle occupe la portion de la surface qui ne pouvait se couvrir d'herbes, par l'effet de quelque vice du sol. La destruction mécanique de la mousse, que l'on opère à l'aide de la herse ou du scarificateur à lames étroites et tranchantes, est cependant utile à la prairie, mais c'est bien moins par l'enlèvement de la mousse que par la culture que l'on opère ainsi à la surface du sol, et qui donne plus de vigueur à la végétation des herbes. Dans les prés dont le sol n'est pas calcaire, la chaux, les cendres ou la marne, répandues sur la surface, donnent ordinairement beaucoup d'activité à la végétation de l'herbe, et opèrent en très-peu de temps la destruction de la mousse. On produit un effet semblable dans les prés trop humides par de bonnes saignées, en évitant d'abuser de l'eau des irrigations, abus qui a ordinairement pour effet d'éclaircir l'herbe et de donner lieu ainsi à la production de la mousse. Lorsque c'est la fertilité qui manque au terrain, le moyen le plus efficace de faire disparaître la mousse est l'application des engrais, qui rend l'herbe plus touffue. Dans beaucoup de localités, il est hors d'usage d'appliquer ainsi des engrais aux prés ; mais il est certain que lorsque la nourriture du bétail se fonde en grande partie sur le produit des prés naturels, le moyen le plus efficace de fertiliser les terres arables est de porter du fumier sur les prairies qui en ont besoin ; car le fumier ainsi appliqué tend à se reproduire dans une grande proportion par l'accroissement de la masse des fourrages qui en résultent.

Quant à l'époque à laquelle il convient le mieux de répandre le fumier sur les prairies, elle varie selon les circonstances : dans les prés sujets aux débordements pendant l'hiver, on ne peut appliquer le fumier qu'au printemps, lorsqu'on n'a plus à redouter cet accident qui entraînerait au dehors une grande partie des sucs fertilisants. Mais toutes les fois que l'on fume les prés dans cette saison, on ne peut employer que des fumiers bien consommés ou des composts, parce que le fumier pailleux se mêlerait à l'herbe pendant sa croissance, et se trouverait encore en nature dans le foin après le fauchage. Dans tous les autres cas, il est préférable d'appliquer le fumier à l'automne, autant que possible avant l'époque où le sol est détrempé par les pluies de cette saison, parce que ces pluies, survenant ensuite, feront entrer immédiatement dans le terrain les sucs du fumier qu'elles dissoudront. Le fumier frais ou pailleux produit alors un effet très-énergique ; et s'il reste de la paille sur le sol au printemps, on l'enlèvera avec des râteaux avant la crue de l'herbe, afin qu'elle ne se mêle pas au foin. Les engrais liquides conviennent particulièrement aux prés et peuvent s'employer en toute saison, excepté à l'époque où le terrain est couvert d'herbe déjà grande. Si l'on emploie des engrais en les mêlant à l'eau d'irrigation, on peut même les appliquer très-bien pendant la période de la crue de l'herbe.

QUATRIÈME SECTION

Des herbages

On nomme *herbages*, ou *prés d'embouches*, des prairies permanentes destinées principalement à l'engraissement des bêtes à cornes par le moyen du pâturage. C'est dans les anciennes provinces de Normandie, du Nivernais et du Berry, que l'on rencontre la plus grande étendue de pâturages de ce genre. Le nom d'herbages est usité en Normandie, et celui de prés d'embouches, dans le Nivernais et dans quelques autres provinces voisines. Mais ces deux mots ont exactement la même signification, et la manière de traiter les prairies de ce genre est à très-peu de chose près la même dans ces diverses localités.

Les herbages sont toujours formés dans des terrains de la plus haute fertilité naturelle, soit dans les vallées des rivières, soit sur l'emplacement d'étangs desséchés, mais toujours dans un terrain frais sans être humide. Si le sol est sujet à être inondé pendant l'hiver par des eaux limoneuses, il n'en est que plus propre à former de riches herbages. Lorsqu'on peut les soumettre à l'irrigation avec de bonnes eaux, on accroît aussi leur fertilité, surtout si l'on y emploie des eaux grasses comme celles qui proviennent des égouts des villes, ou autres semblables. Mais l'irrigation ne peut avoir lieu que pendant l'hiver, et jamais pendant que les bestiaux sont renfermés dans les herbages. Le sol doit être parfaitement assaini, de préférence par des saignées souterraines, de manière que l'eau ne séjourne dans aucune partie de l'herbage.

Les herbages doivent être enclos de haies vives très-solides, en sorte que les bestiaux qu'on y laisse jour et nuit y soient en sûreté : lorsque les herbages sont très-étendus, on les divise en plusieurs enclos par des haies semblables. Les plus grands enclos sont de 20 à 30 hectares ; mais on regarde généralement comme préférables ceux de 5 à 10 hectares. Les haies doivent être garnies d'un certain nombre d'arbres de haute tige, qui croissent toujours avec vigueur dans des terrains de ce genre, et qui sont utiles pour donner de l'ombrage aux bestiaux dans les temps très-chauds. Cependant, l'herbe étant moins nutritive dans le voisinage des arbres, il est bon de ne pas trop les multiplier. Par le même motif, on ne laisse pas les haies prendre trop de hauteur, mais on les taille tous les trois ou quatre ans, en ne laissant que les branches nécessaires pour former la clôture. Chaque enclos doit contenir un abreuvoir d'eau courante ; et s'il n'existe pas d'arbres dans l'intérieur, on y plante des poteaux, contre lesquels le bétail aime à se frotter. On étend soigneusement les taupinières chaque année dans les herbages, de même que dans les autres prairies.

Les herbages riches peuvent engraisser dans le cours de l'été deux bœufs par hectare. Les bœufs de grande taille ne peuvent s'engraisser convenablement que dans les herbages de la plus haute fertilité, les autres sont consacrés à des bœufs d'une taille moindre ou à l'engraissement des vaches.

On met une partie des animaux dans les herbages au printemps, lorsque les herbes commencent à pousser, et l'on complète le nombre environ un mois plus tard, lorsque la végétation est dans toute sa force, c'est-à-dire lorsqu'on voit que les animaux ne broutent plus l'herbe assez ras à mesure qu'elle croît. Dans les herbages qui ne sont pas soumis à l'irrigation, ou qui ne sont pas sujets à être inondés pendant l'hiver, on met quelquefois, dès la fin de l'automne, un petit nombre de bœufs qui y passent l'hiver, et auxquels on fournit de la nourriture lorsque cela est nécessaire. Ils y profitent assez pour gagner une avance notable sur ceux que l'on n'y met qu'au printemps. Cela n'est praticable, toutefois, que dans les pays où l'hiver est généralement tempéré. A mesure que les bœufs sont devenus assez gras pendant le cours de l'été, on les remplace par d'autres, selon que le permet la croissance de l'herbe; et si ces derniers ne sont pas suffisamment gras à l'automne, on achève leur engraissement à l'étable.

On retrouve dans l'exploitation des herbages l'application du même principe qui s'étend à toutes les espèces de nourriture du bétail : savoir que l'engraissement des bêtes à cornes offre l'emploi le plus profitable des aliments d'excellente qualité. Ainsi, on se garde bien de consacrer à l'élève des bêtes à cornes ou des chevaux, ou même à l'engraissement des moutons, les herbages où l'on peut engraisser des bœufs ou même des vaches; car tout autre emploi offrirait moins de profit. Cependant, on joint communément aux bœufs que l'on met dans un herbage, surtout lorsqu'il n'est pas de très-haute fertilité, un petit nombre de chevaux, qui mangent certaines espèces d'herbes négligées par les bœufs. On associe aussi quelquefois à ces derniers quelques élèves de bêtes à cornes, par quelque motif de convenance particulière. Enfin, on met quelquefois dans l'herbage avec les bœufs, vers la fin de l'automne, un petit lot de moutons à engraisser. Mais, au total, c'est toujours sur l'engraissement des bêtes à cornes que se fonde le principal profit que l'on tire des riches herbages.

Les herbages sont une propriété dont on fait beaucoup de cas dans le pays où l'on se livre à cette industrie; et on le conçoit facilement, puisque les bons herbages se louent généralement à raison de 150 à 200 francs par hectare. Cependant, il faut faire remarquer qu'on ne peut les établir que dans des terrains d'une fertilité naturelle supérieure à celle de la plupart des bons prés à faucher, dont on tire facilement, dans beaucoup de localités, un loyer à peu près égal à celui-là. Dans les cantons où la culture est bien entendue, les terres arables d'un degré de fertilité naturelle que l'on peut comparer à celle des herbages se louent à des prix qui ne sont guère inférieurs, et elles fournissent pour la nourriture du bétail une quantité d'aliments au moins égale à celle des meilleurs herbages. En effet, si nous supposons un produit de 5,000 kilogrammes de luzerne et de 25,000 kilogrammes de betteraves par hectare, ce qui s'obtient facilement dans des sols de fertilité moyenne, nous trouvons qu'un demi-hectare de chacune de ces deux récoltes fournirait à deux bœufs pendant 125 jours une ration journalière de 10 kilogrammes de luzerne et de 50 kilogrammes de betterave par tête ; ce qui les porterait certainement à un degré de graisse au moins égal à celui que deux bœufs de grande taille peuvent prendre dans un hectare d'herbages. Sans doute il y aura plus de frais pour la production de ces récoltes, mais aussi on recueillera une quantité d'excellent fumier de beaucoup supérieure à celle que consomme la récolte de betteraves et de luzerne, et qui s'appliquera à la production des céréales sur d'autres terres arables ; tandis que, dans le système des herbages, les sols les plus riches d'une contrée ne fournissent aucun engrais, et ne contribuent ainsi en rien à l'amélioration de la culture des terres arables.

Si l'on voulait soumettre à la culture le sol des riches herbages, de ceux du moins qui ne sont pas sujets à l'inondation, il n'est pas douteux que l'on ne pût en tirer des récoltes de betteraves et de luzerne doubles de celles que je viens d'indiquer pour les terres de fertilité moyenne. Ainsi, un demi-hectare suffirait pour engraisser à l'étable le même nombre de bœufs que l'on engraisse aujourd'hui sur un hectare en pâturage. On pourrait donc, sans diminuer le produit en viande, consacrer la moitié du terrain à la production des céréales, qui alterneraient avec les récoltes fourragères; et le fumier que l'on produirait ainsi serait plus que suffisant pour maintenir indéfiniment le sol au même degré de fécondité.

Je tiens le fait suivant d'un engraisseur fort habile et fort expérimenté, qui exerce son industrie dans le département des Vosges. Il possède une prairie d'une très-haute fertilité attenant à son habitation et fertilisée par les eaux des égouts d'une ville. Pendant longtemps il a exploité cette prairie sous forme d'herbages, c'est-à-dire qu'il y mettait en pâturage des bœufs à l'engrais. Il essaya de la faire faucher pour donner l'herbe en vert à ses bœufs à l'étable. Il a trouvé qu'il engraissait ainsi un nombre beaucoup plus considérable de bœufs que lorsqu'il faisait pâturer sa prairie. Lorsqu'il m'a raconté ce fait, il y avait déjà dix ans qu'il employait la méthode du fauchage, à laquelle il donnait une préférence très-décidée. C'est un procédé que l'on pourrait adopter presque partout, car il n'est pas de riches herbages que l'on ne puisse convertir en excellentes prairies à faucher.

Des diverses considérations qui précèdent, on peut conclure que le système des herbages appartient à une période encore peu avancée de l'art de la culture des terres arables; et sans prétendre en proscrire l'emploi, on peut bien dire qu'on avancera bien davantage la prospérité agricole d'un canton en y introduisant de bons procédés pour la culture des terres, qu'en y formant des herbages qui par leur nature sont isolés dans l'économie rurale et ne fournissent aucun engrais pour les terres arables.

CINQUIÈME SECTION

De l'irrigation

La plus importante des améliorations que l'on puisse apporter aux prairies est, sans aucun doute, l'emploi de l'irrigation. Dans quelques contrées de notre territoire, principalement dans les pays montagneux, cette opération est pratiquée avec un grand soin, et l'on en obtient d'immenses résultats pour l'accroissement des produits en fourrage ; mais, dans une multitude d'autres localités, on ne semble pas même soupçonner le parti que l'on pourrait tirer des cours d'eau qui souvent traversent les prairies elles-mêmes, et qui, à l'aide de quelques travaux, pourraient doubler le produit de ces dernières. On peut souvent employer l'eau d'une rivière ou d'un ruisseau à l'irrigation de prairies qui en sont fort éloignées ; et c'est à l'aide de recherches de nivellement que l'on détermine les points où l'on peut amener l'eau, en la prenant à un point donné du cours d'une rivière ou d'un ruisseau. Si l'on peut disposer d'une grande étendue de terrain pour opérer cette dérivation, on trouvera presque toujours que l'on peut amener l'eau aux pieds des collines voisines ou même sur leur penchant, dans des parties où l'on n'aurait pas soupçonné qu'elle pût atteindre, d'après la seule inspection du terrain. On peut aussi, dans beaucoup de cas, élever l'eau destinée à l'irrigation à l'aide de machines hydrauliques de divers genres, et ordinairement en employant comme moteur le cours d'eau lui-même. Les travaux de ce genre, au reste, rentrent dans l'art de l'ingénieur ou du mécanicien ; et quoiqu'il soit souvent très-utile aux cultivateurs de posséder les connaissances qui s'y rapportent, je dois me borner à parler ici de l'irrigation proprement dite, c'est-à-dire de l'emploi de l'eau que je suppose amenée par un moyen quelconque sur le terrain qu'elle doit fertiliser.

Dès qu'on a déterminé le point le plus élevé où l'on peut amener l'eau sur la surface de la prairie, on peut reconnaître, par un simple nivellement, quelle portion de cette surface pourra être soumise à l'irrigation ; car on pourra conduire l'eau dans toutes les parties situées au-dessous du niveau de ce point, pourvu que le volume de l'eau soit suffisant. En effet, l'irrigation occasionne l'absorption et l'évaporation d'une quantité d'eau assez considérable. Cette quantité varie beaucoup selon le climat et la nature du terrain ; mais un petit cours d'eau ne pourra jamais suffire qu'à l'irrigation d'une étendue très-bornée de prés ; et l'on se livrerait à des dépenses en pure perte, si l'on exécutait les travaux d'irrigation sur une surface plus étendue que ne le comporte la masse d'eau dont on peut disposer. Comme on ne peut guère déterminer à l'avance cette étendue, il sera prudent de ne soumettre d'abord à l'irrigation qu'une surface limitée, mais dans une partie assez élevée de la prairie, pour qu'on puisse ensuite étendre les opérations en employant le surplus de l'eau à l'irrigation des parties inférieures.

On pratique l'irrigation des prairies par plusieurs procédés distincts, dont les principaux sont la _submersion_, qui n'est applicable qu'à un petit nombre de cas, l'irrigation _en planches_, et l'irrigation _à reprise d'eau_. Je parlerai seulement de ces deux dernières, en avertissant que, selon la disposition du local, on établit souvent des irrigations qui participent de l'un et de l'autre de ces procédés.

L'irrigation _en planches_ s'emploie dans les terrains unis et peu en pente. Comme il serait impossible, dans ces circonstances, d'obtenir l'écoulement prompt et complet des eaux que l'on aura répandues sur la prairie, il est nécessaire de disposer la surface du terrain en planches ou billons qui facilitent l'écoulement de l'eau. Ces planches sont formées dans le sens de la pente du terrain, en sorte que les rigoles qui les séparent servent à faire écouler dans un fossé, pratiqué en travers à leur extrémité inférieure, toute l'eau que l'on a répandue sur la surface des planches. On les nomme les _rigoles de desséchement_ ; la même eau n'est ainsi employée qu'une fois à l'irrigation du terrain, à moins que la disposition des lieux ne permette d'employer à l'irrigation d'autres planches, situées au-dessous, l'eau recueillie dans le fossé de desséchement. Les _rigoles d'irrigation_ sont parallèles aux premières, mais placées sur le sommet des planches qui doivent former à partir de la rigole d'irrigation, deux plans inclinés bien uniformes jusqu'à la rigole de desséchement. La planche entière doit avoir une pente uniforme dans sa longueur, afin que l'eau se répande avec égalité dans toutes ses parties, et s'écoule dans les rigoles d'irrigation, sans se porter ou s'arrêter de préférence sur aucun point. Les rigoles d'irrigation sont alimentées par une *maîtresse rigole*, pratiquée transversalement en tête de toutes les planches. Un morceau de gazon, taillé à cet effet, sert d'écluse pour ouvrir et fermer à volonté la communication entre la maîtresse rigole et chacune des rigoles d'irrigation. Des morceaux de gazon semblables sont placés momentanément dans les rigoles d'irrigation, sur les points où l'on veut arrêter l'écoulement de l'eau, pour la forcer à se répandre sur les deux rives, et de là sur toute la surface des plans inclinés. On ne doit pas faire les planches très-larges, parce que cela exigerait de trop grands mouvements de terre pour donner aux plans inclinés la pente suffisante ; mais si l'on faisait les planches très-étroites, on multiplierait trop les rigoles. Dans les situations basses et humides, les planches doivent être plus étroites, et présenter plus de pente dans leurs plans inclinés, afin d'assurer l'égouttement du terrain. La largeur des planches peut varier de 15 à 40 pieds et même davantage. Lorsque le terrain a été ainsi disposé par des travaux à bras, que l'on peut toutefois faciliter en commençant le billonnage par le travail de la charrue, on répand les semences de la prairie sur toute la surface des planches ; mais on ne doit y amener l'eau que dans l'année suivante, lorsque le terrain est bien tassé et consolidé à la surface : sans cette précaution, l'eau entraînerait la terre sur beaucoup de points.

L'irrigation *à reprise d'eau* s'applique aux terrains qui ont une pente très-prononcée, et spécialement aux prairies situées sur le penchant des coteaux. On la nomme ainsi, parce que les rigoles étant tracées en travers de la pente, les unes au-dessous des autres, chacune sert à la fois de rigole d'irrigation pour l'espace situé au-dessous d'elle, et de rigole de desséchement pour l'espace situé au-dessus. En effet, si l'on se contentait de répandre l'eau à la surface de la partie supérieure du terrain, au moyen d'une seule rigole, l'eau, après avoir parcouru un certain espace de la pente, se fraierait des chemins spéciaux, et se partagerait ainsi en un certain nombre de courants, au lieu de rester répandue uniformément sur toute la surface. C'est afin d'éviter cet inconvénient, que l'on recueille dans une rigole, placée à quelque distance au-dessous de la première, l'eau qui a été répandue par celle-ci, et le trop plein de la seconde rigole se déverse uniformément sur la rive inférieure, pour être ensuite recueilli dans une troisième, et ainsi de suite. Ces rigoles doivent avoir dans toute leur longueur, une pente uniforme mais très-légère, afin qu'en les obstruant à l'aide d'un morceau de gazon, on détermine l'eau à se déverser sur leur rive inférieure dans une grande longeur. Elles ne doivent donc presque jamais être en ligne droite, mais doivent se plier à toutes les ondulations du terrain, de manière à conserver partout une pente uniforme. La dernière rigole, à la partie infé-rieure, a une pente prononcée vers l'une de ses extré-mités, et sert de rigole de desséchement pour toute la pièce, en conduisant les eaux au dehors. Une condition très-importante à remplir ici, de même que dans toutes les espèces d'irrigation, c'est que la pente du terrain soit assez uniforme dans toutes ses parties pour que l'eau n'y séjourne nulle part, mais s'écoule promptement dans la rigole de desséchement, en sorte que la surface entière de la prairie s'égoutte complétement en peu de temps lorsqu'on cesse d'y amener l'eau. Dans toute irrigation, on doit pourvoir avec autant de soin aux moyens d'évacuation de toute l'eau qui se trouve à la surface, qu'aux moyens de l'y amener et de l'y répandre.

Quant à la conduite journalière de l'eau pour l'irrigation, on commence généralement à mettre l'eau dans les prés à l'époque des premières pluies de l'automne. A cet effet, on cure et l'on répare les rigoles aussitôt que le regain est fauché. Les eaux de cette saison sont particulièrement favorable à la fertilité des prairies, lorsque les ruisseaux qui les fournissent sont alimentés par la chute des pluies sur de grandes étendues de terres arables situées sur les hauteurs. L'eau entraîne alors avec elle beaucoup de principes fertilisants, qu'elle a dissout en parcourant les terres préparées et amendées pour l'ensemencement des grains d'automne. On laisse l'eau sur la prairie dans cette saison pendant une quinzaine de jours, après quoi on la retire, afin de laisser le terrain se ressuyer, car un trop long séjour de l'eau occasionnerait la pourriture des racines des plantes de diverses espèces. En hiver, on remet encore et l'on retire alternativement l'eau de temps à autre, en ayant soin de la retirer à l'approche de la gelée. En mars, on remet encore l'eau pendant dix à

quinze jours si le temps est frais, et seulement pendant
six à huit jours, si la température est élevée ; car il y a
d'autant plus de danger à faire pourrir les racines des bonnes herbes par le séjour de l'eau, que l'air est plus chaud.
Aussi, à mesure que la température s'échauffe en avril
et mai, diminue-t-on la durée du séjour de l'eau sur chaque
partie de la prairie : on la réduit d'abord à deux ou trois
jours ; et, lorsqu'il fait très-chaud, on ne donne l'eau que
pour vingt-quatre heures, ou même pour une seule nuit.
On doit à chaque fois laisser au sol le temps de se ressuyer
complétement avant d'y remettre l'eau ; si la température
est pluvieuse, on peut rester pendant longtemps sans
donner d'eau à la prairie ; car la végétation de l'herbe
n'exige qu'un degré d'humidité déterminé, et l'abus de
l'irrigation nuit considérablement aux prairies, en détruisant
les meilleures espèces de plantes, et en les remplaçant par
des herbes de marécage. Après l'enlèvement de la première coupe du foin, on remet immédiatement l'eau dans
la prairie pour un espace de deux à quatre jours, selon
la température, et l'on réitère cette irrigation une ou deux
fois avant la coupe du regain.

Tout ce que je viens de dire sur l'irrigation des prairies
est nécessairement très-superficiel, et ne peut servir qu'à
faciliter l'étude pratique de ce genre d'opération aux
personnes qui auraient l'intention de s'y livrer. Un traité
spécial, accompagné d'un grand nombre de figures, serait nécessaire pour faire comprendre ces moyens d'application, selon les cas si divers que peut présenter la
disposition naturelle du terrain. On pourra consulter avec

fruit sur ce sujet les ouvrages suivants : *De l'eau relativement à l'économie rustique, ou Traité de l'irrigation des prés, par J. Bertrand.* — *Mémoire sur l'amélioration des prairies naturelles et sur leur irrigation, par de Perthuis.* — *Traité général de l'irrigation, par Villiam Tatham, traduit de l'anglais.* Les personnes qui voudraient prendre connaissance des grands travaux d'art à l'aide desquels on distribue l'eau destinée aux irrigations sur des cantons étendus, et les règlements au moyen desquels on assure aux intéressés la jouissance de quantités fixes et proportionnelles de cette eau, trouveront des détails fort intéressants sur ce sujet dans deux ouvrages de M. Jaubert de Passa, ayant pour titre, l'un : *Mémoires sur les cours d'eau et les canaux d'arrosage des Pyrénées orientales*, et l'autre : *Voyage en Espagne dans les années 1816, 1817, 1818 et 1819, ou Recherches sur les arrosages, sur les lois et coutumes qui les régissent, etc.* Au reste, si un propriétaire avait le projet d'établir une irrigation de quelque importance, le parti le plus prudent serait ou de faire venir un homme exercé à ce genre d'opérations, en le cherchant dans les pays où elles sont généralement usitées, ou d'aller lui-même faire un séjour dans un de ces cantons, afin d'étudier attentivement la pratique des irrigations. C'est là, en effet, une de ces matières sur lesquelles des préceptes écrits peuvent bien difficilement remplacer l'inspection directe des lieux, dont la variété est immense, et l'observation des dispositions adaptées à chaque circonstance.

QUATRIÈME PARTIE

QUATRIÈME PARTIE

DE LA CULTURE DES PLANTES. — DES CÉRÉALES

CHAPITRE I

LE FROMENT

PREMIÈRE SECTION

Généralités

Le *froment* ou *blé* est chez presque toutes les nations de l'Europe, la plus importante de toutes les plantes soumises à la culture, parce que c'est lui qui forme la principale nourriture des populations. Cette plante doit sa prééminence à plusieurs circonstances prises dans sa consommation et sa production.

Sous ce premier rapport, le froment est la base de la préparation d'un aliment agréable, qui convient à tous les tempéraments, et qui contient abondamment, outre les principes ordinaires des végétaux, une substance animalisée ou azotée nécessaire à l'alimentation de l'homme. On a reconnu en effet que ce dernier ne peut vivre en se nourrissant exclusivement de substance privée du principe azoté, mais le gluten, qui abonde dans le froment, apporte ce principe dans le pain, et en forme un des aliments les plus salubres pour la race humaine ; tandis que le riz, par exemple, qui sert de base à l'alimentation des nombreuses populations de l'Asie, ne contient ce principe animalisé qu'en proportion infiniment petite, s'il le contient et forme ainsi un aliment moins substantiel. C'est vraisemblablement à cette circonstance du régime alimentaire que l'on doit attribuer en grande partie la différence si remarquable d'énergie et de vigueur entre les peuples de l'Orient et ceux de l'Occident. Chez ces derniers, les populations qui se nourrissent de bon pain, même lorsqu'elles ne consomment qu'une très-petite quantité de nourriture animale, possèdent aussi une grande supériorité de force et d'aptitude au travail sur celles qui se nourrissent principalement de quelques autres aliments qui contiennent le principe azoté et d'une proportion infiniment moindre, comme les pommes de terre, le maïs, le sarrazin, etc. Sous le rapport de la culture, le froment est parmi les grains alimentaires celui qui offre le moins de casualité, parce que la plante résiste aux intempéries mieux que toutes les autres céréales, et mieux que presque toutes les plantes qui sont du domaine de l'agriculture. La vente de ce grain est plus assurée que celle d'aucun autre produit, et quoique les prix éprouvent des variations, ces dernières sont beaucoup moindres que

celles qui affectent les produits de la plupart des récoltes
de commerce, dont la réussite est aussi beaucoup plus
casuelle et plus coûteuse ; en sorte que si le cultivateur
trouve quelquefois de grands bénéfices dans les cultures
de cette dernière espèce, il y éprouve bien souvent aussi
de graves mécomptes. Tout cela explique et justifie la
prédilection que montrent ordinairement les cultivateurs
praticiens pour la culture du froment, qui présente presque
partout le produit le plus solide d'une ferme ; et c'est à tort
que quelques personnes ont critiqué cette prédilection.
Seulement elle doit être raisonnée ; et les assolements les
plus vantés ne sont réellement bons, pour la plupart des
circonstances, que lorsqu'en variant les récoltes dont on
couvre le sol, ils tendent à accroître plutôt qu'à diminuer
la production du froment.

DEUXIÈME SECTION

Espèces et variétés

Le froment commun d'hiver et de printemps, *triticum
hibernum* et *vernum*, appartient à la famille des graminées. L'épi est composé d'épillets rangés alternativement
sur les deux côtés de la tige ou axe et disposés en zigzag.
L'épi est presque cylindrique dans quelques variétés ; dans
d'autres, il est quadrilatère. Chacun des épillets qui le forme
est composé, dans le plus grand nombre des variétés, de

quatre ou cinq fleurs formées de deux balles ou valves inégales entre lesquelles se trouve logé le germe qui donne naissance au grain. Plusieurs fleurs avortent ordinairement dans chaque épillet, en sorte que ceux-ci contiennent rarement plus de trois grains. Les froments d'automne et de printemps sont à peine des variétés d'une même plante, comme je le dirai tout à l'heure. Le froment de Pologne, *triticum polonicum*, à épis trop longs, à grains cornés et très-allongés comme ceux du seigle, le blé de miracle, ou blé à épis rameux, *triticum compositum*, et le blé renflé, *triticum turgidum*, à épis barbus comme le précédent, et comme lui aussi à grains gros et courts, ont été considérés par les uns comme des espèces distinctes, et par d'autres comme de simples variétés du froment commun. Il en est de même du blé amidonnier, *triticum amyleum*, presque inconnu en France, mais qui est l'objet d'une culture assez étendue en Allemagne. Les caractères les plus apparents de ce dernier se trouvent dans un épi court formé d'épillets très-rapprochés, ne contenant que deux grains, et dans des barbes courbes au lieu d'être droites. L'épeautre, *triticum spelta*, et le petit épeautre, *triticum monococon*, sont plus généralement considérés comme des espèces distinctes du froment commun. Au reste, il y a tant d'incertitude dans les caractères sur lesquels les botanistes ont établi les espèces ou les variétés dans les plantes modifiées par la culture, qu'il serait entièrement superflu de discuter ces questions. Ce que je dirai dans ce chapitre se rapporte principalement au *froment commun;* je dirai seulement ici, relativement aux autres espèces ou variétés, que les avantages que l'on a attribués, d'après des expériences faites en petit, à la culture du blé de Pologne, du blé à épis rameux ou blé de miracle, ont complétement disparu lorsqu'on a voulu les soumettre à la culture champêtre. Quant aux épeautres, j'en parlerai dans une section spéciale de ce chapitre.

Un nombre infini de variétés de froment commun ont été formées par la culture ou par la diversité des climats. Une nomenclature de ces variétés, si on voulait l'étendre à de grandes surfaces de pays, serait nécessairement incomplète, arbitraire et sans utilité : je me bornerai donc à exposer les différents caractères qui les distinguent entre elles. Les unes ont la paille creuse, et ce sont ordinairement celles qui produisent ce qu'on nomme les *blés fins*, dont les grains ont l'écorce très-mince et sont les plus estimés pour la qualité de la farine que l'on en obtient. Les autres variétés à paille forte, pleine et ordinairement fort haute, produisent des grains plus gros, de couleur terne ou grisâtre, à écorce épaisse, que l'on nomme généralement *gros blés,* et qui ont toujours sur les marchés une valeur inférieure à celle des premiers.

Les blés fins varient beaucoup pour la couleur du grain, depuis une nuance jaunâtre très-claire et presque blanche, jusqu'à un jaune foncé. Ces derniers sont ce qu'on nomme les *blés rouges,* et les autres les *blés blancs.* Le volume et la forme du grain varient aussi : les uns sont arrondis et les autres allongés; quelques-uns sont très-aplatis ou comprimés à leurs extrémités; d'autres ont le grain presque triangulaire. Dans la classe des blés fins, les grains ne sont pas généralement aussi volumineux que ceux des gros blés.

Dans les blés fins comme dans les gros blés, quelques variétés ont l'épi ras ; et dans d'autres, ils portent des barbes qui tombent à l'époque de la maturité de certaines variétés. La paille, ainsi que les balles ou enveloppes du grain, varient aussi beaucoup par la couleur et par d'autres caractères : dans quelques variétés, les balles sont blanches, et dans d'autres elles sont colorées de diverses nuances ; elles sont lisses dans quelques variétés, et couvertes d'une espèce de duvet velouté dans d'autres. On a remarqué que les variétés à balles veloutées sont plus exposées que les autres aux atteintes de la rouille dans les localités ou les années humides. Dans toutes les variétés, excepté dans les épeautres, si l'on considère ces dernières comme de simples variétés du froment commun, les balles tendent à s'écarter à l'époque de la maturité pour laisser échapper le grain ; mais cet effet est beaucoup plus marqué dans quelques-uns que dans d'autres : c'est une circonstance fort importante pour la culture, à cause des pertes qu'on éprouve souvent sur les variétés qui s'égrènent facilement à l'époque de la moisson, même avant que le blé soit coupé.

La présence ou l'absence des barbes est un des caractères les plus fugitifs des variétés de froment, car lorsqu'on transporte une variété d'un pays dans un autre, elle devient souvent barbue ou elle perd ses barbes après quelques années de culture, sans que pour cela les autres caractères de la variété semblent altérés. On ne sait pas encore bien si ce changement est dû à la nature du sol ou à l'hybridation; car ces changements tendent toujours à ramener dans la variété introduite le caractère qui domine dans les blés cultivés dans le canton. Ainsi, lorsqu'on a introduit du blé barbu dans un pays où l'on cultive généralement des blés ras, une grande partie des épis se trouveront déjà sans barbe après trois ou quatre années de culture; et un effet analogue se remarque pour les blés ras que l'on a introduits dans un pays où l'on ne cultive que des blés à barbe. Si c'est l'hybridation qui produit cet effet, il faut supposer qu'elle agit sur ce caractère particulier de la plante beaucoup plus que sur les autres, car les blés qui ont ainsi perdu leurs barbes ou qui en ont acquis conservent cependant, du moins pendant fort longtemps, leur caractère de gros blé ou de blé fin, de paille pleine ou creuse, de blé rouge ou blanc, etc. Ce dernier caractère, en particulier, semble avoir la propriété de résister très-fortement aux influences de l'hybridation, comme à celles du sol et du mode de culture. En effet, dans le blé que l'on cultive de temps immémorial dans le canton que j'habite, et qui est un blé rouge à épis ras et à paille creuse, il se rencontre toujours un certain nombre d'épis blancs qui contiennent des grains également blancs; et ces grains se reproduisent comme blés blancs, ainsi que je m'en suis assuré. J'y ai cultivé aussi pendant fort longtemps, au milieu des soles de blé rouge, des blés blancs tirés les uns du Midi de la France, les autres de la Flandre, sans que la nuance de ces derniers se soit altérée en aucune façon.

La distinction que l'on établit entre les froments, en les appelant *blés tendres,* ou *blés durs* ou *glacés,* paraît tenir moins aux variétés de la plante ou à la culture qu'aux climats, car dans les pays du Nord les blés sont généralement tendres, c'est-à-dire se cassent facilement sous la dent en montrant une farine blanche, tandis que c'est des parties les plus chaudes de l'Europe, et même d'autres pays encore plus chauds que viennent les blés glacés, dont les grains sont demi-transparents comme un morceau de gomme, et dont la cassure présente le même caractère, sans laisser apercevoir de farine. Cette dernière n'y existe cependant pas moins, et toute la substance du grain en est formée; mais elle est là dans un état de condensation ou de compression qui lui donne la transparence que l'on observe; et lorsque les meules ont détruit cette agrégation, la farine apparaît avec toute sa blancheur. Ce caractère persiste néanmoins pendant quelque temps, lorsqu'on transporte une variété de blé du Midi au Nord ou du Nord au Midi. J'ai cultivé ainsi un blé glacé qui venait des rives de la mer Noire, et qui possédait d'excellentes qualités. Il s'est bien conservé avec ses caractères pendant quatre années; mais je l'ai abandonné, parce que les blés glacés sont rebutés sur les marchés de notre pays, par la raison peut-être qu'on n'y est pas habitué.

La distinction que l'on établit généralement entre les blés d'automne et les blés de mars, ne tient qu'à l'habitude que contracte la plante de pousser plus ou moins promptement ses tiges. Les blés franchement hivernaux tallent pendant longtemps après la levée de la plante, et avant de

monter en tuyaux, selon l'expression des cultivateurs.
Ainsi on peut semer ces blés de très-bonne heure dans la
saison, par exemple en juillet, et même en mai pour quelques variétés, sans que les plantes poussent aucune tige
avant l'hiver. Elles tallent continuellement et finissent par
former de très-larges touffes, si le sol est fertile. Mais si
l'on sème ces mêmes blés immédiatement après l'hiver,
c'est-à-dire en février ou au commencement de mars, ils
formeront des épis dans l'année même et l'on en obtiendra
déjà une récolte quoique très-faible à la vérité. En continuant de semer au printemps les grains qui en proviennent,
les épis seront plus nombreux et les récoltes plus abondantes, et l'on formera, dans quatre ou cinq années, une
variété décidément printanière qui développera promptement ses tiges et ses épis, bien qu'on recule progressivement l'époque de la semaille jusqu'en avril ou mai.

Si au contraire on sème en automne un blé accoutumé
à être cultivé comme récolte printanière, il supportera d'a-
bord moins bien la rigueur de l'hiver : il pourra même
être détruit en totalité dès la première année, si la saison
est rigoureuse. Mais les plantes qui auront résisté donneront des grains d'où naîtront d'autres plantes qui supporte-
ront déjà mieux les gelées; et dans quelques années on
transformera ainsi un blé de printemps en un blé franchement hivernal.

On a annoncé, à diverses reprises, des espèces de froment que l'on pouvait, disait-on, semer indifféremment
soit à l'automne soit au printemps. Cela peut être vrai jusqu'à un certain point : mais il est vrai aussi que ces varié-

tés résistent moins énergiquement aux hivers rigoureux. Ainsi, il y a réellement plus d'avantage à cultiver, pour les deux époques de semailles, des espèces soit franchement hivernales soit franchement printanières.

TROISIÈME SECTION

Nature du sol; préparation; place du froment dans l'assolement

Le froment, pour sa parfaite réussite, exige un sol un peu consistant. Il ne craint pas même les terrains argileux tenaces, pourvu qu'ils aient reçu de bonnes cultures préparatoires. Les sols légers, sablonneux ou graveleux, sont en général plus propres au seigle qu'au froment. Cependant, avec une bonne culture, surtout à l'aide de labours profonds, et en intercalant le froment avec les prairies artificielles, on en obtient des récoltes satisfaisantes dans des terrains où l'on ne pouvait auparavant cultiver que du seigle.

Dans les assolements où l'on fait usage de la jachère, cette dernière est presque toujours suivie d'une récolte de froment; et l'on peut dire que c'est la préparation par excellence pour cette récolte. En plaçant autrement le froment dans l'assolement, il est possible quelquefois d'atteindre un produit égal à celui d'un froment sur jachère, mais on ne peut guère espérer pouvoir le dépasser, du moins en moyenne sur un certain nombre de récoltes, car c'est généralement le froment sur jachère qui offre le moins de casualité dans sa réussite.

Les usages varient beaucoup relativement au nombre de labours qu'on donne à la jachère qui précède le froment; mais souvent la multiplicité des labours n'est qu'une conséquence de l'imperfection de la charrue. J'ai donné, dans le chapitre des cultures préparatoires, des détails suffisants sur les procédés d'exécution de la jachère dans les diverses espèces de sols, et j'ajouterai seulement ici que l'on doit éviter d'ameublir la terre à un trop haut degré, lorsqu'on la prépare pour une semaille de froment. Cette plante aime de trouver un fond un peu ferme, et il est bon que le sol présente encore quelques mottes. La jachère doit être fumée si le sol n'est pas riche, car le froment exige un sol fécond pour donner un produit abondant. Il faut cependant bien se garder de l'excès, car la récolte peut être beaucoup diminuée, si le froment vient à verser. A cet égard, le cultivateur ne peut jamais se placer dans une complète sécurité, lorsqu'il exploite des terres fort riches, car la *versure* dépend beaucoup des circonstances atmosphériques. On doit du moins faire en sorte de n'avoir à redouter cet accident que dans les étés excessivement humides. Les blés fins versant beaucoup plus facilement que les gros blés, on sème de préférence ces derniers dans les sols où l'on a à redouter l'excès de fertilité.

Après la préparation donnée au froment par une jachère, on peut placer la semaille du froment sur un chaume de colza ou de navette : les cultivateurs ont généralement remarqué que la réussite du froment est presque aussi assurée à cette place de l'assolement, et le produit à peu près aussi abondant qu'après une jachère. Dans les sols très-riches, où l'on aurait lieu de craindre que le froment semé sur la jachère versât, c'est une excellente opération que de placer ainsi avant le froment une récolte de colza ou de navette semés sur la jachère. Aussitôt après l'enlèvement de la récolte oléagineuse, on donne au sol un déchaumage, puis un labour profond quinze jours ou trois semaines plus tard, lorsqu'on reconnaît que les semences de mauvaises herbes enfouies par le déchaumage ont complétement levé. Ordinairement c'est sur ce labour qu'on sème le froment. Cependant, si le terrain n'était pas assez meuble, ou s'il contenait encore des racines de plantes vivaces, il conviendrait de donner un second labour avant la semaille du froment.

On fait quelquefois succéder aussi le froment à des récoltes oléagineuses de printemps, et alors on le sème toujours sur un seul labour après la récolte ; mais la réussite est moins assurée et le produit généralement moins abondant qu'après du colza ou de la navette d'hiver.

C'est également sur un seul labour que l'on sème le froment après les récoltes sarclées, c'est-à-dire après les pommes de terre, les betteraves, le maïs, etc. Des opinions fort diverses ont été émises sur la réussite du froment ainsi placé ; mais l'expérience a aujourd'hui suffisamment prononcé sur ce point. Dans un sol léger et sablonneux, quoique assez consistant pour le froment, il y

donne généralement un bon produit, pourvu que la récolte
qui le précède ait été enlevée à temps pour que la semaille
du froment se fasse en bonne saison : je pense qu'à cet
égard il n'y a aucune différence à faire entre les trois récoltes sarclées que je viens de nommer ; du moins, ayant
semé pendant longtemps du froment sur une sole partagée
l'année précédente entre ces trois récoltes, je n'ai jamais
pu remarquer aucune différence dans la végétation et les
produits du froment, pourvu qu'il ait été semé à la même
époque sur les trois divisions. Si le terrain est dépouillé
trop tard de la récolte sarclée pour qu'on puisse compter
sur la réussite du froment d'automne, le froment de printemps réussira toujours bien à cette place. La terre devra
alors recevoir un labour dans l'arrière-automne, ou en
hiver, si elle est gélisse, propriété dont j'ai donné l'expli-
cation dans le second volume, au chapitre des *Cultures
préparatoires;* dans le cas contraire, le labour ne sera
donné que peu de temps avant la semaille du froment.
C'est là la place indiquée dans les assolements au froment
de printemps, dont la culture est à peine connue dans les
cantons où l'on suit l'assolement triennal avec jachère,
parce que là il n'y a réellement pas de place convenable
pour le froment de printemps. Au reste, quoique ce dernier donne quelquefois des récoltes à peu près aussi abondantes que le froment d'automne, sa réussite est plus casuelle, et en moyenne son produit est inférieur, si ce n'est
dans quelques sols où le froment est exposé à divers accidents par les rigueurs de l'hiver. Des terrains un peu légers, mais frais et assez profonds pour ne pas souffrir de

la sécheresse pendant les mois d'avril et mai, sont ceux où le froment de printemps réussit le mieux.

On a aussi publié des opinions fort diverses sur la réussite du froment qui succède à un trèfle. Tout d'abord, et dans l'enthousiasme qui animait quelques personnes pour cette précieuse prairie artificielle, on a dit souvent que le trèfle formait pour le froment une meilleure préparation que la jachère elle-même. Ensuite, de fréquents mécomptes ont porté à déprécier beaucoup trop cette préparation. L'expérience permet aujourd'hui d'apprécier à leur juste valeur ces diverses opinions. D'abord on ne peut espérer obtenir une bonne récolte d'un blé qui succède à un trèfle, qu'autant que ce dernier était épais et touffu, sans mélange de mauvaises herbes vivaces. La première condition est donc que le trèfle ait été semé dans un assolement qui permettait de bien nettoyer la terre sur laquelle il a été semé. Aussi les mécomptes que l'on a éprouvés sur des froments succédant à un trèfle ont été observés principalement dans les cantons où l'on sème le trèfle dans l'assolement triennal sur la deuxième céréale; car là on ne peut jamais être assuré d'avoir un trèfle entièrement exempt de plantes nuisibles vivaces.

Cependant, même en supposant un beau trèfle en sol bien nettoyé, il est certain que le froment qui lui succède est soumis à plus de casualités que sur la jachère, surtout dans les sols argileux. D'abord il arrive assez souvent que la sécheresse de la saison durcit la terre après la seconde coupe de trèfle, de manière à retarder trop le labour, et par conséquent la semaille du froment. Ensuite, quoique la levée du froment ait été belle et la semaille faite en temps opportun, il arrive fréquemment qu'un assez grand nombre de plants disparaissent, soit à l'arrière-automne, soit au printemps, probablement parce qu'ils sont détruits par les insectes qui se sont propagés sous l'ombre touffue du trèfle.

Au reste, malgré ces inconvénients, il faudrait bien se garder de renoncer à la semaille du froment sur le trèfle. Il y donne le plus souvent un produit abondant, quoiqu'il arrive presque toujours que les froments semés sur trèfle présentent une mauvaise apparence en hiver et au printemps. C'est seulement dans le mois de mai qu'ils prennent de la vigueur, parce que c'est alors que les racines du trèfle se pourrissent et commencent à fournir aux plantes un aliment. Il n'est pas rare qu'un froment sur trèfle, sur lequel il semblait qu'on dût très-peu compter en mars et avril, se développe, talle ensuite avec vigueur, et donne en définitive une fort belle récolte.

C'est presque toujours sur un seul labour que l'on sème le froment qui succède à un trèfle. Si le sol n'est pas bien riche, il est fort utile de laisser repousser le trèfle après la seconde coupe jusqu'à la hauteur de 16 ou 22 centimètres (6 ou 8 pouces), afin d'enfouir ce regain. Cependant on doit éviter que cette considération fasse trop retarder le labour, car il importe, dans presque tous les sols, qu'il précède au moins de quinze jours la semaille du froment. Ce labour doit être aussi profond que celui qui a été donné pour la préparation de la récolte dans laquelle le trèfle a été semé ; mais il ne doit pas l'être davantage, afin d'éviter de ramener à la surface des semences de plantes nuisibles. Les bandes doivent être correctement retournées; et dans les sols très-argileux, et d'une culture difficile, il est souvent fort utile de faire suivre chaque charrue par un ouvrier chargé de retourner complétement les gazons qui se trouveraient placés de manière à pouvoir végéter encore : ce qui arrive pour les sols de cette nature dans quelques places où la charrue n'a pas bien conservé son aplomb. Si l'on peut faire le sacrifice de la seconde coupe de trèfle, on accroîtra beaucoup la fertilité du terrain en enfouissant les plantes pendant qu'elles sont en fleurs, c'est-à-dire dans le mois d'août. Il conviendra souvent alors de donner un second labour quelque temps avant la semaille du froment. Dans cette saison, un mois suffit presque toujours pour faire périr les plantes enfouies de manière qu'on n'ait plus à craindre de les ramener à la surface.

Le froment peut aussi se placer après une avoine qui succède à un trèfle : de tous les cas où il peut convenir de faire produire successivement deux céréales au même terrain, celui-ci est un de ceux qui se justifie le mieux par l'expérience comme par le raisonnement, pourvu que le trèfle ait été semé dans de bonnes conditions, c'est-à-dire sur un sol bien nettoyé, et qu'il ait réussi de manière à occuper complétement la surface du terrain. En effet, il n'est pas de place dans l'assolement où une récolte d'avoine soit plus assurée, et où l'on puisse en attendre un produit plus abondant, qu'après une récolte de trèfle ; mais on obtiendra aussi, dans la plupart des cas, une récolte plus abondante de froment après l'avoine qui succède à un trèfle, qu'en plaçant le froment immédiatement après le trèfle. Si l'on emploie une variété hâtive d'avoine, on pourra toujours donner le labour qui la suit dans le courant d'août ou du moins dans le commencement de septembre ; et la sécheresse ne formera pas un obstacle aussi puissant à ce labour après l'avoine qu'après le trèfle, parce que la terre est moins tassée. Les racines du trèfle étant alors bien décomposées, la terre est meuble, se laboure bien, et se trouve bien nettoyée de plantes nuisibles vivaces, si toutefois le trèfle en était exempt. On sème le froment quinze jours ou un mois après ce labour.

Dans les sols qui ne sont pas très-riches, le froment se place souvent en première récolte sur un sainfoin rompu et sur un seul labour. Le produit est ordinairement bon, si le sainfoin n'était pas trop infesté de plantes nuisibles. On peut aussi quelquefois le placer de même sur une luzerne rompue ; mais comme le sol consacré à la luzerne est presque toujours fort riche, le froment verserait souvent à cette place. D'ailleurs, après un seul labour, il repousse, dans la plupart des cas, beaucoup de luzerne ; et comme les pieds de cette plante ont beaucoup de temps pour former de nouvelles racines, depuis l'époque de la semaille du froment jusqu'à celle où la récolte couvre le terrain d'un ombrage épais, les repousses de luzerne font ordinairement un assez grand tort à la récolte de froment. Elles nuisent beaucoup moins à une récolte d'avoine semée en mars quelque temps après le labour, parce qu'elles ont moins de temps pour s'enraciner de nouveau. Après cette avoine, on pourra placer un froment, comme je l'ai dit pour celle qui succède à un trèfle, pourvu toutefois que la luzerne ait été bien exempte de chiendent ou d'autres plantes vivaces qui se multiplient par leurs racines, ce qui est beaucoup plus rare pour une luzerne que l'on rompt que pour un trèfle qui n'a subsisté que pendant une année.

QUATRIÈME SECTION

Semaille et soins pendant la végétation

Dans les parties septentrionales de la France, l'époque la plus favorable pour la semaille des froments d'automne s'étend du 20 septembre au 15 ou au 20 octobre. La température de l'arrière-automne et de l'hiver peuvent, au reste, apporter de grandes différences dans les résultats des semailles tardives; cependant il est vrai de dire qu'en général la réussite des premières semailles est la plus assurée. Aussi les cultivateurs allemands répètent souvent ce proverbe : *Si une semaille tardive t'a ruiné, ne le dis pas à tes enfants.* Cette observation s'applique surtout aux sols d'une médiocre- fertilité, car pour les terres très-riches, la semaille peut être retardée avec moins d'inconvénient et souvent même avec avantage. Lorsqu'on s'approche de nos côtes vers l'ouest, on trouve une température plus douce pendant les hivers, ce qui permet de retarder l'époque des semailles. On trouve dans chaque localité, chez les cultivateurs praticiens, des données recueillies par l'expérience sur l'époque la plus favorable pour les semailles. Il faut bien se garder de les négliger, mais aussi il ne faut pas oublier que les préceptes que l'on a créés ainsi peuvent tenir au mode de culture usité. Ainsi, en adoptant d'autres méthodes, on devra observer avec attention les résultats que l'on obtiendra des diverses époques de la semaille. Pour les blés de printemps, ils doivent être semés le plus tôt possible, et aussitôt que la terre est bien ressuyée après l'hiver, ce qui arrive généralement dans le courant de mars.

Un grand nombre de cultivateurs croient qu'il est utile de changer de temps à autre sa semence, c'est-à-dire d'y employer du grain récolté à quelques lieues de distance, ou bien de semer dans des sols argileux des grains produits par des terrains légers, et réciproquement. L'observation attentive des faits ne justifie en aucune manière cette opinion : ce changement ne peut être utile que lorsqu'on n'a pas récolté chez soi de belle et bonne semence, comme cela arrive fréquemment dans les fermes où la culture est négligée, et comme cela peut avoir lieu, même avec une bonne culture, dans les sols qui sont peu propres à la production du froment. Lorsque les semences sont mal nettoyées et contiennent des graines de plantes nuisibles, il pourra arriver aussi que ces plantes végéteront moins fortement, et nuiront par conséquent moins à la récolte, si on sème le grain dans un terrain d'une autre nature que celui où ont végété les plantes spontanées ; et c'est vraisemblablement à cela que se sont bornés les avantages que l'on a pu trouver à transporter la semence d'un terrain dans un sol d'une autre nature. Mais toutes les fois que l'on a chez soi de la semence bien conditionnée , c'est-à-dire bien nourrie , exempte de graines étrangères et récoltée sans accident, on peut l'employer avec toute confiance : il n'y aurait rien à gagner à s'en procurer ailleurs, si ce n'est pour essayer d'autres variétés.

La quantité de semence de froment que l'on emploie le plus généralement en France, est d'environ deux hectolitres par hectare. Cette quantité, considérée comme une moyenne, forme une bonne semaille dans la plupart des circonstances. On peut la diminuer de quelque chose pour les semailles très-hâtives ; mais il est nécessaire de l'accroître pour les semailles qui se font tard en saison ; et si deux hectolitres suffisent dans les premiers jours d'octobre, trois hectolitres ne sont pas trop pour une semaille qui sera retardée jusqu'aux premiers jours de novembre.

L'état de préparation du sol peut aussi exiger quelque différence dans la quantité de semence : lorsque le terrain est couvert de cavités et de grosses mottes, qu'on peut bien prévoir qu'une partie des grains ne seront pas en position de germer, il faut alors accroitre la quantité de la semence. C'est là une des causes pour lesquelles il est généralement d'usage de mettre plus de semence sur un trèfle rompu par un seul labour; mais il est bien vraisemblable aussi que cet usage est venu de ce qu'on a remarqué que beaucoup de pieds de froment sont détruits, dans cette circonstance, par les insectes qui s'étaient multipliés sous l'ombrage du trèfle. Une jachère bien soignée et en bon état de préparation, est le sol sur lequel on pourrait diminuer la semence avec le moins d'inconvénients. Quant à l'état de fertilité ou de pauvreté du sol, je ne pense pas qu'il y ait là aucun motif raisonnable pour semer plus ou moins épais. Un sol riche peut, sans doute, supporter un beaucoup plus grand nombre de tiges et d'épis qu'un terrain pauvre ; mais on obtiendra ce résultat avec la même quantité de semence, parce que les pieds de froment y talleront beaucoup plus.

Pour le blé de printemps, la semaille doit être plus épaisse, parce qu'on ne peut guère compter sur le tallement ; mais comme les grains de ces variétés sont généralement plus petits que les grains de froment d'automne, il n'est pas nécessaire d'en mettre beaucoup plus en mesure : 2 1/4 à 2 1/2 hectolitres par hectare feront une bonne semaille dans la plupart des cas.

Toutes ces quantités forment une semaille que l'on est tenté de regarder comme surabondante, lorsqu'on voit l'espacement des grains répandus sur le sol, et lorsqu'on le compare à l'espacement des plantes subsistant au mois d'avril ou de mai. Toutefois il est nécessaire de faire la part de beaucoup d'accidents ; et quoiqu'il soit certain qu'on pourrait obtenir, dans beaucoup de cas, une récolte aussi abondante en économisant un quart ou peut-être même davantage sur la quantité de semence, l'expérience a appris que dans beaucoup d'autres cas aussi cette diminution entraînerait sur la récolte un déficit infiniment plus considérable que la quantité du grain qu'on aurait épargnée pour la semaille.

Les moyens les plus convenables pour couvrir la semence dépendent de l'état du sol. Sur un labour frais, en sol meuble, on peut la couvrir par un simple trait de herse : cela ne présente d'autre inconvénient que de placer les plantes en lignes, à peu près comme on le ferait à l'aide d'un semoir. Il vaut mieux alors herser le terrain avant de répandre le grain à la volée, et enterrer ensuite la semence par un double ou même par un triple hersage tant en long qu'en travers. Mais l'emploi de l'extirpateur ou du scarificateur est bien préférable et enterre plus uniformément la semence répandue ainsi sur un hersage. On peut faire suivre cette opération d'un léger hersage, seulement pour unir la surface du sol.

Sur un trèfle rompu, il arrive souvent qu'on ne peut pas faire usage de l'extirpateur ou du scarificateur, parce que ces instruments ramènent à la surface un trop grand nombre de gazons qui végéteraient dans le froment. Si les bandes ont été retournées correctement, et ne laissent pas entre elles trop de cavités par où le grain descendrait dans la couche inférieure, on peut semer dans ce cas sur le labour et couvrir d'un trait de herse. Si l'on est forcé de herser avant la semaille, on couvre la semence par deux ou trois traits de herse attelées *en décrochant*, c'est-à-dire les pointes des dents tournées en arrière, afin d'éviter de ramener les gazons à la surface. Excepté dans les sols très-légers, toutes ces opérations exigent des herses à dents en fer construites de manière à travailler uniformément sur toute la surface du sol, comme je l'ai expliqué dans la description de ces instruments : seulement on choisit des herses à dents un peu émoussées par l'usure, pour certains cas, entre autres sur un trèfle rompu.

Dans quelques sols, par exemple dans des terres argileuses gélisses, le froment ne réussit jamais mieux que lorsqu'il est semé sur un labour exécuté depuis trois semaines ou même davantage. Dans ce cas, on couvre simplement par un trait d'extirpateur ou de scarificateur. Mais si le sol présentait des mottes trop grosses ou trop nombreuses, ou des cavités où la semence pourrait être trop couverte, on ferait précéder la semaille par un hersage, pour couvrir ensuite comme je viens de le dire.

Pour ce qui concerne les semailles en lignes au moyen du semoir, ainsi que pour beaucoup d'autres détails relatifs à la pratique des semailles, à la conservation et à la préparation des semences, etc., voir, dans ce volume, le chapitre : *Des semailles*. Il en est de même pour ce qui regarde *la préparation du sol* et *la récolte*, ce que j'en dis ici n'étant que le complément des généralités que j'ai exposées sur ces sujets dans le second volume. Quant à la préparation de la semence pour préserver le froment de la carie, j'en parlerai plus loin, dans la section des *Maladies du froment*.

Aussitôt qu'une pièce de froment est ensemencée, on nettoie les raies qui séparent les billons. Le buttoir, joint au rabot de raies, exécute cette opération d'une manière parfaite. On nettoie aussi les raies de ceinture, et l'on ouvre ou l'on cure les rigoles transversales nécessaires pour l'écoulement des eaux. Le froment n'a plus guère à craindre alors d'accidents pendant l'hiver, si ce n'est lorsque des froids extrêmement rigoureux surviennent sans que la terre soit couverte de neige. Le froment, en effet, supporte très-bien une gelée de 12 à 13 degrés centigr. ; mais lorsque le froid descend au-dessous de ce terme, une couverture de neige est nécessaire pour sauver la récolte. C'est ainsi que nous avons vu de graves désastres produits dans le nord de la France durant les hivers rigoureux de 1819 à 1820 et de 1829 à 1830. Au reste, un seul pouce d'épaisseur de neige suffit pour garantir le froment : le mal ne se manifeste alors que sur les parties élevées des billons où le vent aurait enlevé la neige. Cependant le blé est détruit aussi, dans les temps de neige, partout où l'on a piétiné cette dernière en y formant un passage pour les gens de pied ou pour les voitures. Les dégâts causés par le déchaussement sont beaucoup plus fréquents ; ils sont occasionnés par les gelées et les dégels successifs, qui, soulevant un peu chaque fois les plantes hors du sol, finissent souvent par laisser les racines complétement à nu sur la surface. C'est dans les terrains qui ne sont pas parfaitement assainis au moyen des raies et des rigoles d'écoulement, que le déchaussement se manifeste le plus fréquemment. Cependant il est quelques terrains où aucune précaution ne peut en garantir la récolte, et il est souvent préférable alors de consacrer des sols de cette nature à des céréales de printemps.

Il est bon que les plantes de froment aient déjà *tallé* avant l'hiver, surtout dans les sols médiocres. On appelle *tallement* l'opération par laquelle, dans les plantes de la famille des graminées, il se forme autour de la première tige qui sort de la semence des jets latéraux qui sont de véritables plantes complètes, car ces jets portent des racines, et l'on peut les détacher en les éclatant pour les replanter ailleurs. Par la formation successive de nouveaux jets, chaque pied de froment forme une touffe dans laquelle chaque jet peut donner une tige et un épi; et l'accroissement de ces touffes par la formation de nouveaux jets n'a d'autres limites que dans le défaut d'écartement des plantes qui garnissent le champ, dans le défaut de fertilité du sol, ou dans la saison, qui, à une certaine époque de l'année, détermine les plantes à s'élever en tiges, au lieu de continuer à taller. Cependant, dans des sols très-fertiles et pour des plantes isolées, le tallement se continue souvent, lorsque les jets déjà formés montent en tiges, ou ont même déjà développé leurs épis. Les nouveaux jets donneront à leur tour des tiges et des épis; mais ces derniers arriveront à maturité beaucoup après les autres. C'est un inconvénient qui se remarque souvent en sol riche dans les semailles trop claires ; dans les sols médiocres, le tallement s'opérant bien plus lentement, le temps lui manque souvent s'il n'a pas commencé avant l'hiver, et la récolte reste trop claire, à moins que la semaille n'ait été très-épaisse. Au printemps, on aime à voir le froment, au lieu de s'élever, pousser pendant longtemps des feuilles qui rasent la terre, ce qui est l'indice du tallement.

Il arrive quelquefois qu'au printemps les plants de froment semblent avoir succombé aux rigueurs de l'hiver sur des pièces entières, car on n'y aperçoit presque plus de

feuilles vertes. On ne doit pas néanmoins se hâter de condamner ces froments et de les remplacer par un nouvel
ensemencement ; car on voit souvent des pièces qui ne
semblaient plus laisser aucune espérance se garnir au mois
d'avril de plants que l'on n'y avait pas aperçus, et donner
ensuite une récolte supérieure en valeur à ce qu'on aurait
pu attendre de celle qui l'aurait remplacée. C'est seulement après que la terre a été échauffée pendant quelque
temps par les rayons du soleil de printemps, que l'on distingue facilement les plants de blé qui ont survécu. Mais
dès longtemps avant cette époque, lorsque la terre a été
dégelée à fond, on peut se former des idées assez certaines
sur la situation des choses, au moyen d'un examen minu-
tieux des plants de blé que l'on découvre en les cherchant
avec soin. Si l'on extrait ces plants du sol, quoiqu'ils ne
présentent aucune apparence de verdure à l'extérieur,
on reconnait assez facilement si les racines sont encore
vivantes ; mais c'est sur l'espèce de nœud qui forme
le collet de la plante qu'il faut particulièrement diriger
son attention. Si, en le fendant de haut en bas à l'aide
d'un canif, on trouve à l'intérieur un germe charnu et
encore vivant, il y a espoir que les plantes se rétabliront.
Si l'on enlève, avec la motte, des pieds de froment qui ne
présentent plus à l'extérieur aucune apparence de végétation, et si l'on place cette motte dans un pot que l'on
transporte dans une chambre échauffée, en la tenant légèrement humectée on verra végéter promptement les pieds
de froment qui étaient encore doués de la vie ; et l'on
reconnait ainsi si l'on peut espérer que ceux qui sont

restés dans les champs végéteront également un peu plus tard.

C'est lorsque les plantes de froment ont été ainsi affaiblies par des froids rigoureux, que les alternatives de gel et de dégel qui surviennent au printemps sont souvent funestes à la récolte. Du reste, il ne se passe guère d'années que l'on n'observe ces alternatives et il est fort rare que le blé en souffre, lorsque le principe de la vie n'y a pas été attaqué par des froids trop rigoureux. Avant qu'aucune trace de végétation ne se manifeste à l'extérieur, le premier signe qui indique que la plante est encore vivante se trouve dans un ou plusieurs points blancs que l'on remarque à la partie inférieure du collet, ou nœud radical de la plante, en arrachant cette dernière. Après quelques jours d'une température douce, ces points deviennent des mamelons qui conservent leur couleur blanche, et qui en s'allongeant forment des radicules que l'on distingue facilement des anciennes par leur couleur. Ce sont là ordinairement les premiers symptômes de guérison, l'on pourrait presque dire de résurrection, que l'on peut observer dans une récolte qui semblait anéantie par les rigueurs de l'hiver. Cette observation, au reste, peut s'appliquer à toutes les récoltes hivernales : c'est en dirigeant des recherches minutieuses sur les racines, aux premiers jours de printemps, que l'on obtient des indications sur ce qu'il est encore permis d'espérer de celles qui ont eu à souffrir d'un hiver rigoureux. Seulement, dans d'autres plantes, c'est sur ces diverses parties des racines que se forment les radicules nouvelles, toujours faciles à distinguer.

C'est aux récoltes de froment qui se trouvent dans cette position qu'il est particulièrement utile de donner un hersage énergique aussitôt que le sol est bien ressuyé après l'hiver : cette opération facilite et hâte le développement des nouvelles pousses des plantes ; mais elle est très-profitable aussi dans tous les autres cas. La culture donnée ainsi à la surface de la terre favorise singulièrement le tallement, et les épis sont toujours plus longs et plus garnis dans les pièces qui l'ont éprouvée. Les herses à dents en fer sont les plus convenables ici, si ce n'est dans des sols excessivement légers. On attelle les herses *en accrochant* ou *en décrochant,* selon l'état du sol ; mais, dans tous les cas, il faut qu'après l'opération la surface entière du sol soit couverte de terre remuée ; et il ne faut nullement s'effrayer de ce que les dents de la herse se chargent de quelques pieds de froment qu'elles ont arrachés, car cette perte est insignifiante en comparaison de la vigueur que l'on donne à tous les pieds qui restent. Un champ de froment bien hersé paraît, immédiatement après l'opération, beaucoup moins garni que son voisin qui ne l'a pas été ; mais douze ou quinze jours après, lorsque les pieds couverts de terre par la herse se seront fait jour, la différence se fera remarquer en sens inverse, et le champ hersé se distinguera par une supériorité de végétation qu'il conservera jusqu'à la maturité.

Il n'est qu'un cas où l'on doive éviter de herser le froment au printemps, c'est celui d'un déchaussement partiel des plantes, car la herse achèverait de déraciner beaucoup de plants qui tenaient encore au sol par une partie de la longueur de leurs racines. L'action du rouleau conviendrait mieux dans ce cas que celle de la herse ; mais elle est bien rarement efficace, car elle ne fait qu'appliquer sur le terrain les plantes déchaussées, sans couvrir leurs racines de terre, comme il le faudrait pour favoriser leur végétation.

Le binage du froment, exécuté à la même époque, est une opération plus efficace encore que le hersage, et doit lui être préféré dans tous les cas où l'on peut disposer d'un nombre suffisant de bras. En effet, la surface du sol est rarement assez unie pour que les dents de la herse pénètrent à une profondeur uniforme sur tous les points ; et l'on est forcé souvent de donner un second trait de herse, si l'on veut atteindre à des creux assez étendus, et où les dents n'ont pu descendre dans la première opération ; mais à l'aide de la binette, on donne partout une culture à une profondeur uniforme. L'instrument dont on fait usage ressemble à une pioche, mais dans de très-petites dimensions : d'un côté se trouve une lame tranchante par son extrémité, où elle présente une largeur de 5 centimètres (2 pouces) environ, et la longueur de la lame depuis l'œil est d'environ 11 centimètres (4 pouces). De l'autre côté de l'œil, l'instrument présente deux dents ou cornes carrées et pointues, longues aussi de 11 centimètres (4 pouces), et présentant entre elles un écartement de 5 centitres (2 pouces). Le poids de la binette est d'environ une livre et demie. L'œil est un trou oblong dans lequel on fixe l'extrémité d'un manche en bois de 1 mètre à 1 mètre 30 centimètres (3 à 4 pieds) de longueur, selon la taille des

individus qui en font usage. On se sert de la lame partout
où le sol est assez meuble pour en permettre l'emploi, et,
dans tous les cas, pour détruire les plantes nuisibles. Les
cornes, qui produisent un effet analogue à celui des dents
de la herse, s'emploient lorsque la surface du sol est durcie.

Dans la plupart des cas, un atelier de femmes bien conduit exécute le binage du froment à raison de huit à douze
journées de travail par hectare, selon que la terre est plus
ou moins dure, plus ou moins exempte de plantes nuisibles. Il est toutefois des sols tellement infestés de ces
plantes, que le travail serait plus long que je ne l'indique
ici ; mais cela ne se rencontre qu'après des cultures préparatoires très-négligées. Dans certains terrains qui forment
une croûte à la surface, et où chaque coup de binette enlève une portion de cette croûte sous forme de mottes,
une excellente opération consiste à passer un rouleau pesant lorsque ces mottes sont suffisamment désséchées, et à
les réduire ainsi en une terre meuble qui couvre la surface
du terrain.

Après l'exécution du binage et du hersage, le froment
n'a plus guère rien à attendre que des influences de l'atmosphère. Celui qui a bien tallé et en temps convenable, s'il
se trouve placé dans un sol fertile, élève uniformément ses
nombreuses tiges, en sorte que les épis paraissent tous
presque en même temps et à la même hauteur. Cette uniformité est une circonstance à laquelle les praticiens attachent beaucoup d'importance, parce que c'est le présage
d'une récolte abondante de grains. Un cultivateur aime à
dire d'un beau champ de blé, en cette circonstance, qu'on

croirait qu'un jardinier y a passé avec ses ciseaux à ton-
dre. Lorsqu'au contraire quelques épis s'élèvent beaucoup, tandis que d'autres restent en arrière, cela ne présage rien de favorable pour la récolte. La longueur des
épis présente aussi un indice assez certain du produit.

A égalité de sol et de végétation des plantes, le froment
donne cependant un produit fort différent en grains, selon
les circonstances atmosphériques, surtout pendant la période de la floraison. Une température chaude et sèche
sans excès, et un temps calme, sont les circonstances qui
favorisent le mieux la fécondation et qui promettent en
conséquence la récolte la plus abondante. Les pluies fré-
quentes à l'époque de la floraison présagent presque toujours des épis peu garnis de grains, par suite un faible
rendement des gerbes et un produit peu considérable ;
parce que la fécondation s'opérant mal dans ces circonstances, beaucoup de fleurs avortent, en sorte qu'au lieu de
trois grains que l'on trouve fréquemment dans chaque
épilet dans les bonnes années, on n'en trouve que deux et
quelquefois qu'un seul, les autres ne présentant qu'un embryon qui n'a pas pris de développement. C'est cet accident que l'on désigne sous le nom de *coulure*.

En effet, il n'est pas rare que des gerbes d'un même volume rendent dans une année un produit en grains double
de celui d'une autre année. Les apparences étaient souvent
aussi belles au moment de la moisson pour la hauteur des
tiges et la longueur des épis ; et les personnes inattentives
ne reconnaissent qu'au moment du battage l'abondance ou
le déficit du produit. On peut se former d'avance des idées

assez positives sur ce sujet, en comptant chaque année, quelques jours avant la récolte, les grains de quelques épis dans plusieurs pièces de terre. On reconnaît ainsi que ce nombre, selon les années, varie beaucoup par rapport à la longueur des épis. Dans certaines années, on trouvera jusqu'à 40 et 50 grains bien formés dans les beaux épis de froment, tandis que des épis tout aussi longs n'en présenteront que 25 ou 30 dans une autre année.

Comme on donne généralement aux gerbes une circonférence à peu près égale, on peut aussi obtenir la connaissance assez exacte du rendement futur, en pesant à la moisson un certain nombre de gerbes de chaque pièce de terre. Lorsqu'on connaît le poids qu'ont en moyenne, dans une année de bon rendement, les gerbes de la grosseur qu'on a coutume de leur donner, on juge assez exactement le rendement dans les autres années, en calculant qu'à longueur égale de la paille le déficit de poids tombe entièrement sur le grain. Les ouvriers qui chargent et déchargent les gerbes à la moisson s'aperçoivent fort bien aussi de cette différence de poids, sans pouvoir toutefois se rendre compte avec certitude de la différence. Enfin, un indice assez certain d'un bon rendement se rencontre dans l'abondance de l'égrenage qui s'opère lorsqu'on manie les gerbes pour les charger et les décharger. Aussi le cultivateur expérimenté ne se plaint-il guère de la perte qu'il en éprouve, malgré les précautions qu'il fait prendre à ses ouvriers pour diminuer cette perte autant qu'il le peut.

Je n'ai rien à ajouter ici, relativement au froment, à ce

que j'ai dit dans le présent volume, chapitre intitulé : *Récolte et conservation des produits*. On y trouvera tout ce qui est relatif aux divers modes de couper les céréales, aux soins qu'elles exigent sur le terrain avant la rentrée, au battage par les divers procédés en usage, etc.

Dans beaucoup de cantons fort arriérés en culture, le produit du froment ne dépasse guère 10 ou 12 hectolitres par hectare. La moyenne de 18 à 20 hectolitres peut être déjà considérée comme satisfaisante, et peut être obtenue à l'aide d'une culture soignée dans toutes les terres qui par leur nature conviennent au froment. Dans les cantons où le sol est amélioré de longue main par une bonne culture et d'abondants engrais, de même que dans les terrains naturellement très-fertiles, on obtient généralement de 25 à 30 hectolitres. Mais ce dernier chiffre ne peut guère être dépassé en moyenne sans que la récolte ne coure de grands risques de verse dans les étés pluvieux. Le froment est la plus pesante de toutes les céréales : le poids de l'hectolitre varie entre 75 et 82 kilogrammes, selon la pureté du grain, selon les variétés, et aussi selon le climat, la température de la saison et les procédés de culture.

CINQUIÈME SECTION

Maladies du froment

On a quelquefois présenté une longue énumération de
ce qu'on appelle les *maladies* des plantes; mais la description de plusieurs de ces maladies, telle qu'on la trouve
dans les écrivains les plus recommandables, donne lieu à
beaucoup d'incertitudes dans l'application, et il n'en résulte
aucune utilité réelle. Il est même fort douteux qu'il con-
vienne de donner le nom de *maladie* à des accidents divers
que l'on a compris sous cette dénomination. Je me bornerai donc à décrire ici trois maladies du froment, dont les
caractères ne peuvent présenter aucune équivoque : ce sont
la rouille, le charbon et *la carie*. Les botanistes considèrent
ces trois maladies comme le résultat du développement de
plantes parasites microscopiques appartenant à la classe
des champignons. Sans m'engager dans aucune discussion
sur le plus ou moins de vraisemblance que présente cette
opinion, je me contenterai de considérer ces maladies
d'après leurs caractères apparents et leurs résultats.

§ 1. *La rouille.*

La rouille se développe surtout dans les saisons pluvieuses et se manifeste particulièrement dans les terrains bas et humides, dans le voisinage des forêts ou des

lieux marécageux, en sorte que beaucoup de personnes pensent que la maladie est l'effet des vapeurs qui s'en dégagent. Elle se montre aussi particulièrement dans les sols fumés avec excès, et dans ceux qui sont très-riches en principes provenant de la décomposition des matières végétales. Ainsi, sur un pré rompu, le blé pourra être attaqué de la rouille, tandis que les champs voisins en seront exempts. Dans le nord de la France, c'est seulement dans certains étés excessivement humides que la rouille envahit les froments jusque sur les hauteurs et dans les plaines ouvertes, et cause ainsi une diminution sensible dans la masse générale des récoltes. Dans nos départements du Midi, la rouille fait encore bien moins fréquemment des ravages; mais en Angleterre, où l'atmosphère est très-humide, cette maladie est fort redoutée des cultivateurs, et elle occasionne fréquemment dans ce pays de véritables disettes, parce qu'elle diminue dans une grande proportion les récoltes dans presque toutes les situations.

Cette maladie se manifeste à l'époque de la floraison du froment, ou quelque temps après, par l'apparition d'une poussière rougeâtre ou couleur de rouille, disposée en taches de diverses formes sur la surface des feuilles de la tige et des balles de l'épi. La couleur de cette poussière tourne insensiblement au brun noirâtre; et un champ de blé rouillé présente, vu en masse à cette période, une teinte enfumée très-apparente.

On donne souvent à cette maladie le nom de *miellée;* et il est vraisemblable qu'en effet elle commence toujours par une exsudation de cette nature à la surface des diverses parties de la plante. Mais cette exsudation est beaucoup moins apparente sur les feuilles des graminées que sur plusieurs autres plantes, en sorte que la maladie se manifeste d'abord aux yeux par cette couleur de rouille qui lui a fait donner son nom.

Dès que la rouille a paru, la circulation de la séve est évidemment arrêtée ou entravée dans toute la plante. Si le grain est déjà passablement bien formé à cette époque, il cesse de grossir, et il reste plus ou moins retrait, selon l'intensité du mal. Mais si l'invasion de la maladie a lieu lorsque le grain fécondé est encore très-petit, il peut en résulter la perte totale de la récolte : un nombre plus ou moins considérable de grains reste complétement avorté, et les autres sont si chétifs, qu'ils contiennent à peine de la farine. La paille elle-même est altérée dans sa composition par suite de cette maladie ; et lorsque la rouille a été fort intense, les tiges et les feuilles de la plante se brisent sans le moindre effort entre les doigts, et ne peuvent plus servir de nourriture aux bestiaux. Tout porte à croire même qu'elles ne peuvent produire que des fumiers d'une valeur beaucoup moindre.

L'art ne possède aucun moyen contre cette maladie, qui se développe sous l'action immédiate des circonstances atmosphériques et de la nature du sol. Tout ce qu'on peut faire, c'est d'éviter de placer le froment dans les terrains où il courrait trop de risques d'être attaqué par la rouille. Beaucoup de cultivateurs assurent toutefois qu'un moyen de garantir le froment de cette maladie consiste à le semer en méteil avec du seigle. Ce dernier en est rarement attaqué, et l'on prétend que le froment en est garanti par le voisinage du seigle.

L'opinion s'était généralement répandue depuis longtemps parmi les cultivateurs, dans beaucoup de localités, que la présence de l'épine-vinette parmi les haies qui entourent les pièces de terre favorise l'invasion de la rouille dans les champs ensemencés en froment qui les avoisinent, même pour les terrains qui n'y auraient pas été sujets sans cette circonstance. On avait toujours considéré cette opinion comme un préjugé ; mais des recherches plus exactes ayant été faites sur cette matière depuis la fin du siècle dernier, on a constaté des faits nombreux et positifs qui ne peuvent guère laisser de doute sur la réalité de cette influence. D'autres faits, à la vérité, tendraient à contredire cette opinion ; mais ces derniers ont tous été recueillis dans les parties méridionales de l'Europe, où la rouille du froment est un phénomène extrêmement rare : dans le Nord, on peut regarder comme établie l'influence pernicieuse de l'épine-vinette sous ce rapport ; ainsi il est prudent d'extirper cet arbuste des haies, dans le voisinage des terres en culture.

§ 2. *Le charbon.*

Le *charbon* se manifeste par une poussière noire qui remplace la substance du grain dans l'épi. L'enveloppe qui contient cette poussière se rompt quelque temps après la floraison, et laisse échapper la poussière qui est enlevée par les vents bien longtemps avant la maturité des bons grains.

C'est par erreur que quelques personnes ont attribué à la poussière du charbon la teinte noire que prend quelquefois l'extrémité velue des grains de froment, et qui le fait appeler *blé bouté* ou *moucheté*. Cet effet est dû à l'autre maladie dont je parlerai tout à l'heure, la *carie,* qui se distingue essentiellement du charbon. Ce dernier ne laisse pas de traces apparentes sur les grains sains, et ne se communique pas d'une récolte à l'autre par contagion. Ainsi, il serait superflu de soumettre la semence à aucune préparation pour en préserver les récoltes.

Le charbon est une maladie qui n'affecte pas seulement le grain, mais la plante tout entière : à l'aide d'un œil exercé, on peut distinguer, déjà avant l'époque où le froment monte en tuyaux, les pieds qui en sont infestés ; et tous les épis produits par ces pieds seront charbonnés. Dès que l'épi sort du tuyau, on reconnaît à première vue les épis charbonnés. A cette période et même plus tôt, et lorsque l'épi est encore renfermé dans le tuyau, si l'on ouvre un épi, on trouve que les balles contiennent déjà la poussière noire du charbon. Plus tard, et lorsque cette poussière s'en échappe, on distingue encore bien plus facilement ces épis, que l'on croirait avoir été enduits de suie. Toutefois, à la longue, cette poussière est enlevée par les vents et les pluies, et il ne reste plus que le squelette ou l'axe de l'épi. La poussière du charbon est inodore, ce qui la distingue essentiellement de celle de la carie.

Les épis charbonnés sont rarement en grande proportion dans les récoltes de froment ; aussi n'en résulte-t-il pas un dommage considérable. Il paraît que la cause qui tend le plus fréquemment à favoriser le développement de cette maladie est l'humidité du sol. *Thaër* cite quelques terrains très-humides où l'on avait été forcé de renoncer à la culture du froment, à cause des ravages qu'y occasionnait le charbon. C'est là, au reste, un cas excessivement rare ; et cette maladie est en général de si peu d'importance sur les produits des récoltes de froment, que je me serais abstenu d'en parler si je n'eusse voulu faire bien connaître les caractères qui la distinguent d'une autre maladie bien plus funeste, *la carie*, dont je vais et parler avec laquelle elle a souvent été confondue.

§ 3. *La carie.*

La *carie*, à laquelle on donne des noms fort divers selon les localités, est une maladie dans laquelle le grain du froment, à l'époque de la maturité, conserve presque sa forme ordinaire et une certaine consistance ; seulement il est plus court, plus boursoufflé et plus léger, d'une couleur grisâtre, et se brise plus facilement sous le fléau. A l'intérieur, la substance du grain est remplacée par une poussière noire, d'une odeur fort désagréable de poisson gâté, qui, étant mélangée avec le bon grain dans l'opération du battage au fléau, s'attache aux poils qui en garnissent l'extrémité et leur donne une teinte noire, ce qui constitue le *blé bouté*. Lorsque la poussière de carie est très-abondante, tous les grains en sont tachés non-seulement à leur extrémité, mais sur toute leur surface, qui prend une teinte sombre. Quelque légèrement que les grains soient tachés par la carie, ils perdent une partie de leur valeur, parce qu'ils ne peuvent plus produire de farine de belle qualité ; et lorsque les grains sont fortement infestés de poussière de carie, la farine qui en provient est grisâtre et d'une saveur désagréable ; aussi ces grains sont fort dépréciés. La carie ne diminue donc pas seulement dans une proportion souvent assez considérable la quantité des produits, puisqu'il n'est pas rare qu'un dixième ou même un quart des épis d'une récolte soient cariés ; mais elle diminue encore beaucoup la valeur des grains qui ont échappé à l'infection.

La poussière noire qui s'attache ainsi à la surface des grains sains est, comme je l'ai dit, celle qui provient des grains cariés qui ont été écrasés par l'action du fléau ; cependant un assez grand nombre de grains cariés résistent à cette action et se mêlent sans être brisés aux grains sains, dont on peut les séparer par la ventilation, à cause de leur légèreté. Les cultivateurs les nomment souvent des *grains cloqués* ou de la *cloque*. Les machines à battre, qui fonctionnent bien, séparent les grains de l'épi par un mouvement de percussion qui ne brise en aucune façon les grains cariés ; en sorte que dans une récolte qui contenait beaucoup de ces derniers, les grains sains ne sont ni boutés ni infectés d'une manière apparente par la poussière de la carie ; tandis que si cette récolte eût été battue au fléau, elle eût été cariée et eût perdu beaucoup de sa valeur.

On a reconnu par une multitude d'expériences que la carie est héréditaire, c'est-à-dire se transmet d'une récolte à l'autre par voie de contagion au moyen de germes reproducteurs, comme je l'expliquerai tout à l'heure. Il est bien vraisemblable toutefois que certaines circonstances particulières au sol favorisent plus ou moins le développement de cette maladie, en sorte que de la même semence placée dans des terrains différents, il pourra résulter des récoltes cariées à divers degrés. Quoique les grains que l'on emploie pour semences paraissent à la vue entièrement exempts de poussière de carie, il est fort rare qu'il ne s'y en rencontre pas quelques traces imperceptibles, qui suffisent pour reproduire la maladie dans la récolte, sous l'empire de circonstances favorables à cette reproduction. Mais, en l'absence complète des germes reproducteurs, comme cela arrive après certaines préparations que l'on peut donner à la semence, la carie ne pourra jamais se montrer sur quelque terrain que ce soit. Ces germes sont la poussière noire elle-même que renfermaient les grains cariés, et qui s'attache à la surface des grains sains. Tout porte à croire que c'est à l'époque de la germination des grains de froment couverts des germes de la carie, que ces germes exercent leur action et infectent la jeune plante. Les naturalistes pensent généralement que le germe de carie s'introduit dans l'intérieur de la plante de froment, où il est porté par le torrent de la circulation jusque dans les parties de la fructification, dans lesquelles il reproduit la plante cryptogame qui selon eux constitue la carie. Bien des objections pourraient être faites contre cette théorie ; et les faits observés s'accorderaient peut-être mieux avec l'idée d'une infection analogue à celle qui s'opère chez les animaux dans la propagation de certaines maladies contagieuses. Quoi qu'il en soit, je laisserai entièrement de côté ici toute discussion théorique sur ce sujet. Cependant il est bien vraisemblable que la carie ne se reproduit, du moins dans les circonstances ordinaires de la culture, que par les germes qui adhèrent à la surface des grains que l'on emploie pour semence ; car il n'est guère possible d'admettre, comme on le fait souvent, que ces germes, dont le développement s'opère si facilement lorsqu'ils sont humectés, ainsi que le prouvent les expériences de *Bénédict*, *Prévost*, *etc*, puissent se conserver pendant plusieurs mois, soit dans le sol, soit dans la masse des fumiers. Dans tous les faits que j'ai pu observer, les récoltes ont été exemptes de carie, lorsque les germes reproducteurs de cette maladie ont été détruits par des moyens efficaces appliqués au froment employé pour semence.

Depuis longtemps on emploie la chaux, soit seule, soit mélangée à quelques autres substances, comme moyen préservatif contre la carie, c'est-à-dire pour détruire la propriété reproductrice des germes de carie qui adhèrent à la surface des grains de semence. Quelquefois on emploie dans le même but des substances minérales corrosives, et en particulier l'arsenic et le sulfate de cuivre (vitriol bleu ou couperose bleue), comme l'a recommandé le professeur *Prévost*. Il n'est pas sans danger de mettre entre les mains d'hommes aussi peu soigneux que le sont généralement les habitants de la campagne des substances vénéneuses de ce genre, et ce n'est peut-être pas sans raison qu'un édit de 1786 en défendait l'emploi. Quant aux préparations de chaux employées jusqu'à ces derniers temps, elles ne sont vraiment efficaces que lorsqu'on en fait usage sous forme de bain dans lequel on laisse les semences plongées pendant vingt-quatre heures : mais il en résulte une telle incommodité dans la pratique, que l'on avait rejeté presque partout ces procédés, et que l'on n'opérait le *chaulage* que par aspersion ou par d'autres procédés aussi peu efficaces pour détruire complétement les germes de la carie.

Dans des expériences nombreuses commencées en 1831 et suivies pendant quatre années consécutives, j'ai cherché s'il ne serait pas possible de trouver dans un procédé d'un emploi facile et commode, et en rejetant toute substance dangereuse pour la santé de l'homme, un moyen de détruire complétement les germes de la carie sur les grains de froment employés pour semence. Le détail de ces opérations a été consigné, pour la première année, dans la Huitième livraison des *Annales agricoles de Roville,* et, pour les suivantes, dans divers recueils agronomiques du temps. Toutes ces expériences ont été faites en infectant artificiellement de poussière de carie les grains de froment que l'on voulait y soumettre, et en divisant ensuite la masse en plusieurs lots d'un demi-litre chacun que l'on traitait par divers procédés. A l'époque de la maturité, on récoltait à part le produit de chaque lot, et l'on comptait avec soin dans quelle proportion se rencontraient les épis cariés dans chacun. Le blé infecté que l'on a toujours semé en même temps sans autre préparation, comme objet de comparaison, a toujours présenté les épis cariés dans la proportion d'environ moitié du tout. Quant aux lots soumis à diverses préparations, on a reconnu que quelques-unes de ces préparations détruisaient, au moins en partie, la pro-

priété germinative du froment lui-même. Quelques autres
ont diminué dans diverses proportions le nombre des épis
cariés, et la proportion a été assez constante pour les mêmes
préparations. L'emploi de la chaux en diverses combinaisons a constamment diminué la proportion des épis cariés ;
et la diminution a été plus forte encore lorsqu'on a associé
la chaux au sel commun (chlorhydrate de soude). Mais,
dans le grand nombre de combinaisons que j'ai essayées
en employant des substances fort variées, je n'ai trouvé
qu'un seul procédé qui, ayant été répété plusieurs fois dans
le courant de deux années, n'a pas offert un seul épi carié,
quoique la semence employée eût été infestée au dernier
degré, de manière à être noircie par la poussière de carie,
et de manière à produire environ la moitié d'épis cariés,
dans les carrés où, comme je l'ai dit, ils avaient été semés
sans autre préparation. Ce procédé préservatif consiste
dans l'emploi de la chaux et du sulfate de soude appliqués d'une certaine façon ; car, avec les mêmes substances à doses égales, je me suis assuré qu'on produit un
effet entièrement imparfait, si l'application a lieu dans
un autre ordre ou d'une autre manière. Je vais donc indiquer les détails de ce procédé, auquel j'ai donné de la
publicité dès 1835, et qui est aujourd'hui employé par
un assez grand nombre de cultivateurs. Je l'ai constamment suivi dans mes cultures depuis que je l'ai connu,
et dès ce moment la carie a complétement disparu des récoltes de froment à Roville. D'après les renseignements
qui me sont parvenus, il en a été de même partout où ce
procédé a été exécuté avec les soins convenables.

Procédé de sulfatage.

Les substances que l'on emploie dans ce procédé sont de bonne chaux vive en pierre et du sulfate de soude. Ce dernier sel est celui que l'on désigne dans les pharmacies sous le nom de *Sel de Glauber* ; on l'obtient en grande masse dans les fabriques de soude artificielle, où son prix est de 12 à 15 francs le quintal, soit 50 kilogrammes. Les droguistes le vendent communément 20 à 22 francs dans les villes qui ne sont pas fort éloignées de ces fabriques. L'opération doit se faire dans une pièce dont le sol soit formé de carreaux, de dalles ou de ciment ; et les ingrédients doivent y avoir été préparés à l'avance, afin qu'on les ait sous la main au moment de l'opération.

A cet effet, on fait dissoudre 8 kilogrammes de sulfate de soude par hectolitre d'eau, ou 80 grammes (3 onces environ) par litre d'eau. La dissolution doit se faire au moins quelques heures à l'avance dans un cuvier ; et l'on agite fréquemment, jusqu'à ce que le sel soit complétement dissous. En employant de l'eau bouillante, la dissolution est beaucoup plus prompte. Le liquide ainsi préparé peut se conserver pendant toute la durée des semailles. D'un autre côté, on réduit la chaux en poudre, en la faisant fuser par l'addition d'une petite quantité d'eau. Le meilleur moyen consiste à placer quelques pierres de chaux dans un panier ou manne, et à plonger le tout dans l'eau pure, seulement pendant quelques se—

condes. On retire aussitôt la chaux et on la dépose sur le sol, où elle s'échauffe et se fuse bientôt en se réduisant en poudre. Si l'on voulait conserver du jour au lendemain la chaux ainsi fusée, il serait nécessaire de la mettre à l'abri du contact de l'air : on pourrait employer pour cela un étouffoir à braise ou tout autre vase fermant bien, pourvu qu'il y restât peu de vide lorsque la chaux y aurait été déposée. Si on ne la renferme pas ainsi, la chaux fusée perd bientôt toute son efficacité en absordant l'acide carbonique répandu dans l'air ; et par ce motif on doit rejeter la chaux qui s'est éteinte lentement par son exposition à l'air.

La dose de chaux que l'on doit employer n'exige pas une rigoureuse exactitude ; ainsi, afin d'éviter toute perte de temps dans l'opération pour le pesage, on devra se pourvoir d'une écuelle ou de tout autre vase plutôt profond que large, qui, étant rempli à un degré que l'on connait, contienne un poids connu de chaux en poudre, par exemple un ou deux kilogrammes. On n'aura ainsi à faire qu'une seule pesée avant les opérations.

Lorsqu'on veut opérer, on verse un hectolitre de froment au milieu de la pièce, et trois personnes armées de pelles de bois agitent et retournent vivement ce tas, pendant que la personne qui dirige l'opération y verse à plusieurs reprises, mais à peu d'intervalle, autant de solution de sulfate de soude que le grain peut en absorber. Cela exige communément six ou huit litres de solution par hectolitre de grain ; mais on ne doit pas la mesurer, et l'on ne cesse d'en ajouter que lorsqu'on reconnait qu'une plus grande quantité s'écoulerait hors du tas. Tous les

grains doivent être alors uniformément humectés de liquide sur toute leur surface, sans qu'un seul ait échappé
à son action. Alors le chef, sans perdre un seul instant,
prend une écuelle de chaux et la répand sur toutes les
parties du tas, pendant que les ouvriers le retournent avec
activité dans tous les sens. Il en ajoute successivement
jusqu'à la quantité de deux kilogrammes, et les ouvriers
continuent de brasser le tas jusqu'à ce que tous les grains
soient exactement couverts de chaux. L'opération est alors
terminée pour cet hectolitre de froment : on le rejette
dans un des coins de la pièce pour verser à sa place un
autre hectolitre, sur lequel on opère de même. Ce travail
n'exige que quelques minutes pour chaque hectolitre, et
l'on peut ainsi sulfater dans une heure la quantité de froment que l'on sèmera pendant plusieurs jours dans une
grande exploitation.

L'efficacité du procédé du sulfatage dépend essentiellement de deux circonstances, en supposant que les substances employées aient été de bonne qualité : la première
est que le mélange du froment d'abord avec la solution
du sulfate, ensuite avec la chaux, ait été parfait, et qu'il
ne soit pas resté un seul grain qui n'ait été imprégné de
ces substances sur toute sa surface. La seconde est que la
chaux ait été mélangée au moment même où les grains de
froment étaient mouillés de la solution saline : en effet, si
l'on attendait quelques instants, la solution serait absorbée
par la substance intérieure du grain à travers son écorce,
et la chaux n'agirait plus alors de la même manière qu'elle
doit le faire, car les germes de carie se trouvant à la sur-

face des grains de froment, c'est là que doit s'exercer la combinaison des deux ingrédients pour qu'ils agissent avec efficacité. Dans la pratique, on obtient facilement ces deux conditions, si l'on y apporte quelque soin. Le froment ainsi sulfaté paraît sensiblement sec peu de temps après l'opération, et il peut se conserver en tas pendant plusieurs jours sans s'altérer. Toutefois, si l'on craignait qu'il ne s'échauffât, on pourrait le remuer en changeant le tas de place.

Le grain, ainsi couvert de poussière de chaux, en laisse échapper une certaine portion dans l'air pendant qu'on le sème ; mais cette poussière n'est pas très-incommode pour les semeurs, et n'est nullement insalubre. Ils y sont d'ailleurs accoutumés dans tous les cantons où l'on emploie un moyen de chaulage quelconque pour les semences de froment.

SIXIÈME SECTION

De l'épeautre

Je forme une section à part du peu que j'ai à dire sur ce grain, parce qu'il est fort peu cultivé en France, et parce qu'il serait à désirer qu'on en soumît la culture à des essais dans beaucoup de localités. L'épeautre est un véritable froment (*triticum spelta*) ; ses caractères particuliers sont d'avoir un épi très-allongé, quadrilatère et comprimé.

Les épilets sont distants les uns des autres, et l'axe qui les porte est très-cassant, de manière qu'une portion de cet axe reste souvent adhérente à l'épilet dans l'opération du battage. Mais le caractère le plus distinctif de l'épeautre se trouve dans cette circonstance que les balles sont fort adhérentes autour du grain, en sorte que ce dernier ne peut s'en séparer ni par le battage au fléau, ni par l'action de la machine à battre. Dans une grande partie de l'Allemagne méridionale, et dans plusieurs cantons de la Suisse, l'épeautre est à peu près la seule variété de froment que l'on cultive. On l'y regarde comme s'accommodant mieux des terrains de fertilité médiocre que les autres froments, comme moins sujet à verser dans les sols très-riches, et comme résistant mieux aux intempéries de l'hiver.

On cultive plusieurs variétés d'épeautre, d'automne ou de printemps, avec ou sans barbe, à balles de diverses nuances. D'après mon expérience, l'épeautre réussit bien dans les terres ordinaires à froment ; mais il est au moins aussi sujet à la rouille que les autres variétés de ce grain. Je n'ai jamais vu qu'il fût sujet à la carie : on concevrait difficilement comment cette maladie pourrait s'y propager, puisque l'enveloppe épaisse des grains met ceux-ci à l'abri du contact de la poussière de la carie. Les plantes sont pourvues au printemps de feuilles larges et nombreuses ; et lorsqu'on veut semer à l'automne une céréale destinée à être fauchée pour fourrage, soit seule, soit associée à des légumineuses, je pense que l'épeautre mérite la préférence sur toutes les autres céréales, surtout sur les variétés à épis nus ; car les barbes du seigle ou de l'escourgeon présentent un assez grave inconvénient si l'on veut faire consommer ces plantes comme fourrage lorsqu'elles sont déjà un peu fortes, c'est-à-dire à partir de l'époque de la floraison.

L'épeautre se conserve mieux en tas lorsqu'il est encore pourvu de ses balles, comme il l'est après le battage. On l'en dépouille au moment de l'emploi, en le faisant passer entre deux meules de moulin un peu écartées. Dans les pays où cette récolte est usitée, les meuniers sont très-accoutumés à exécuter cette opération au moyen des mêmes meules qui servent à convertir le grain en farine. On le fait passer deux fois entre les meules, la première en soulevant un peu la meule supérieure, de manière à dépouiller le grain de ses balles sans le concasser. Ces moulins sont pourvus d'un ventilateur qui sépare le grain des balles par la même opération. Lorsque les moulins ne sont pas disposés ainsi, il faut effectuer cette séparation à l'aide d'un tarare après que le grain a passé pour la première fois entre les meules. L'épeautre perd à peu près moitié de son volume par cette opéraiton, en sorte que le grain dépouillé a une valeur à peu près double de celle du grain revêtu de son enveloppe. C'est dans cette proportion que s'établit ordinairement la différence des prix sur les marchés, où l'on porte ce grain dans ces deux états. Pour la semaille, on emploie toujours le grain revêtu de ses balles, et alors on en met un volume double de ce qu'on mettrait de froment. Du reste, la culture est entièrement la même que celle de cette céréale.

C'est aussi le grain revêtu de son enveloppe que l'on

donne aux chevaux, lorsqu'on veut l'employer à cet usage :
dans les pays où les meuniers ne savent pas moudre ce
grain, et lorsqu'on ne veut pas prendre la peine d'introduire cette pratique dans la mouture, c'est l'emploi le plus
profitable qu'on puisse lui donner. Je l'ai cultivé pendant assez longtemps dans ce but, et j'ai constamment observé qu'à égale fertilité du sol, le produit de l'épeautre
semé à l'automne est beaucoup plus considérable que celui de l'avoine de printemps, notre climat ne s'accommodant
pas des avoines d'hiver. A mesure égale, l'épeautre est
certainement plus nutritif que l'avoine. Au total, je pense
qu'il serait fort utile que l'on s'occupât d'introduire la culture de ce grain dans diverses localités de la France : il
s'en rencontrerait certainement où elle présenterait autant d'avantages que dans les contrées de l'Allemagne où
les cultivateurs lui donnent une préférence décidée sur
les autres espèces de froment. La difficulté d'accoutumer
les meuniers à la mouture de ce grain serait bientôt vain-
cue si l'on y mettait un peu de persévérance ; et la supériorité que l'on accorde généralement à la farine d'épeautre là où elle est connue, serait un puissant motif de
s'efforcer de vaincre cette difficulté. Dans les départements
français voisins du Rhin, on tire de Strasbourg de la farine
d'épeautre pour l'employer à la préparation des pâtisseries
fines.

Le *petit épeautre* (*triticum monococcum*) ou froment à
une loge est considéré comme une espèce distincte. Elle
porte le nom *d'engrain* dans quelques-uns de nos départements du centre. Elle s'élève peu : l'épi est plat et barbu.

et le grain petit : chaque épillet n'en contient qu'un. Elle n'est un objet de culture que dans les parties les moins fertiles de la France et de l'Allemagne ; et on ne la place guère que dans des terrains trop pauvres pour d'autres céréales, ou dans les terres de montagnes où le froment commun ne réussirait pas. On la cultive comme céréale d'automne et de printemps. Vers 1820, on a répandu des échantillons de ce grain dans plusieurs cantons de la France où il était inconnu, et on en a préconisé la culture sous le nom de *riz sec*, qu'on ne peut lui appliquer en aucune façon.

CHAPITRE II

LE SEIGLE

Le seigle (*secale cereale*) forme la base de la nourriture de l'homme dans des pays très-étendus. Les variétés du seigle sont moins nombreuses et moins tranchées entre elles que celles du froment : dans toutes, les épis sont pourvus de longues barbes et aplatis, les grains étant disposés sur deux rangs opposés. Chaque épillet contient deux fleurs. On en distingue une variété qui se sème au printemps, de même que les blés de mars, et qui monte très-promptement en tiges. Ce n'est là, au reste, qu'une variété produite par l'habitude d'une végétation plus prompte que la plante acquiert par la culture, de même que pour le froment. Une autre variété, originaire à ce qu'il paraît des provinces russes voisines de la Baltique, a, au contraire, la propriété de taller pendant plus longtemps que le seigle hivernal commun, et de produire de nombreuses talles et un feuillage abondant, avant de s'élever en tiges ou tuyaux qui doivent porter les épis; en sorte qu'on peut semer cette variété dès le mois de juin, sans qu'elle monte en épis avant l'hiver. C'est vraisemblablement à cette variété qu'appartient la sorte que l'on a désignée sous le nom de seigle *de la Saint-Jean*, parce qu'on peut la semer à cette époque et en obtenir dans l'automne soit une récolte de fourrage, soit un pâturage, sans trop diminuer le produit en grain pour l'année suivante. Il semblerait aussi que c'est à cette variété qu'appartient le seigle que l'on a nommé *multicaule* et d'autres fois seigle à buisson.

Ces variétés sont, en général, plus rustiques et plus productives que le seigle commun; mais elles exigent rigoureusement une semaille hâtive, et la semence doit être généralement mise en terre avant le 1er septembre. C'est, au reste, là une condition que l'on regarde comme essentielle à la réussite du seigle commun dans quelques-uns de nos départements de l'ancienne Champagne et de l'ancienne Bourgogne, où l'on sème les seigles en août et quelquefois dès le mois de juillet. Cette circonstance paraît tenir à la nature du sol; car en Lorraine, à peu près sous le même climat, les semailles de seigle faites à la fin de septembre réussissent fort bien et même, pour les semailles très-tardives, comme celles qui se font après l'arrachage des pommes de terre vers la fin d'octobre, il y a au moins autant à compter dans ce pays sur la réussite du seigle que sur celle du froment, du moins pour le produit en grain. La paille est toujours en effet plus abondante, toutes choses égales d'ailleurs, dans les récoltes provenant des semailles hâtives. Cette considération est très-importante dans beaucoup de cas; car d'une part le seigle étant la céréale qui produit généralement le plus de paille, à surface égale, ce motif exerce une grande influence sur la préférence qu'on lui donne, dans les localités où on a de la peine à produire une quantité de paille suffisante pour la litière des bestiaux; cette paille est, d'un autre côté, peu du goût de ces derniers, qui lui préfèrent celle de toutes les autres céréales ; mais la paille de seigle acquiert une certaine importance par son emploi à plusieurs usages qui exigent de la force et de la tenacité : ainsi, c'est elle qu'on prend de préférence pour former les liens des gerbes, pour tresser des cordes grossières qui servent à quelques espèces d'emballage pour attacher la vigne aux échalas, pour empailler les chaises, etc.

Le seigle occupe presque toujours dans les assolements la même place que le froment; mais on ne lui destine généralement que les sols dont on ne pourrait obtenir une récolte satisfaisante de ce dernier grain, dont le prix est toujours beaucoup plus élevé sur les marchés. Cependant le seigle d'automne réussit généralement bien à la suite d'une récolte de froment; et, lorsqu'on veut faire succéder une autre céréale à une récolte de froment, le seigle est dans beaucoup de cas celle qu'on peut y mettre avec le plus de profit. On donne alors, selon l'état du sol, un ou deux labours après l'enlèvement du froment. Le seigle s'accommode fort bien des terrains sablonneux, que l'on nomme souvent par ce motif *terre à seigle*. Il réussit cependant fort bien aussi sur des terrains plus consistants et même sur les sols argileux ; mais on préfère généralement consacrer ceux-ci à la culture du froment. Il est moins exigeant que ce dernier sur la quantité d'engrais ; en sorte que, consommant moins de fumier, il en produit davantage par l'abondance de sa paille ; et sa culture peut mieux se marier ainsi à celles d'autres plantes épuisantes, comme on l'a remarqué dans quelques parties de la Flandre, où l'on dit souvent que *le cultivateur de seigle dépasse le cultivateur de froment*. Le seigle s'accommode aussi mieux que le froment des climats froids et des situations très-élevées, ainsi que des sols de beaucoup de nouveaux défrichements. D'un autre côté, le seigle supporte moins que le froment l'humidité d'un sol mal égoutté; et on le voit se perdre, pendant l'hiver, dans des terrains de cette nature où le froment aurait peu souffert. Il est aussi plus sensible aux gelées tardives du printemps, qui diminuent souvent dans une proportion considérable les récoltes de seigle; et il est plus exposé à la coulure.

L'époque de la semaille du seigle d'automne présente une grande latitude, comme je l'ai dit. La quantité de semence est généralement de deux hectolitres par hectare pour les semailles faites en moyenne saison ; on peut diminuer cette quantité pour les semailles hâtives, mais il est nécessaire de l'accroitre lorsqu'on sème tard. Pour le seigle de la Saint-Jean et le seigle multicaule, dont les grains sont plus petits que ceux du seigle commun, on peut diminuer un peu la quantité de semence.

Les sols sablonneux dans lesquels on cultive généralement le seigle n'exigent pas de nombreux labours; aussi sème-t-on fréquemment ce grain sur deux labours et quelquefois sur un seul. Mais si on le cultive sur un sol argileux, ce dernier doit être ameubli par les cultures préparatoires, plus encore que pour le froment. Le seigle réussit fort bien sur une prairie artificielle rompue; et une

récolte enfouie en vert pour engrais lui est particulièrement favorable. Lorsqu'on lui applique directement une
fumure, on peut la mettre avec beaucoup de succès *en
couverture* à l'arrière-automne ou pendant l'hiver. La semence du seigle se couvre de même que celle du froment.

Le seigle monte en tuyaux de très-bonne heure au printemps, et les premiers épis se montrent au plus tard à la
fin d'avril, comme l'indique une expression proverbiale que
répètent souvent les cultivateurs. Il est certain que, même
dans la partie septentrionale de la France, que j'habite, je
n'ai jamais vu arriver le premier mai sans que l'on pût
observer au moins quelques épis sortant du fourreau, et
quoique dans certains printemps il semblât impossible que
le proverbe ne reçût pas un démenti, d'après l'état de la
végétation une huitaine de jours auparavant. Contraire-
ment au froment qui fleurit aussitôt que les épis sont sortis
du fourreau, le seigle s'élève encore beaucoup et ne montre ses fleurs que lorsque la tige a atteint presque toute sa
hauteur. Comme sa floraison ne dure que quelques jours,
on pourrait être quelquefois dans l'incertitude sur la question de savoir si un champ a passé sa floraison, tant que
l'embryon n'a pas pris un certain développement. Mais,
avec un peu d'attention, on distingue facilement l'épi qui
n'a pas encore fleuri à sa couleur plus verte et au resserre-
ment des épillets les uns contre les autres, ce qui rend
l'épi opaque, tandis qu'après la floraison, l'épi devient plus
lâche par l'écartement des épillets, et prend une teinte
blanchâtre. L'épi est alors demi-transparent; et peu de
temps après on aperçoit, en le plaçant entre l'œil et la lu-

mière, les embryons qui commencent à prendre quelque
volume. Lorsque les grains ont atteint leur grosseur, on
distingue assez facilement, soit à l'œil, soit au toucher, en
faisant passer un épi entre le pouce et l'index, le vide
laissé dans les épillets par les grains qui ont avorté ou
coulé. Il y en a souvent beaucoup dans ce cas : dans
les récoltes de 1839, le nombre en a été si considérable
que les récoltes de seigle ont été réduites à fort peu de
chose dans plusieurs départements du nord-est de la
France. Des observations attentives ont fait reconnaître ce
désastre une quinzaine de jours avant la récolte, car, dans
les champs présentant en apparence la plus belle végétation et des épis longs et volumineux, on trouvait qu'un
grand nombre des épis ne contenaient aucun grain, et
d'autres un petit nombre seulement. La maturité du seigle
a lieu, dans le nord de la France, vers le commencement
de juillet. Il y a quelque avantage à couper la récolte un
peu avant que les grains ne soient complétement durs; cependant on ne peut pas devancer la maturité autant que
pour le froment, parce que le seigle, à cause de la grande
longueur de sa paille, est moins propre à être disposé en
meulons, dans lesquels la maturité du grain s'achève beaucoup mieux que dans les javelles exposées soit aux chances
de la pluie, soit à un soleil brûlant qui dessèche et durcit
le grain trop promptement.

A fertilité égale du sol, le produit du seigle est ordinairement supérieur d'un cinquième environ à celui du froment; ou bien on obtient en moyenne du seigle un produit
égal en mesure sur des terrains moins riches que pour le

froment. Le poids de l'hectolitre de bon seigle est d'environ 73 kilogrammes.

J'ai déjà dit que le seigle est rarement attaqué de la rouille. La maladie qui affecte particulièrement ce grain est *l'ergot,* ainsi nommé, parce que le grain qui en est attaqué s'allonge trois ou quatre fois plus que les grains sains, en prenant aussi plus de grosseur, et en se courbant un peu, ce qui présente en dehors de l'épi à peu près la forme d'un ergot de coq. Ce grain prend une teinte brune violacée, s'écrase assez facilement, et contient à l'intérieur une substance d'un blanc terne et d'une saveur un peu âcre. Tous les grains d'un épi ne sont jamais ergotés à la fois ; mais on en trouve sur un épi un ou deux, ou même dans certains cas un plus grand nombre. Ces grains sont parfaitement apparents par leur proéminence hors de l'épi à l'époque de la maturité, et même quelque temps auparavant. On trouve de l'ergot dans les récoltes de seigle dans tous les cantons où l'on cultive cette plante, surtout dans les terrains bas et les saisons pluvieuses, circonstances qui favorisent le développement de cette maladie. Mais certains cantons, et en particulier la Sologne en France, en sont affectés d'une manière particulière, et il n'est pas rare que l'ergot y attaque une portion considérable et jusqu'au quart ou au tiers des grains. Il en résulte une perte notable dans les récoltes, lorsqu'on sépare soigneusement tous les grains ergotés ; mais le mal est bien plus grand encore si cette opération a été faite avec négligence, en sorte qu'il reste encore de l'ergot dans les grains soumis à la mouture. La substance que contiennent les

grains ergotés possède, en effet, des propriétés très-malfai-
santes pour les hommes et pour les animaux qui en mangent : elle produit, chez les uns comme chez les autres,
une maladie cruelle connue sous le nom de gangrène
sèche, et qui est souvent mortelle. Il est d'ailleurs assez
facile de séparer complétement les grains ergotés, d'abord
au moyen d'un crible qui enlève les plus gros, et ensuite
au moyen d'un bon tarare, ou simplement du van à main,
qui opère la séparation de ceux des grains ergotés qui ne
seraient guère plus gros que les bons grains, ce qui est au
reste rare. Ces grains étant plus légers que les bons grains,
sont expulsés dans les ôtons.

On ne connaît encore ni la nature de cette maladie du
seigle, ni les causes qui la produisent, ni aucun moyen
d'en préserver les récoltes. On sait seulement qu'elle se
produit plus fréquemment dans les circonstances que j'ai
indiquées, et aussi dans certaines terres de landes nouvelle-
lement défrichées.

CHAPITRE III

L'ORGE

Les espèces *d'orge* soumises à la culture sont :

1° La grande orge plate ou à deux rangs (*hordeum distichum*) ;

2° L'orge d'hiver à six rangs ou escourgeon (*hordeum hexasticum*) ;

3° La petite orge, improprement appelée quadrangulaire (*hordeum vulgare*) ;

4° L'orge nue à deux rangs ;

5° L'orge nue à six rangs ;

6° L'orge éventail à deux rangs et à barbe divergente (*hordeum zeocritum*).

Je vais parler successivement de ces diverses espèces selon le degré d'importance de chacune ; mais je dirai d'abord que la distinction que l'on a établie entre les orges à quatre et à six rangs est erronée, car toutes les espèces ont seulement deux rangs ou en ont six. Toutefois, dans l'espèce appelée quadrangulaire, les six rangs ne sont pas ordinairement bien distincts ; mais on les reconnaît très-bien en y apportant un peu d'attention ; et lorsque l'épi est plus fourni, comme cela arrive dans un sol très-riche, les six rangs de grains sont très-distincts. Il est certain même que les espèces distiques, ou à deux rangs, ne doivent cette disposition qu'à l'avortement des deux rangs de fleurons placés des deux côtés de chacun des deux rangs de grains ou de fleurons fertiles. Ce qui semble du moins le prouver, c'est que les soins de la culture ont formé dans l'orge éventail, qui est à deux rangs, une variété qui conserve tous les caractères de l'espèce, mais qui prend six rangs de grains.

1° La *grande orge plate*, appelée dans quelques cantons *paumelle, baillarge, etc.*, est l'espèce que l'on cultive le plus généralement en France. Elle exige, pour une complète réussite, un sol riche, un peu frais, meuble par sa nature ou parfaitement ameubli par les cultures préparatoires. Elle craint excessivement toute acidité dans le sol : aussi réussit-elle moins que les autres céréales sur des terrains nouvellement assainis, sur des défrichements de landes ou de forêts, ou même, dans les premières années, sur des défrichements de prairies naturelles ou artificielles. D'après des faits qui se sont répétés plusieurs fois dans ma pratique, l'engrais provenant des récoltes vertes enfouies lui convient moins aussi qu'aux autres céréales.

Dans les assolements alternes, la place naturelle de cette orge est à la suite des récoltes sarclées et fumées. Sur les sols de consistance moyenne, on donne généralement deux ou trois labours au printemps avant la semaille de l'orge. Dans des terres un peu compactes, mais qui sont gélisses, il vaut mieux, après l'enlèvement d'une récolte sarclée, ne donner qu'un seul labour en automne ou en hiver. Aussitôt que les semences de plantes nuisibles ont germé au printemps, on détruit les jeunes plantes par un trait d'extirpateur, et l'on évite ainsi d'enfouir par un nouveau labour la couche de terre meuble que l'action des gelées a formée à la surface. Plus tard, on enterre la semence par un trait d'extirpateur ou de scarificateur. Cette manière de procéder suppose, au reste, que le sol n'est pas infesté de chiendent ou d'autres plantes vivaces ; car alors des labours réitérés au printemps seraient nécessaires, et il serait fort difficile ensuite d'amener un sol de cette nature à l'état d'ameublissement qu'exige la semaille de l'orge. Ainsi, c'est seulement lorsqu'ils ont été nettoyés par les cultures des années précédentes, que les sols argileux peuvent comporter la culture de l'orge.

Dans l'assolement triennal, on fait ordinairement succéder l'orge à une récolte de froment ; mais on ne peut obtenir de bonnes récoltes d'orge dans cette combinaison que dans les sols très-riches et meubles par leur nature, auxquels on peut donner plusieurs labours au printemps ; car, après une récolte de froment, le sol n'est pas généralement assez bien nettoyé pour qu'on puisse semer l'orge sur un seul labour ou même sur deux labours donnés en automne et en hiver. Les labours de cette saison sont, en effet, peu efficaces pour purger le sol de plantes nuisibles vivaces.

L'orge plate se sème communément à la fin de mars ou dans la première quinzaine d'avril, dans la moitié septentrionale de la France. Dans les départements méridionaux, il convient de devancer cette époque, afin que l'orge ait déjà pris un certain développement avant l'invasion de la sécheresse. Un temps sec et une terre pulvérulente sont les circonstances qui conviennent le mieux à la réussite de cette céréale : aussi les cultivateurs ont coutume de dire qu'il faut semer l'orge dans la poussière. On met de 275 à 300 litres de semence par hectare, et on l'enterre un peu profondément : 6 ou 8 centimètres (2 ou 3 pouces) ne sont pas trop.

Le produit de l'orge varie beaucoup selon la température. Si le sol lui convient et a reçu une bonne préparation, et si la semence a été enfouie un peu profondément, la plante lèvera et se développera bien, même par la sécheresse ; mais l'époque où les épis doivent sortir du fourreau est une période critique pour l'orge : il faut alors quelques pluies pour favoriser cette opération, autrement les plantes resteront courtes et produiront peu. A cette époque, on remarque presque toujours dans un champ d'orge beaucoup d'épis charbonnés ; mais il n'est pas vraisemblable qu'il en résulte une diminution de quelque importance dans les récoltes ; car le vent et la pluie ont bientôt fait disparaître la poussière noire qui forme ces épis, et toute la nourriture se porte vers les épis sains : en sorte qu'un champ qui paraissait gravement attaqué de cette maladie présentera souvent, quinze jours plus tard, des épis nombreux et compactes qui produiront la plus riche récolte. Au reste, on ne connaît aucun remède efficace contre le charbon, et toutes les préparations de chaulage appliquées aux grains de semence sont entièrement inefficaces.

Lorsque l'orge est destinée à l'usage des brasseurs, on doit prendre les plus grandes précautions, à l'époque de la récolte, pour conserver au grain la belle couleur jaune pâle qu'il présente lorsqu'il a été récolté à temps et qu'il n'a pas été mouillé. Une journée de pluie, pendant que l'orge est en andains et lorsqu'elle est encore debout après avoir dépassé l'époque de sa maturité, suffit pour faire prendre au grain une nuance jaune plus foncée ; et si la pluie continue, le grain prend une teinte rougeâtre. Dans cet état, l'orge perd beaucoup de sa valeur aux yeux des brasseurs ; parce que, dans l'opération par laquelle on convertit ce grain en *malt*, la germination se fait moins uniformément dans les grains qui ont été ainsi altérés. Par le même motif, les brasseurs rejettent entièrement l'orge vieille, c'est-à-dire celle de la récolte précédente, dès qu'on a atteint le mois d'août ou de septembre. On doit donc couper l'orge aussitôt qu'elle est mûre, c'est-à-dire lorsque le grain est dur dans le plus grand nombre des épis. Dans les pays de grande culture, on y emploie presque toujours la faux, et l'on met ensuite à la main les andains en javelles ; on retourne une fois ces dernières, si cela est nécessaire pour hâter la dessiccation, et on lie la récolte en gerbes pour la rentrer le plus tôt qu'il est possible. Il ne faut, au reste, l'entasser que très-sèche ; car, si elle avait conservé un peu d'humidité, elle s'échaufferait dans le tas, et le grain perdrait, de même que dans les cas dont j'ai parlé plus haut, sa belle couleur qui est sa plus puissante recommandation aux yeux des acheteurs.

On peut aussi mettre l'orge en meulons aussitôt qu'elle

a été coupée, comme je l'ai expliqué en parlant de la moisson dans le présent volume. Mais cela suppose une grande égalité dans la maturité des épis, car si un certain nombre d'entre eux sont mal mûrs ainsi que les tiges qui les portent, l'humidité que l'on introduit dans le meulon peut y déterminer de l'échauffement, ce qui altérerait la couleur du grain. Il en serait de même si la récolte contenait des plantes étrangères encore vertes.

L'orge a presque toujours besoin après le battage d'une opération ultérieure pour détacher les barbes raides et dures qui sont adhérentes à l'extrémité des grains. Lorsqu'on bat au fléau après que les grains sont séparés de la paille sur l'aire, on repasse par un tour de fléau sur les grains seuls afin de briser les barbes; et, lorsqu'on fait usage de la machine à battre, on fait repasser dans le même but les grains une seconde fois à travers la machine. En Angleterre, on emploie à cet usage un instrument que l'on mène sur l'aire à la manière de la dame des paveurs, et dont l'extrémité inférieure présente des espèces de cannelures en fer.

Le produit de la grande orge plate peut s'évaluer en moyenne de 25 à 30 hectolitres par hectare dans des sols qui lui conviennent bien, et avec une bonne culture. Dans des circonstances très-favorables, on obtient assez fréquemment jusqu'à 45 hectolitres. Le poids de l'hectolitre varie, selon la qualité, de 62 à 66 kilogrammes.

Dans le nord de la France, l'orge est principalement consacrée à la fabrication de la bière. Dans quelques pays méridionaux, par exemple en Espagne, elle remplace l'avoine pour la nourriture des chevaux. Vers la fin du siècle dernier, cette céréale était encore employée en assez grande proportion pour la nourriture de l'homme, sous forme de pain, dans plusieurs parties de la France. Mais aujourd'hui ce n'est plus que dans quelques cantons fort pauvres qu'elle reçoit cette destination ; car la farine d'orge ne produit qu'un pain lourd et mat, du moins lorsqu'elle y entre pour une quantité un peu considérable. On consomme toutefois encore dans beaucoup de localités l'orge sous forme de *gruau, orge mondée* ou *perlée,* usage auquel ce grain convient mieux qu'à la panification.

L'orge ne fournit qu'une faible quantité de paille, car c'est de toutes les céréales celle dans laquelle la proportion du poids du grain est la plus considérable relativement à celui de la paille. Dans un bon sol et par une température favorable, le poids de la paille d'orge ne dépassera guère de 1500 à 2000 kilogrammes par hectare. Cette paille est d'ailleurs d'assez bonne qualité pour la nourriture des bestiaux, lorsqu'elle est bien séparée des barbes des épis. Dans beaucoup de localités, on la préfère à la paille de blé pour la nourriture du bétail à cornes. Quant à la menue paille qui se compose en grande partie des barbes des épis, elle convient très-bien pour la couverture des artichauts et des autres plantes que l'on couvre en hiver pour les garantir du froid. Les souris ou mulots, qui font souvent tant de tort à ces plantes, ne se logent jamais dans cette substance à cause des nombreux piquants qu'elle soutient.

2° *L'orge à six rangs* ou *escourgeon,* nommée dans

quelques cantons *sucrion, scorion, etc.*, mots qui sont vraisemblablement une corruption du premier. C'est une espèce
qui se sème toujours avant l'hiver. C'est en Flandre surtout qu'elle se cultive sur une grande échelle. Un sol de
consistance moyenne, riche et bien préparé, lui est au
moins aussi nécessaire qu'à l'orge plate. Elle doit se semer
de bonne heure dans la saison, c'est-à-dire toujours avant
le froment : dans le nord de la France, la semaille de l'escourgeon ne doit guère dépasser le 15 septembre. Par ce
motif, et aussi à cause de l'entière pulvérisation du sol
qu'elle exige, on ne peut la placer qu'après une récolte qui
s'enlève de très-bonne heure, par exemple du colza, des
vesces fauchées en vert, etc. Les jachères constituent la
préparation par excellence pour l'escourgeon. Deux hectolitres de semence par hectare suffisent parfaitement,
parce que cette espèce talle beaucoup. Du reste, tout ce
que j'ai dit pour la semaille de l'orge plate peut s'appliquer
également à celle-ci, et il en est de même des considérations que j'ai présentées sur le battage et l'emploi du grain.

L'escourgeon n'est pas à beaucoup près aussi franchement hivernal que le froment et le seigle ; c'est-à-dire
qu'il est plus fréquemment détruit par les rigueurs de l'hiver. On peut l'assimiler sous ce rapport au colza, car lorsqu'un hiver détruit ce dernier, il est ordinairement fatal
aussi à l'escourgeon. Il ne faudrait cependant pas pousser
trop loin cette analogie : il est vrai de dire, en effet, que le
froid n'attaque pas de la même manière ces deux espèces
de plantes. Dans l'orge, ce sont les racines et le collet placés à la surface du sol qui sont détruits ; tandis que dans le

colza, c'est la tige ou plutôt le bourgeon terminal qui semble le plus fréquemment attaqué.

Il arrive assez souvent qu'à la fin de l'hiver toutes les feuilles de l'escourgeon ont été détruites par les gelées, et que le champ paraît nu ou parsemé de plantes desséchées ou pourries. Mais tout n'est pas perdu pour cela : on peut encore compter sur une bonne récolte, si les racines et surtout le collet des plantes sont encore vivants, ce que l'on reconnaît par une recherche semblable à celle que j'ai indiquée en parlant du froment. Un hersage énergique est alors fort utile, aussitôt que le sol est bien ressuyé au printemps. Aucune récolte n'éprouve autant de bien de cette opération que l'escourgeon; et les plantes en apparence les plus faibles tallent ensuite avec une vigueur remarquable. Un cultivateur flamand très-expérimenté me disait : « Lorsque la gelée a détruit une partie des plantes de l'es- » courgeon, nous les hersons de manière à en détruire » encore une autre partie, et nous avons ensuite une belle » récolte. » Lorsque l'escourgeon a résisté aux rigueurs de l'hiver, la récolte est à peu près assurée, car il s'élève de trop bonne heure au printemps pour avoir à redouter la sécheresse de cette saison ou de l'été.

En Flandre, on ne sème jamais de trèfle ou d'autres prairies artificielles dans l'escourgeon, comme on le fait dans le froment d'automne ou dans l'orge de printemps. C'est vraisemblablement parce que l'escourgeon couvrant promptement au printemps le sol de ses feuilles touffues, les plantes de prairies artificielles ne pourraient y prendre un développement suffisant dans leur jeunesse.

Les tiges de l'escourgeon s'élèvent beaucoup plus haut que celles de l'orge de printemps ; et la maturité arrive ordinairement, dans le nord de la France, vers la fin de juin. La récolte coïncide presque toujours avec celle du colza, ce qui peut devenir embarrassant dans les exploitations où l'on cultive en grand ces deux plantes. Je me suis toujours bien trouvé de mettre en meulons l'escourgeon aussitôt après le faucillage, ou le lendemain seulement si la récolte avait été un peu prématurée, et je n'ai pas éprouvé les mêmes inconvénients que pour l'orge à deux rangs, comme je l'ai expliqué en parlant de cette dernière espèce.

Le produit de l'escourgeon, tant en graine qu'en paille, est en général de beaucoup supérieur à celui de l'orge plate. Dans un sol riche et avec une bonne culture, on obtient très-fréquemment 40 à 45 hectolitres par hectare. Dans les terrains d'une haute richesse, on peut obtenir jusqu'à 75 et 80 hectolitres ; mais, dans un cas semblable, si l'été est pluvieux, il est à peu près certain que la récolte versera, et l'on pourra tout perdre.

J'ai trouvé une différence qui m'a beaucoup étonné dans le poids du grain dans diverses sous-variétés d'escourgeon. En Lorraine, on cultive sous le nom *d'orge chaude* une variété d'escourgeon qui est fort peu estimée des brasseurs. Le grain est en effet petit, et le poids de l'hectolitre ne dépasse pas 55 kilogrammes. Mais, ayant cultivé dans les mêmes sols de l'escourgeon que j'ai fait venir de Lille, les récoltes ont toujours donné un grain nourri et bien renflé, dont le poids était au moins de 65 kilogrammes par hectolitre. Les brasseurs, qui témoignaient d'abord beaucoup d'hésitation pour acheter ce grain, parce que c'était une orge d'hiver, lui ont donné une préférence décidée sur l'orge à deux rangs dès qu'ils en ont connu les résultats dans la fabrication. Cette variété s'est conservée pendant dix ans dans mes cultures sans aucune dégénérescence.

On cultive aussi quelquefois l'escourgeon comme fourrage à faucher en vert, et on peut le couper ordinairement à la fin d'avril ou au commencement de mai. Cette céréale est très-propre à cet usage à cause de son feuillage touffu, et elle donne un fourrage de très-bonne qualité. Elle est préférable sous ce rapport au seigle, attendu que ce dernier met dehors ses épis à barbe rude longtemps avant l'escourgeon, quoique ce dernier grain mûrisse avant le seigle. Au reste, c'est seulement dans le voisinage des grandes villes, où les fourrages verts hâtifs ont un prix fort élevé pour la nourriture des vaches laitières, qu'il peut être profitable de consacrer à cet emploi un champ d'escourgeon, que l'on doit supposer vigoureux et bien touffu à cette époque, car un tel champ produira certainement une récolte de grain d'une grande valeur. Il est vrai que le sol sera plus épuisé si on laisse mûrir la récolte ; et c'est là une considération qui peut être importante dans quelques cas.

3° La *petite orge*, improprement appelée *orge quadrangulaire*, comme je l'ai dit, est le *hordeum vulgare* (orge commune) de *Linnée*, qui lui a donné ce nom parce que c'est l'espèce cultivée la plus répandue dans la Suède, sa patrie. Cette espèce est généralement cultivée aussi dans la Norvège, le Danemark, la Prusse et tout le nord de l'Allemagne.

Comme les épis ont six rangs de fleurons fertiles, de même que l'escourgeon, quelques personnes croient que ces deux espèces n'en forment qu'une, qui peut se cultiver soit comme céréale d'hiver, soit comme céréale de printemps. Mais cette opinion parait peu fondée, si l'on considère que la petite orge est, de toutes les espèces connues, la plus sensible au froid, en sorte qu'elle souffre beaucoup, même des retours des temps froids, pendant sa végétation, lorsqu'on la sème de trop bonne heure au printemps. C'est aussi de toutes les espèces celle dont la végétation est la plus prompte. Il n'est guère probable que ce soit précisément de cette espèce que l'on ait pu faire une plante hivernale comme l'escourgeon; et il ne l'est pas davantage que l'escourgeon cultivé comme céréale de printemps ait pu devenir aussi sensible au froid. Il est donc plus raisonnable de penser que ce sont deux espèces distinctes.

La petite orge, ainsi nommée parce qu'elle est moins grande dans toutes ses parties que les deux espèces dont je viens de parler, est moins exigeante que ces dernières sur la richesse du sol ; elle réussit également mieux sur les sols très-légers, sablonneux ou calcaires. On la sème plus tard, parce qu'elle souffre beaucoup des froids dans les premiers temps de sa croissance. On peut la semer dans le nord de la France durant tout le cours du mois de mai, et quelquefois dans le commencement de juin. Ce n'est jamais le temps qui lui manquera pour arriver à maturité, car sa végétation est très-prompte ; on dit souvent, dans les pays où on la cultive, qu'en neuf ou dix semaines elle peut sortir du sac et y rentrer. On prépare la terre par plusieurs cultures de printemps qui, dans cette saison, sont très-efficaces pour la destruction des mauvaises herbes, et l'on sème de 250 à 300 litres par hectare.

Le produit de cette espèce est généralement inférieur à celui de l'orge plate, parce qu'on lui consacre ordinairement des sols moins fertiles. Les grains sont plus petits et moins pesants à la mesure.

4° L'*orge nue à deux rangs* semble n'être qu'une variété de la grande orge plate, dans laquelle les glumes, au lieu d'être adhérentes au grain comme dans cette dernière, s'en détachent facilement à l'époque de la maturité, en sorte que les grains restent nus et demi-transparents. Sa culture est la même que celle de l'orge plate ; mais il lui faut un terrain plus riche pour qu'elle donne un produit de quelque importance. On sème vers la fin de mars et dans la première quinzaine d'avril, sur un sol bien préparé et bien meuble, de 225 à 250 litres de grain par hectare.

On a fréquemment préconisé dans les temps de disette la culture de cette espèce, ainsi que de celle dont je parlerai dans l'article suivant ; et il est vrai que, lorsque le prix du froment est très-élevé, les orges nues sont recherchées à de bons prix, parce qu'elles conviennent mieux à la mouture que les autres espèces. Les grains sont gros et pèsent à la mesure à peu près autant que le froment.

Cependant, la farine qui en provient n'est pas plus propre à la panification, parce que les principes qu'elle contient sont les mêmes : on ne peut en faire du pain de bonne qualité qu'en la mêlant à une grande proportion de farine de froment.

Dans ces circonstances, on peut tout aussi bien employer à la préparation du pain l'orge plate ou l'escourgeon, pourvu qu'on ait soin de ne pas en extraire la farine en trop forte proportion. Si l'on veut, par exemple, n'extraire des orges ordinaires que la moitié de leur poids en farine, cette dernière est fort belle, et améliore plutôt qu'elle n'altère, du moins pour la couleur, le pain dans lequel on la fait entrer pour un tiers, avec deux tiers de farine de froment. On peut préparer ainsi de très-bon pain pour les valets de ferme. En Alsace, où l'on emploie assez fréquemment la farine d'orge à la préparation du pain dans les ménages ruraux, on a remarqué que l'on en obtient une farine beaucoup plus belle et de meilleure qualité, lorsqu'on soumet le grain à la mouture aussitôt après la rentrée de la moisson : en conséquence, on bat immédiatement le grain que l'on veut employer à cet usage.

J'ajouterai ici que si l'on traite le seigle de même que je viens de le dire pour l'orge, c'est-à-dire que si l'on n'en extrait que 50 à 60 pour 100 de son poids, on en obtient une très-belle farine, qui, mélangée par tiers avec celle de froment ou celle d'orge, produit un pain de bonne qualité et plus blanc que celui que l'on consomme généralement dans les ménages des exploitations rurales. Les sons que l'on obtient en traitant ainsi l'orge et le seigle contiennent une grande quantité de farine, et sont très-propres à la nourriture des chevaux. Ils ont certainement pour cet usage une valeur nutritive supérieure à celle de l'avoine, à poids égal. Si l'on calcule à ce taux la valeur de ces résidus, on trouvera que cette manière d'opérer est souvent très-économique dans les temps de cherté du froment ; et je puis la recommander d'après une longue expérience. Un défaut qui a vraisemblablement nui à la propagation de l'orge à deux rangs, c'est que ses épis gros et lourds, portés par un chaume très-faible, tombent fréquemment à l'époque de la maturité.

5° L'*orge nue à six rangs* ou *orge céleste* a été préconisée sous divers noms, et en particulier sous celui de *blé d'Egypte*. Elle a avec la petite orge à peu près les mêmes rapports que l'orge nue à deux rangs avec l'orge plate. Le grain se détache également de la glume ; il est moins gros que celui de l'orge nue à deux rangs, et présente par sa forme encore plus d'analogie avec le froment. Il est demi-transparent, et sa couleur est moins foncée ou plus blonde que celui de l'espèce à deux rangs. Cette espèce présente une particularité qui la distingue de toutes les autres orges : les barbes de l'épi tombent à l'époque de la maturité, en sorte qu'au moment où l'on en fait la récolte, la plante ressemble beaucoup à du froment à épis ras.

L'orge céleste aime une semaille tardive, de même que la petite orge. On peut la semer dans la moitié septentrionale de la France dans tout le courant de mai ; et j'ai obtenu une récolte très-abondante d'une semaille faite le

2 juin. Du reste, de même que l'orge nue à deux rangs,
cette espèce exige un sol riche et bien préparé. 200
litres de semence par hectare suffisent; car cette espèce
talle beaucoup, malgré l'époque tardive de la semaille.
Dans les récoltes de cette orge, on trouve toujours quelques grains qui ont conservé leur enveloppe, et qui res-
semblent à de l'orge commune. On ne sait pas bien si ce
sont des grains qui n'avaient pas atteint toute leur maturité, ou si ce sont des semences qui tendent à retourner
à leur état primitif.

J'ai cultivé pendant plusieurs années assez en grand les
deux espèces d'orge nue dont je viens de parler. J'ai d'a-
bord abandonné la grande espèce, parce que j'ai trouvé
l'orge céleste plus productive ; j'ai ensuite abandonné
cette dernière, parce qu'il m'a paru qu'en définitive elle
n'est pas plus profitable que l'orge ordinaire, et parce
qu'elle est plus exigeante sur la richesse et la préparation
du sol. Il est vraisemblable qu'il en a été de même pour
beaucoup d'autres personnes, car les deux espèces d'orge
nue qui ont été prônées il y a déjà fort longtemps, et dont
la semence s'était beaucoup répandue, n'ont pu s'établir
d'une manière durable dans la culture rurale d'aucun canton. Leur culture du moins n'a pas survécu aux circonstances de cherté du froment qui leur avaient donné quelque vogue.

6° L'*orge éventail* (*hordeum zeocriton*) appelée souvent
on ne sait pourquoi *orge riz*, a l'épi court, a deux rangs
de grains très-serrés, et dont les barbes s'étalent beaucoup
des deux côtés. Je n'ai pas connaissance qu'elle soit culti-

vée en France, du moins sur quelque étendue. Mais elle est assez répandue en Allemagne, où on la regarde comme peu délicate sur la nature du sol. Au reste, un grand nombre de cultivateurs abandonnent la culture de cette espèce, parce qu'ils lui préfèrent l'une ou l'autre des deux premières variétés dont j'ai parlé dans ce chapitre; et au total sa culture décroit, au lieu de gagner du terrain.

CHAPITRE IV

L'AVOINE

L'avoine (*avena sativa*) est devenue l'objet d'une culture d'une très-haute importance dans les pays avancés en industrie, où un grand nombre de chevaux sont constamment employés au transport des marchandises ou des voyageurs. La nourriture des chevaux est en effet le seul emploi de l'avoine, si l'on excepte ce qui s'utilise pour la préparation du gruau dans quelques cantons, ou pour l'usage de la brasserie, comme auxiliaire de l'orge, dans quelques-uns de nos départements du Nord. Ces derniers emplois sont fort limités, du moins en France ; et c'est la nourriture des chevaux qui présente le débouché de la presque totalité des produits de cette récolte. Ce débouché, au reste, n'a cessé de s'accroître depuis un demi-siècle : non-seulement on entretient un plus grand nombre de chevaux, mais la proportion pour laquelle l'avoine entre dans leur nourriture a été généralement augmentée. Aussi la proportion du prix de l'avoine avec celui des autres céréales a considérablement changé sur tous les marchés ; et, à mesure que la valeur vénale de l'avoine s'est élevée, on a apporté plus de soin à la culture de cette plante, du moins partout où l'agriculture a fait quelques progrès.

Les avoines cultivées se rapportent toutes aux espèces suivantes, qui présentent des caractères botaniques assez tranchés :

1° Avoine cultivée (*avena sativa*), dont les grains sont de diverses nuances, selon les variétés. L'épi ou panicule est taché, les grains plus ou moins gros réunis au nombre de deux dans le même calice, et la balle porte une barbe dans les variétés les plus rapprochées de l'état de nature.

2° Avoine de Hongrie (*avena orientalis*), avoine unilatérale; avoine à grappes. Les épillets courts forment une longue grappe serrée et rangée d'un seul côté de la tige. Les balles avec ou sans barbe.

3° Avoine nue (*avena nuda*), qui se distingue en ce que la balle, au lieu de rester adhérente au grain comme dans les autres, s'en sépare au battage, de même que dans le froment ou dans l'orge nue. Trois grains sont réunis dans un calice commun. Cette espèce est cultivée depuis fort longtemps en Ecosse, et dans quelques parties montagneuses du continent, où elle est employée à la préparation du gruau ou de la farine. Il ne pourrait être utile de l'introduire que pour ces usages, car, pour la nourriture des chevaux, la balle ou enveloppe de l'avoine joue un rôle fort utile.

4° Avoine courte (*avenia brevis*), à tiges nombreuses et fines, à grains petits, nombreux, courts et barbus. Cette espèce, très-rapprochée de l'état de nature, ne se cultive que dans les pays de montagnes du centre de la France,

où on la regarde comme plus rustique que l'avoine ordinaire. On a proposé de la cultiver comme fourrage.

Le plus grand nombre des variétés soumises à la culture
appartiennent aux deux premières espèces dont je viens
de parler. Je vais indiquer sommairement les principales
d'entre ces variétés.

L'avoine cultivée (*avena sativa*) présente d'abord une
variété que l'on peut appeler l'*avoine commune*, parce
qu'elle est répandue presque partout, bien qu'avec quelques différences produites par la culture et par la nature
du sol. Le plus souvent sa couleur est grise, quelquefois
blanchâtre, et d'autres fois tournant au rouge brun, prenant une teinte violacée. Cette variété est tardive, très-
rustique, fort productive et généralement de bonne qualité.
On en cultive en Lorraine une sous-variété blanchâtre
très-hâtive, et qui mûrit à peu près à la même époque que
le seigle.

C'est de la même variété qu'est née celle que l'on nomme
en Angleterre *potato oat,* et que l'on a nommée en France
avoine patate ou *avoine pomme de terre*, traduction litté-
rale du nom anglais. Cette sous-variété est remarquable
par son grain très-renflé, exempt de barbe, par son écorce
blanche et très-mince. Le grain dépouillé de sa balle présente à peu près le volume d'un grain de seigle. Elle est
en Angleterre l'objet d'une culture très-étendue, et on lui
donne la préférence pour la qualité sur toutes les espèces
connues. Elle exige un sol très-riche et une excellente
culture : lorsqu'on a voulu l'introduire en France, on a
trouvé qu'elle perdait bientôt les propriétés qui constituent

son mérite. En Angleterre même, les cultivateurs constatent que cette variété a déjà perdu une partie de sa perfection primitive.

C'est encore à cette variété qu'il faut rapporter celle que l'on a introduite en France vers 1820 sous le nom d'*avoine de Géorgie*. Elle a les grains blancs, sa maturité est très-hâtive, et sur des sols très-riches elle donne des produits très-abondants.

L'*avoine noire* présente une autre variété de l'avoine cultivée. On en connaît plusieurs sous-variétés, parmi lesquelles il faut souvent mentionner l'*avoine de Brie*, dont la culture s'est beaucoup étendue dans plusieurs de nos départements. Elle est hâtive, ou plutôt de moyenne saison ; ses grains sont gros, restent souvent réunis deux à deux après le battage, et sont de fort bonne qualité.

L'avoine de Hongrie (*avena orientalis*) présente deux variétés, l'une à grains blancs, l'autre à grains noirs. Toutes deux produisent une paille très-forte et une grande abondance de grains dans les sols très-riches, qui seuls leur conviennent ; mais les grains de ces variétés ont l'écorce épaisse, l'amande petite, et sont par conséquent de médiocre qualité.

Dans le choix que chacun peut faire dans les espèces ou variétés d'avoine qu'il veut cultiver, la précocité doit être regardée comme de peu d'importance, si ce n'est dans les cas où l'on veut faire succéder une autre semaille à l'avoine dans la même année, par exemple, lorsqu'on veut lui faire succéder du colza ou une récolte de blé hivernal, comme je l'ai dit en parlant de cette dernière récolte. Il peut convenir aussi de donner la préférence aux variétés hâtives d'avoine dans les pays froids de montagnes, où des espèces tardives arrivent difficilement à leur maturité. Les variétés hâtives ont en général l'inconvénient de s'égrener très-facilement : lorsqu'il survient de grands vents à l'époque de leur maturité, on ne peut guère éviter d'en perdre beaucoup. Sous ce rapport, les avoines de Hongrie occupent le point opposé de l'échelle, car ce sont elles qui s'égrènent le plus difficilement.

La qualité du grain, qui se détermine assez exactement par le poids de l'hectolitre, présente un motif de préférence fort important, surtout lorsque l'avoine doit être consommée dans l'exploitation, car, dans certains cantons où les acheteurs sont peu connaisseurs, il est souvent plus profitable de cultiver des variétés qui produisent beaucoup en mesure, mais dont l'hectolitre est peu pesant.

Quant à la proportion du rendement à surface égale, diverses variétés peuvent présenter des différences sous ce rapport, selon les localités et selon la nature du sol; de telle sorte qu'une variété sera plus productive qu'une autre dans tel terrain, mais non dans tel autre. A cet égard, chaque cultivateur doit soumettre à des expériences comparatives, dans les diverses sortes de terres qu'il exploite, les espèces d'avoine qu'il serait tenté de substituer à l'avoine cultivée généralement dans le canton qu'il habite. Il faut bien se garder ici de se laisser entraîner par une illusion à laquelle l'avoine a donné lieu plus fréquemment que toute autre céréale, parce qu'elle n'est pas une céréale dont le produit s'accroisse dans une aussi grande propor-

tion par l'effet de la richesse du sol. En supposant que
le produit moyen dans les terres arables d'un canton soit
d'environ 30 hectolitres par hectare, on parlera de telle
autre variété qui en a produit la moitié en sus ou peut-
être le double, dans une culture d'essai à laquelle on
consacre ordinairement un terrain de choix; et l'on croira
qu'il est très-profitable d'adopter cette variété. C'est ainsi
que l'on a introduit dans beaucoup de cantons l'avoine
noire de Brie, parce qu'elle produit des récoltes très-
abondantes dans ce pays où le sol est fort riche, et convient
d'ailleurs merveilleusement à la culture de l'avoine; et
l'on a trouvé bien souvent qu'en définitive elle ne produisait
pas plus, et quelquefois moins, que la variété commune à
laquelle on l'avait substituée. Dans quelques cantons cependant, on s'est bien trouvé d'avoir introduit cette variété.
Quant à la grande abondance de produits que l'on a souvent annoncée comme appartenant à des variétés étrangères, je dirai qu'il n'est pas rare que l'avoine commune
donne des résultats semblables dans certains sols : il m'est
arrivé plusieurs fois d'obtenir de 60 à 80 hectolitres de
fort bonne avoine par hectare, non pas dans des carrés
de jardin, mais sur de grandes étendues de vieux prés
rompus en sol argileux très-riche et frais, mais bien
assaini; et c'était tout simplement de l'avoine commune,
qui ne donnait pas en moyenne plus de 20 à 25 hectolitres par hectare dans la culture ordinaire du pays.

L'avoine est spécialement une plante des pays du nord,
et son produit offre d'autant plus de casualités qu'on s'a-
vance vers les climats méridionaux, sous lesquels on ne

peut plus la cultiver que dans les situations les plus fraîches. Dans le nord, au contraire, par exemple dans les départements septentrionaux de la France, presque tous les terrains soumis à la culture conviennent à l'avoine. On ne peut en excepter que les sols excessivement légers, surtout lorsqu'ils sont peu profonds, et par conséquent disposés à se dessécher très-promptement. Cette plante ne craint pas les sols argileux froids; aussi c'est une des récoltes qui offrent le plus de chances de succès dans les terrains nouvellement desséchés. Les étangs desséchés produisent ordinairement pendant longtemps de magnifiques récoltes d'avoine. Dans les terrains de ce genre, cette récolte atteint presque toujours à une grande hauteur, et produit de la paille en très-grande abondance; cependant, il arrive dans quelques circonstances que la production du grain n'est pas proportionnée à celle de la paille, et que le grain est léger.

L'humus provenant des débris végétaux paraît lui convenir spécialement aussi à l'avoine, car elle ne donne nulle part de plus belles récoltes que dans les nouveaux défrichements de bois ou de prés. C'est aussi une des premières récoltes que l'on peut placer sur les défrichements de landes. Sur les sols soumis depuis longtemps à la culture, les prairies artificielles préparent la terre à la culture de l'avoine mieux qu'à celle d'aucune autre céréale; et, dans les cantons où l'on cultive depuis longtemps sur une grande échelle le trèfle et la luzerne, on remarque que le produit des récoltes d'avoine s'y est accru dans une proportion beaucoup plus considérable que celui du froment. Quelquefois même, après un usage immodéré des prairies artificielles, le produit du froment semble décliner dans certains sols, mais les récoltes d'avoine y sont d'autant plus belles.

On cultive quelques variétés d'avoine que l'on a accoutumées à supporter la semaille automnale. Mais c'est seulement dans les cantons où les hivers sont très-doux qu'on peut la semer ainsi avec chance de succès, car on ne connaît pas de variété d'avoine aussi franchement hivernale que le froment et le seigle, ou même que l'escourgeon. Près des bords de la mer, en Bretagne et en Normandie, on cultive fréquemment des avoines d'hiver, parce que le froid y est peu rigoureux; il en est de même dans quelques-uns des départements de l'ouest et du centre de la France; mais dans les autres départements du nord du Royaume, de même que dans ceux de l'est, les tentatives que l'on a faites à diverses reprises pour y introduire des récoltes d'avoine d'hiver n'ont eu qu'un succès éphémère, attendu que cette récolte est fréquemment anéantie par les rigueurs de l'hiver. On a conseillé d'employer, du moins dans ces cantons, les variétés hivernales de l'avoine aux premiers semis qui se font à la fin de l'hiver : en effet, ces variétés doivent être plus en état que les autres de résister aux gelées qui peuvent encore survenir dans cette saison; mais il reste la difficulté de se procurer de la semence de ces variétés, dans les pays où on ne peut les semer avant l'hiver. Il faudrait, dans ces cantons, renouveler fréquemment la semence en la faisant venir de fort loin, car la variété perdrait bientôt ses pro-

priétés hivernales, lorsqu'on l'aurait semée pendant quelques années au printemps. Dans les pays où l'on cultive
des avoines d'hiver, on regarde comme important de les
semer de fort bonne heure dans la saison, c'est-à-dire
avant le froment. Sa place dans les assolements est à peu
près la même, dans ce cas, que celle du froment ou du
seigle.

Quant à l'avoine semée au printemps, c'est toujours à la
suite du froment ou du seigle qu'elle se place dans l'assolement triennal. Mais, dans les assolements alternes, cette
récolte est beaucoup mieux placée soit à la suite de la récolte sarclée et fumée, soit à la suite d'une prairie artificielle. Dans l'une ou dans l'autre de ces positions, l'avoine
donne toujours un produit plus abondant qu'à la suite
d'une autre céréale.

L'avoine est de toutes les céréales celle qui s'accommode le mieux d'une préparation imparfaite du sol, soit
sous le rapport de l'ameublissement, soit sous celui du
nettoiement; cependant, les produits sont toujours plus
abondants et plus assurés, lorsque la terre a été bien pré-
parée sous ces deux rapports. Rarement on lui consacre
plusieurs labours : un seul suffit lorsqu'elle succède à
une prairie artificielle ou à une récolte sarclée. Dans les
terres gélisses, on donne un labour pendant l'hiver, et au
printemps on enfouit la semence par un trait de scarificateur ou d'extirpateur. Les terres préparées ainsi sont généralement en bon état de culture et dans les meilleures
conditions qu'on puisse désirer pour la réussite de l'avoine,
car l'humidité de l'hiver s'y conserve beaucoup mieux que

dans celles qui ont été labourées au printemps. Au contraire, dans les sols argilo-siliceux non gélisses, c'est-à-dire qui ne se délitent pas par l'effet des gelées de l'hiver, et qui ont la propriété de se tasser beaucoup par les pluies, on est forcé d'attendre pour exécuter les labours que le sol soit bien ressuyé au printemps. Si l'on y met la charrue plus tôt, et lorsque la bande de terre *se taille,* celle-ci formera en se desséchant des mottes dures qui ne s'ameubliront plus ensuite, tandis que ces terres s'ameublissent bien lorsqu'on les prend en temps opportun, c'est-à-dire au moment où, sans être sèches, elles ne conservent plus de cohésion par l'effet de l'humidité qui les imprègne. Afin d'amener le plus tôt possible des sols de cette espèce en cet état, on ne doit rien négliger, pendant l'hiver et au commencement du printemps, pour faire écouler le plus complétement qu'il est possible toutes les eaux qui peuvent séjourner à la surface. Aussitôt que le labour de ces sols a été exécuté dans de bonnes conditions, on sème, et l'on enfouit la semence par un trait de herse. On peut aussi, afin de distribuer plus également la semence, herser avant de la répandre, puis l'enfouir par un trait d'extirpateur ou de scarificateur. Sur une prairie artificielle rompue, on ne peut guère employer ce dernier moyen, parce que l'instrument ramène ordinairement à la surface beaucoup de gazons qui reprennent racine et végètent ensuite dans l'avoine. Lorsqu'on a un pré à rompre pour y mettre de l'avoine, on doit le traiter de l'une des deux manières que je viens de décrire, selon que le sol est ou n'est pas gélisse : dans presque tous les cas, il convient de semer l'avoine sur un seul labour sur un pré rompu.

L'époque favorable pour la semaille de l'avoine, dans la moitié septentrionale de la France, s'étend dans tout le courant du mois de mars. Un vieux proverbe dit : *Avoine de février, remplit le grenier*. Il est possible que cela soit vrai pour quelques localités, surtout pour les latitudes plus méridionales que la nôtre ; mais j'ai observé bien fréquemment que ces semailles hâtives sont fort chanceuses. On peut encore semer l'avoine jusqu'au 15 avril ; quelquefois même c'est le moment le plus favorable, mais seulement par exception. Cependant, si l'on n'avait pu mettre la terre en bon état de préparation dans le mois de mars, il vaudrait mieux retarder de huit ou de quinze jours la semaille.

On répand généralement 3 hectolitres de semence par hectare, et on la couvre comme je viens de le dire en parlant des cultures préparatoires. En Angleterre, on sème l'avoine beaucoup plus dru, et l'on en met de 4 à 5 hectolitres par hectare. Je n'ai pas d'expérience personnelle sur les avantages de cette pratique, qui mérite toutefois beaucoup d'attention, parce que les cultivateurs anglais sont généralement convaincus qu'il y a profit à accroître ainsi la quantité de semence de plusieurs espèces de grains, mais surtout de l'avoine ; et ils donnent en général une très-bonne préparation à leurs terres. Dans un sol mal préparé où un grand nombre de grains seront trop ou trop peu enfouis, ou étouffés par de grosses mottes, il ne faudrait pas hésiter à porter la quantité de semence au-dessus de 3 hectolitres.

Dans l'assolement triennal, les récoltes d'avoine sont

fréquemment infestées de plantes nuisibles annuelles, surtout de moutarde des champs (*sinapis arvensis*) dans les argiles calcaires, et de ravenelle (*raphanus raphanistrum*) dans les terres argilo-siliceuses. L'abondance de ces plantes est assez souvent telle qu'elle diminue dans une grande proportion la récolte de l'avoine. Elles disparaissent bientôt sous l'influence d'un assolement alterne, ou du moins elles ne se multiplient jamais assez pour nuire sensiblement aux produits des récoltes. On aide encore à la destruction de ces plantes au moyen d'un hersage exécuté à propos après la levée de l'avoine, parce que les plantes dont je viens de parler ne naissant que de graines placées très-près de la surface du sol, ont encore des racines très-peu profondes, et sont détruites en très-grande partie par le hersage, tandis que l'avoine tient beaucoup plus fortement dans le sol par ses racines. L'époque la plus convenable pour ce hersage est ordinairement celle ou l'avoine prend sa troisième feuille. Cette opération agit d'ailleurs très-favorablement sur la végétation de l'avoine; mais on ne doit jamais l'exécuter que lorsque le sol est bien ressuyé à sa surface. C'est ce moment que l'on choisit pour répandre les graines de prairies artificielles, si l'on en veut semer dans la céréale, et lorsque cette semaille n'a pas eu lieu en même temps que celle de l'avoine. Si le sol est très-meuble, on répand les semences après le hersage, parce qu'on risquerait de les trop enterrer, si on le faisait avant. S'il survient une pluie bientôt après, les semences seront suffisamment couvertes; mais si la sécheresse continuait, un coup de rouleau conviendrait très-bien un jour ou deux après la semaille de la prairie artificielle, et avant que les grains aient germé : l'avoine aussi s'en trouverait très-bien.

On coupe l'avoine soit à la faux, soit à la faucille. La première méthode est plus économique et convient mieux dans la plupart des cas. Pour les variétés d'avoine qui sont sujettes à s'égrener, il faut être très-attentif à saisir le moment où il convient d'en faire la récolte. C'est pour ces variétés surtout que l'usage de la faux présente un grand avantage, en ce qu'il permet d'abattre en peu de jours la récolte de grandes étendues de terrain ; et ici le retard d'un seul jour peut occasionner de grandes pertes, s'il survient un orage ou un grand vent. Pour ces variétés, on ne doit pas attendre que le champ présente une nuance tout à fait jaune ; mais lorsqu'en le voyant en masse on n'y aperçoit plus qu'une légère teinte verdâtre, il est temps d'y mettre la faux. Beaucoup d'épis ont alors encore des grains verts, mais ils mûrissent fort bien couchés sur le sol.

Il est certaines années où des pluies survenues après une longue sécheresse, à l'époque où les épis de l'avoine sont déjà formés, ont donné lieu au développement d'autres épis qui arrivent à maturité beaucoup plus tard que les premiers. Cette circonstance est fort embarrassante pour le choix de l'instant où il convient de faire la récolte. Le cultivateur soigneux examine attentivement l'état des choses, et s'efforce de saisir l'instant où il aura le moins à perdre, soit par l'égrenage des anciens épis, soit par défaut de maturité des derniers venus. On laisse ordinairement l'avoine en andains pendant quelques jours sur le sol, jusqu'à ce que les grains soient bien mûrs et les tiges desséchées. On dispose ensuite les andains en javelles à l'aide d'un râteau, ou simplement en se servant des mains. Ensuite on lie la récolte en gerbes.

Un usage très-généralement répandu parmi les cultivateurs consiste à laisser, souvent pendant fort longtemps, l'avoine sur le sol en javelles ou en andains. C'est ce qu'on appelle *faire javeler l'avoine*. Cet usage est l'exagération d'une pratique bonne en elle-même dans certains cas : en effet, lorsque l'avoine a été coupée un peu sur le vert, la récolte en grain gagne réellement au *javelage,* parce que l'humidité des pluies et des rosées facilite l'accomplissement de l'acte, qui, à cette période de la végétation, porte vers les semences les principes nutritifs contenus dans les tiges des plantes. Il en est de même lorsque les plantes ont été surprises par la sécheresse et sont arrivées à une maturité forcée : dans ces deux cas, le grain se gonfle et se nourrit réellement pendant quelques jours d'exposition à l'action des rosées sur le terrain ; et il est même utile que les plantes reçoivent dans cet état quelques pluies de courte durée. Mais pour les avoines qui ont été entièrement mûres et après avoir accompli régulièrement toutes les phases de la végétation, le javelage ne peut avoir aucun effet utile.

Le javelage au reste détériore la paille dans tous les cas ; et comme on court beaucoup de risques d'une plus forte détérioration de la paille, et même de l'altération du grain si les pluies se prolongent, il est prudent d'user avec une très-grande réserve de la pratique du javelage. Il est aussi d'usage, dans quelques cantons, de s'efforcer de lier et de rentrer l'avoine un peu humide, et même de l'arroser en formant le tesseau lorsqu'on juge qu'elle est trop sèche, pour qu'il se développe dans la masse une fermentation accompagnée de chaleur. C'est là une pratique que rien ne peut justifier, et d'où il résulte trop souvent non-seulement des pailles de très-mauvaise qualité, mais aussi un pré altéré et très-nuisible à la santé des animaux. L'avoine, de même que les autres grains, doit être portée sur les greniers aussi sèche qu'il est possible. Après le battage, le grain doit être logé dans un lieu très-sain, disposé en couches régulières, et remué fréquemment surtout dans les premiers temps. Ce sont là des soins que l'on néglige très-souvent dans les maisons de ferme, où il semble que l'avoine est une récolte trop peu importante pour mériter qu'on lui consacre un peu d'attention et de travail. C'est pour cela qu'il arrive si souvent que l'on rencontre dans le commerce des avoines *échauffées*. Le moyen de s'assurer de l'état de *bon conditionnement* de l'avoine sous ce rapport consiste à en emplir les deux mains jointes, et à l'aprocher du nez : l'odeur décèle facilement les altérations que le grain peut avoir subies. On remue l'avoine sur les greniers, en changeant de place avec la pelle la couche qu'elle forme. Il faut donc que cette couche n'emplisse pas tout le grenier, mais qu'il reste à côté un espace libre pour commencer l'opération, qui doit être faite en soulevant avec la pelle toutes les parties de l'avoine, et en les jetant un peu loin. Il convient même, pour la bonne conservation de l'avoine sur les greniers, de lui faire éprouver de temps en temps une ventilation plus énergique que celle-ci, au moyen du tarare ou du crible. Les marchands d'avoine savent bien que le résultat de toutes ces opérations est non-seulement de rendre l'avoine plus coulante à la main, ce qui est un indice de sa bonne conservation, mais aussi d'en accroître le volume, en sorte que l'on obtient ainsi un plus grand nombre de mesures. Aussi ne manquent-ils guère de remuer la couche d'avoine, ou même de la jeter avec force contre la muraille au moyen de la pelle, avant d'en opérer la livraison. Mais celui qui tient à conserver l'avoine en bon état, soit pour la faire consommer chez lui, soit pour la vendre, doit faire procéder à ces opérations une couple de fois après le battage à un ou deux mois d'intervalle, et ensuite tous les six mois au plus tard.

Le poids de l'avoine de bonne qualité varie entre 45 et 50 kilogrammes par hectolitre. Pour quelques espèces, ce poids peut atteindre à 55 kilogrammes et au delà; mais on rencontre assez fréquemment dans le commerce des avoines dont le poids n'est que de 35 à 40 kilogrammes. La valeur de ces diverses espèces n'est pas en rapport avec le poids, car, dans les avoines légères, la balle ou l'enveloppe des grains se rencontre dans une proportion plus considérable, ce qui donne une valeur beaucoup plus faible à poids égal aux avoines de qualité inférieure.

Le produit de l'avoine est fort variable, comme je l'ai déjà fait remarquer : une récolte de 30 à 35 hectolitres par hectare est déjà réputée bonne; mais dans de bons

sols et avec une bonne culture, le produit dépasse souvent
cette quantité, et il n'est pas du tout rare que l'on obtienne
des récoltes de 60 hectolitres et même davantage. D'un
autre côté, si l'on cherchait la moyenne des récoltes ordinaires d'avoine dans les pays de culture arriérée, avec
assolement triennal, et où les prairies artificielles n'ont encore été introduites qu'en très-petites proportions, on trouverait bien souvent que cette moyenne ne dépasse pas
20 hectolitres par hectare.

FIN DU TOME III.

APPENDICE.

Nous avons réuni ici les dessins de quelques instruments décrits ou indiqués par **M.** de Dombasle dans ce
volume. Leur petit nombre nous a déterminé à les rapprocher, pour la facilité des recherches.

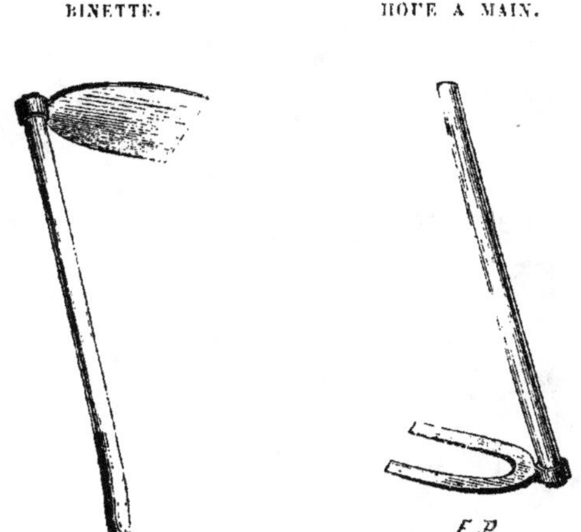

BINETTE.   HOUE A MAIN.

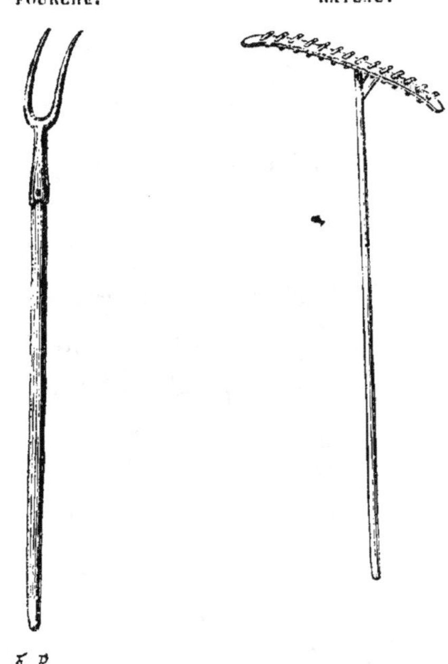

FOURCHE.
RATEAU.
E.P.

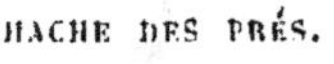

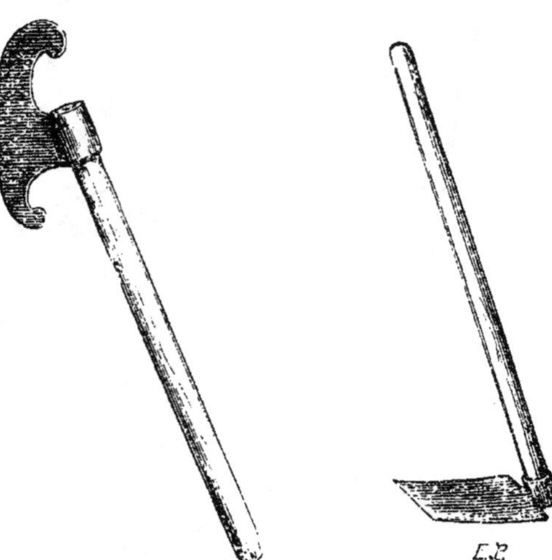

HACHE DES PRÉS.
BÊCHE A GAZON.
E.P.

TABLE DES MATIÈRES

DU TROISIÈME VOLUME

PREMIÈRE PARTIE.

PRATIQUE AGRICOLE.

CHAPITRE Ier.

Des cultures préparatoires.

PREMIÈRE SECTION.

DES LABOURS.

DEUXIÈME SECTION.

CULTURE A SILLONS.

SIXIÈME SECTION.

LABOURS ET CULTURES DES JACHÈRES.

SEPTIÈME SECTION.

LABOURS DE PRÉPARATION POUR LES SEMAILLES DE PRINTEMPS, LABOURS DE DÉFONCEMENT.

HUITIÈME SECTION.

DÉTAILS D'EXÉCUTION.

CHAPITRE II.

Destruction des plantes nuisibles.

PREMIÈRE SECTION.

CONSIDÉRATIONS GÉNÉRALES.

DEUXIÈME SECTION.

DESTRUCTION DES MAUVAISES HERBES ANNUELLES.

TROISIÈME SECTION.

DESTRUCTION DES PLANTES NUISIBLES VIVACES.

CHAPITRE III.

Des semailles et des cultures pendant la végétation des plantes.

PREMIÈRE SECTION.

CHOIX DES SEMENCES.

DEUXIÈME PARTIE.

DE LA RÉCOLTE ET DE LA CONSERVATION DES PRODUITS.

CHAPITRE Ier.

Récolte des céréales.

PREMIÈRE SECTION.

DES DIVERS MOYENS EMPLOYÉS POUR LA COUPE DES CÉRÉALES.

DEUXIÈME SECTION.

ÉPOQUE DE MATURITÉ; SOINS DES JAVELLES.

. TROISIÈME SECTION.

DIVERS PROCÉDÉS POUR SOIGNER LES CÉRÉALES SUR LE TERRAIN APRÈS LA
COUPE.

DEUXIÈME SECTION.

DU FANAGE.

TROISIÈME SECTION.

CONSERVATION DES FOURRAGES.

CHAPITRE III.

Récolte et conservation des racines.

PREMIÈRE SECTION.

DE L'ARRACHAGE ET DE L'EMMAGASINEMENT.

TROISIÈME PARTIE.

DES PRAIRIES.

PREMIÈRE SECTION.

DEGRÉ D'UTILITÉ DES PRAIRIES PERMANENTES.

CINQUIÈME SECTION.

DE L'IRRIGATION.

QUATRIÈME PARTIE.

DE LA CULTURE DES PLANTES. — DES CÉRÉALES

CHAPITRE Ier.

Le froment.

PREMIÈRE SECTION.

GÉNÉRALITÉS.

CHAPITRE III.

L'orge.

CHAPITRE IV.

De l'avoine.

FIN DE LA TABLE DES MATIÈRES DU TROISIÈME VOLUME.

www.ingramcontent.com/pod-product-compliance
Lightning Source LLC
LaVergne TN
LVHW020945050726
842519LV00001B/147